国家科学技术学术著作出版基金资助出版

"十三五"国家重点出版物出版规划项目

智能机器人技术丛书

智能机器人环境感知与理解

Environment Perception and Understanding for Intelligent Robot

李新德 朱博 著

国防工业出版社

·北京·

内容简介

本书从人、环境、机器人之间的关系入手，介绍了不同传感器的环境感知方法，以及多传感器之间的融合感知技术；展示了机器人环境感知与理解研究中的一些前沿研究工作；重点阐述了目前最流行的同时也是作者最新的研究成果——机器人场景和场所理解的算法；并在此基础上，进一步把机器感知、人机交互与机器人导航相结合，介绍了机器人视觉交互式导航的实现方法。

本书可作为高等院校机器人技术、人工智能等相关专业高年级本科生、研究生相关课程的教材，可供传统机器视觉、机器学习等相关领域研究人员参考，也可供从事机器人环境感知研究和应用、无人自动驾驶研究和应用的科研和工程技术人员的参考。

图书在版编目(CIP)数据

智能机器人环境感知与理解/李新德，朱博著．—北京：国防工业出版社，2022. 3
(智能机器人技术丛书)
ISBN 978 - 7 - 118 - 12420 - 0

Ⅰ．①智… Ⅱ．①李… ②朱… Ⅲ．①智能机器人 - 传感器 - 研究 Ⅳ．①TP242. 6

中国版本图书馆 CIP 数据核字(2022)第 034362 号

※

国防工業出版社 出版发行
(北京市海淀区紫竹院南路 23 号　邮政编码 100048)
北京龙世杰印刷有限公司印刷
新华书店经售
*
开本 710 × 1000　1/16　**印张** 14¼　**字数** 240 千字
2022 年 3 月第 1 版第 1 次印刷　**印数** 1—2000 册　**定价** 80. 00 元

国防书店：(010)88540777　　书店传真：(010)88540776
发行业务：(010)88540717　　发行传真：(010)88540762

丛书编委会

丛 书 序

人类走过了农耕社会、工业社会、信息社会，已经进入智能社会，进入在动力工具基础上发展智能工具的新阶段。在农耕社会和工业社会，人类的生产主要基于物质和能量的动力工具，并得到了极大的发展。今天，劳动工具转向了基于数据、信息、知识、价值和智能的智力工具，人口红利、劳动力红利不那么灵了，智能的红利来了！

智能机器人作为人工智能技术的综合载体，是智力工具的典型代表，是人工智能技术得以施展其强大威力的最佳用武之地。智能机器人有三个基本要素：感知、认知和行动。这三个要素正是目前的机器人向智能机器人进化的关键所在。

智能机器人涉及大量的人工智能技术：传感技术、模式识别、自然语言理解、机器学习、数据挖掘与知识发现、交互认知、记忆认知、知识工程、人工心理与人工情感……可以预见，这些技术的应用，将提升机器人的感知能力、自主决策能力，以及通过学习获取知识的能力，尤其是通过自学习提升智能的能力。智能机器人将不再是冷冰冰的钢铁侠，它们将善解人意、情感丰富、个性鲜明、行为举止得体。我们期待，随同"智能机器人技术丛书"的出版，更多的人将投入到智能机器人的研发、制造、运用、普及和发展中来！

在我们这个星球上，智能机器人给人类带来的影响将远远超过计算机和互联网在过去几十年间给世界带来的改变。人类的发展史，就是人类学会运用工具、制造工具和发明机器的历史，机器使人类变得更强大。科技从不停步，人类永不满足。今天，人类正在发明越来越多的机器人，智能手机可以成为你的忠实助手，轮式机器人也会比一般人开车开得更好，曾经的很多工作岗位将会被智能机器人替代，但同时又自然会涌现出更新的工作，人类将更加优雅、智慧地生活！

人类智能始终善于更好地调教和帮助机器人和人工智能，善于利用机器人和人工智能的优势并弥补机器人和人工智能的不足，或者用新的机器人淘汰旧的机器人；反过来，机器人也一定会让人类自身更智能。

现在，各式各样人机协同的机器人，为我们迎来了人与机器人共舞的新时代，伴随优雅的舞曲，毋庸置疑人类始终是领舞者！

李德毅　　2019.4

李德毅，中国工程院院士，中国人工智能学会理事长。

序

机器人技术及应用的快速发展,引起了世界各国的高度重视。2014 年 6 月 9 日,习近平在出席两院院士大会时提到“机器人革命”有望成为“第三次工业革命”的一个切入点和重要增长点。同时指出,面对这样的新技术新领域,我们要“审时度势、全盘考虑、抓紧谋划、扎实推进。”随后,在 2015 年《中国制造 2025》规划中,机器人被列入了实现突破发展的十大重点领域。2016 年,顺应国际发展趋势,结合国家建设需求,教育部批准开设“机器人工程”本科专业,立足培养机器人领域的高素质应用型工程技术人才。2017 年,国务院出台的《新一代人工智能发展规划》把人工智能进学校上升为国家战略,机器人作为人工智能的重要载体迎来了黄金时代。各高校争相设立机器人人才培养相关专业,据不完全统计,截至 2019 年 8 月,已有 184 家本科院校开设了机器人工程专业。在国家“十三五”和“十四五”规划中,机器人技术在产业、制造业、安全生产等领域成为关注焦点,其社会热点属性未来还将持续。在机器人繁荣发展的背后,人们逐步意识到现有机器人智能化程度的不足,机器人的发展面临着环境感知与理解等关键卡脖子技术问题,厘清其中存在的挑战、重点攻克相关关键技术,进一步提升机器人智能水平,能够使机器人的发展达到一个新的高度。

机器人融合了自动化、电子信息、机械、计算机科学、材料、人工智能、认知科学等众多前沿技术,综合性强。在学科交叉基础上,衍生出了众多研究领域,按照信息处理层次大致分为感知、规划、学习、控制、系统等方面。对于智能服务机器人来说,准确、鲁棒、充分的环境感知与理解能力,是完成任务的基本保障,在机器人整个任务框架中处于重要地位。近年,在以人为中心的协作服务理念下,要求机器人在环境感知时,具备语义级别的环境感知理解能力。现有涉及机器人环境感知技术方面的大量书籍,在度量层环境信息感知方面的阐述较为充分,但在语义信息感知方面少有涉及。

《智能机器人环境感知与理解》一书应时代要求,不仅可以为初级机器人研究人员介绍该领域的一些入门知识,也向读者系统展示了机器人环境感知与理解方向的一些前沿研究工作,能够为现有资深机器人研究人员提供新的研究思路和方法。我在阅读中也注意到,本书相关内容大多出自于作者领衔团队近十余年的研究工作,其研究内容令人耳目一新,例如,视觉场景的自然语言段落描述、将自然语言描述用于场所理解、通过手绘语义地图指导机器人导航、利用完全自然语言指导机器人导航等。书中涉及的研究工作都紧扣机器人应用,具有很好的应用价值,这些工作也很好地体现了目前机器人领域的前沿研究思路。本书作者来自率先设立“机器人工程”本科专业的东南大学自动化学院,相信书中内容也能够为相关教学工作提供丰富素材,在人才培养方面彰显一定的价值。希望读者在阅读本书的基础上,对相关技术能够了解、运用,甚至推动机器人环境感知与理解方面研究的发展。

本书内容丰富,观点新颖、思路清晰,其中涉及的模型、算法和技术在机器人环境感知领域具有普适的意义,既可作为高等院校控制科学与工程、机器人工程、人工智能等专业高年级本科生、研究生相关课程的教材,也可作为从事机器人环境感知、交互导航等研究及应用科研人员的参考书。

王耀南

前　　言

生活在这个世界，人们不能脱离周围环境而孤立存在，需要时时刻刻跟周围的环境进行交互和作用，即适应环境的同时，也改造和创造环境。

人工智能把人的智能赋予机器，让机器具有智能，当前正沐浴在人类赞誉的目光中，尤其随着深度神经网络的出现，人工智能科学与技术得到空前发展。作为人工智能的杰出代表，机器人智能水平的体现离不开对所处周围环境的感知与理解，如无人驾驶汽车在马路上飞驰，突然从路口窜出一个人或者一辆车，如何感知这些动态目标并进行及时避让；无人自主飞机从一个位置飞到另一个位置，尽管可以通过 GPS/北斗定位，点到点地直线飞行，但中途有高层建筑、树木、山峰或者其他飞行器等，如何感知和避让；无人自主潜水器进行水下航行时，水下环境复杂，如何进行自主探测、定位与导航；家政服务机器人之所以很难走进家庭，其感知理解能力弱是一个主要原因，……总之，自主移动机器人在自主运动时，若对周围环境感知和理解不准确，将导致决策失败，因此，其研究具有重要的研究意义和价值。读者会问：何为环境？机器感知与人感知有何区别？机器怎么去感知与理解身处的环境？这本书将尝试给出答案。

从机器人的角度谈环境感知，即通过自身携带的传感器，如 GPS、IMU、视觉、激光雷达、声纳等，或者智能空间中的传感器，获取机器人周围的静态物理环境、动态目标等传感数据，经过数据或信息处理，实现环境的重构，所见即所得，可见机器感知是对周围环境的客观表达，而不是主观理解，机器人并不真正理解环境。就目前而言，其感知范围也仅仅停留在自然环境的感知。随着机器感知技术的进一步成熟，当机器人具有较高智能且具有一定社会属性时，对社会环境的感知和理解就变得非常必要了。

机器人是人类文明的标志，是人在改造世界过程中的产物。人类对自动机器的幻想与痴迷由来已久，中国著名古籍《列子·汤问》中就曾记载“偃师造人”的传说，其中记述的人造“能倡者”能够“頷其颐，则歌合律；捧其手，则舞应节”。“合律”和“应节”（歌声合乎乐律、舞步符合节奏）或许是最早对机器与环境（音律环境）的和谐关系、人机共融情景的憧憬。1920 年捷克斯洛伐克作家卡雷尔·恰佩克在他的科幻小说《罗萨姆的机器人万能公司》中，根据 Robota（捷克文，原意为“劳役、苦工”）和 Robotnik（波兰文，原意为“工人”），创造出“机器人”这个词。中国早在三国时期，诸葛亮发明的木牛流马，标志着机器人的雏形。人总是梦想着将来有一天，机器人具有人类的智能，代替人类做各种各样的事情，但必须服从于人类。1942 年美国科幻巨匠阿西莫夫提出“机器人三定律”。虽然这只是科幻小说里的创作，但后来成为学术界默认的原则。近年来，机器人技术和相关技术的突飞猛进加快了机器人全面进入寻常百姓生活的步伐，种种迹象表明比尔·盖茨2006 年提出的观点“机器人产业的发展与30 年前计算机行业如出一辙”[1]，似乎很有道理。然而，机器人特别是个人和家庭服务机器人，要想全面进入人们的日常生活，必须能够类人地感知和理解所处环境，与人类共享语义空间。

因此，机器人面临两大主要关系——机器人与人之间的关系（Robot－Human－Relationship，R－H－Relationship）和机器人与环境之间的关系（Robot－Environment－Relationship，R－E－Relationship）。在R－H－Relationship中，从人到机器人角度看，通常期望机器人可以理解人类使用的概念，从语义层面理解用户意图、指向，有效处理从人得到的信息以便进一步做出合理响应。而从机器人到人角度看，通常期望机器人在不同语境下，使用不同的服务策略向人提供服务以提高服务质量，或者用人类可理解的概念向用户反馈自身状态、意图、行为等信息。R－H－Relationship 中两个视角上的交流相互关联且一般不可分割。在 R－E－Relationship 中，从机器人到环境角度看，通常期望机器人从概念层推理、规划和完成任务，并且希望机器人在任务执行以及与环境交互过程中的行为更加合理，符合直觉知识。而从环境到机器人角度看，属于环境感知与理解研究范畴，通常希望机器人能类人地、自主地从概念上理解环境，提供人机交互过程的指代对象、任务规划及操作对象、任务上下文或者行为的约束条件等高层环境信息，以此作为其他机器人任务的基础。因此，从整体上看，机器人对环境的感知与理解可以视为其他任务的“物质”基础，在机器人研究中处于相对基础的地位。

从 R－H－Relationship 和 R－E－Relationship 这两方面看，对技术需求主要体现如下：

一方面，机器人能够从用户那里直观地学习新知识，能够理解人类使用的抽象概念，且用人类可理解的抽象概念指代与之相应的客观环境，并准确地与用户交流，能够在不同场所中使用不同的服务策略、提高机器人的服务质量等。随着人机共融时代的开启，人机交互式感知与导航拉开了序幕，Tversky 等人从人类认知学的角度出发，分析了手绘地图在人类导航过程中的作用，并指出路线图和路线方向对人类导航的关键作用，以及手绘地图与实际地图的偏差程度对导航结果带来的影响。在考虑前述地图表示方式不足的基础上,借鉴这种仿人导航方式,采用手工绘制地图方式来指导机器人导航,该手绘地图的基本元素包括环境中的各个实体、机器人、运行路径和起始点至目标点的距离等。Kawamura 等人在文献中提出了一种基于 Egosphere 的导航方法,这种方法所依靠的地图也是一种不精确的地图,可以通过在地图中的大致位置上手工绘制相应的路标,然后给机器人提供一个目标位置以及由几个关键点组成的路径,这样机器人便可以通过传感器感知到的实时状态 SES(Sensory EgoSphere)与在关键点感知到的状态 LES(Landmark EgoSphere)进行比较,从而指导机器人依次通过各个关键点。

另一方面,机器人能够将概念与周边环境相关联,或者说自主地从概念上感知、理解所处环境,应当能够利用概念进行相关任务推理、规划和行为生成,应当能够应用不同的导航策略使任务执行过程更加合理高效等。例如,机器人对周围环境感知和理解,离不开机器人即时定位与地图创建(SLAM),Durrant Whyte 等人于 1995 年对 SLAM 问题归纳,即最早对 SLAM 问题的框架定义。随后,机器人专家开启了机器人的经典问题,除了利用激光雷达、声纳等传感器进行 SLAM,利用视觉传感器也是研究的重要方向,如 1999 年 David Lowe 提出了一种尺度不变性特征(Scale - Invariant Feature Transform,SIFT),借助该特征,他于 2002 年提出了基于 SIFT 特征的 SLAM 方案。不仅仅通过双目视觉实现 SLAM,单目 SLAM 研究也日渐成熟,如英国伦敦帝国学院的 Davision 等于 2003 年实现单目 SLAM 系统。西班牙 Raul Mur - Artal 等提出了 ORB - SLAM,该系统有很好的实时性、精确性与兼容性。2017 年 Endres 等人又提出了基于 RGB - D 相机的 SLAM。随着机器人面向大范围动态场景下的自主导航,语义地图的生成非常有必要,因此,在传统视觉语义分割的基础上,随着深度学习技术飞速发展,Long 等人提出将卷积神经网络和迁移学习应用到语义分割中。Noh 等人提出了网络结构 Deconv Net,该网络采用 VGG - 16 作为基准网络,分为卷积端和反卷积端,卷积端通过前向池化层(Pooling)将特征图尺寸不断减小,反卷积端通过反池化和反卷积来扩大相应的特征图尺寸。Badrinarayanan 等提出了 Seg Net 网络,该网络以 VGG - 16 作为基准网络,并采用了与 Deconv Net 相似的结构,由编码器和对应的解码器网络组成,最后一层是一个像素级别的分类层,与 Deconv Net 不同的是,Seg Net 在解码器端使用卷积操作实现了更平滑的反池化操作。上述三个结构,无论是上采样、反卷积,还是解码器,它们都需要将下采样的特征图扩大到输入图像的尺寸。Chen 等人提出了 Deeplab 网络结构,该网络使用带“孔”的卷积,从而使得在增加网络感受域的同时保持特征图的尺寸不变,避免了最后需要扩大特征图造成语义分割结果不精细的弊端。

总之,上述两方面的技术研究都离不开对人与人、人与环境之间关系的研究和模仿。解决机器人环境感知与理解问题的技术切入点同大部分自然学科研究相一致,就是模仿人对环境的理解过程,再广义地模仿生物对环境的理解过程。

本书共5章,第1章介绍了人、环境和机器人之间的关系,主要从人与环境的关系、机器人与环境的关系,以及人与机器人的关系揭示机器人环境感知与理解的重要性和必要性;第2章从自主移动机器人携带的常用环境感知传感器入手,介绍了各种传感器感知方式和方法,以及多种传感器进行融合感知技术和方法,为后面机器人场景理解、场所理解、机器人导航奠定基础;第3章主要从机器人视觉角度出发,介绍基于深度学习的机器人场景语义表达、任务生成和场景理解;第4章主要介绍场所理解的一些技术和方法,这里的场所理解跟场景理解既有联系又有区别,场所理解更多侧重于当前机器人所见的场景发生在什么样的场所,便于处理人机自然交互中涉及到场所语义概念;第5章在机器人感知和理解的基础上,介绍了几种机器人交互导航方法。本书所述内容,凝聚了作者近十几年在该领域的研究成果。作者的相关研究工作曾得到国家自然科学基金(重大研究计划、面上、青年)、863重点项目、国防重点预研项目、江苏省基础前沿引领项目、江苏省自然科学基金项目、江苏省重点研发计划重点项目、江苏省优势学科、双一流学科经费、以及各种人才计划的大力资助,对这些研究基金和研究计划给与资助的相关部门表示衷心的感谢。

在本书的编著过程中,作者得到了各方面的大力支持与帮助,感谢东南大学自动化学院的领导和同事的支持与帮助,非常感谢机器人和人工智能领域的前辈和朋友的关心和支持,特别感谢团队成员的不懈努力,本书介绍的一些研究内容是由他们完成的。

机器人环境感知与理解的内容十分广泛,涉及诸多学科领域。由于作者的水平和写作时间有限,经验不足,书中不妥之处在所难免,敬请读者批评指正。

李新德

2021.3.20

目 录

第 1 章 人－机－环境信息交互机制

第 2 章 机器人度量层环境感知

第3章 场景的图像描述

第4章 机器人场所理解

第5章 移动机器人交互导航

Contents

Chapter 1 The mechanism of human – robot – environment interaction

Chapter 2 Environment perception in metric layer

Chapter 3 Image description of the scene

Chapter 4 Robot placeunderstanding

Chapter 5 Interactive navigation for mobile robot

第1章　人 - 机 - 环境信息交互机制

"人 - 机 - 环境"这一信息交互链本质上以机器人为信息传递和处理媒介，三者共享背后的信息空间和信息逻辑，达到人和环境友好、和谐相处的目的。通用的技术处理范式是让机器人模仿自然人的信息交互过程，从度量层、行为层、近似机理层、机理层不同角度逼近人的交互机制，实现"类人"的行为，达到环境共享、人 - 机共融的理想情景。本章首先简单回顾一部分认知心理学、认知神经科学领域对人与环境交互机理的一些经典研究理论。需注意，这方面研究内容仍属于开放性问题，尚无定论；笔者的阐述仅仅提供一个初步线索，期望未来能从该角度发现更多的线索，从而引出未来新的机器人研究范式。之后，从技术层面探讨机器人与环境、机器人与人目前的一些常见交互机制。

1.1　人与环境的交互机制

认知心理学、认知神经科学、脑科学等学科都对人与环境的信息交互主题进行了长期探索，很多谜题仍未解开，研究人员仍在孜孜不倦地探索其中的奥秘。

1.1.1　人的感官与感受环境

人类具有多种感官系统来获取外界信息（图 1.1）。眼睛是感受环境信息的重要视觉器官，约 80% 的外界信息通过视觉系统获得，让人们可感受到亮度、颜色、位置信息。当环境光通过眼睛的光学结构时，物体在视网膜上成像，视网膜视锥细胞和视杆细胞产生兴奋，再由神经系统发送给大脑，大脑的特定脑区相互配合，从而实现了视觉功能。大约 20% 的外界信息通过触觉、听觉、味觉等获得，其中触觉是仅次于视觉的第二感官。人类通过图 1.1 所示感受过程，形成对环境的种种认知活动。

相干理论（Coherence Theory）能够进一步解释感知的变化过程（图 1.2）[2]。在这个模型中，输入的视觉刺激经过连续处理，创建出原始对象（Proto - Objects）。原始对象是不稳定的，只持续很短一段时间。它们很容易被新的刺

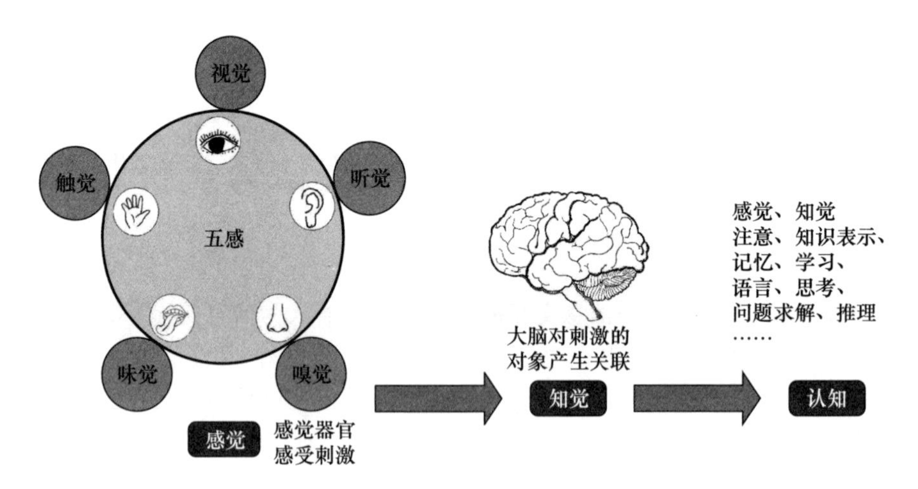

图 1.1　人类感受环境的过程

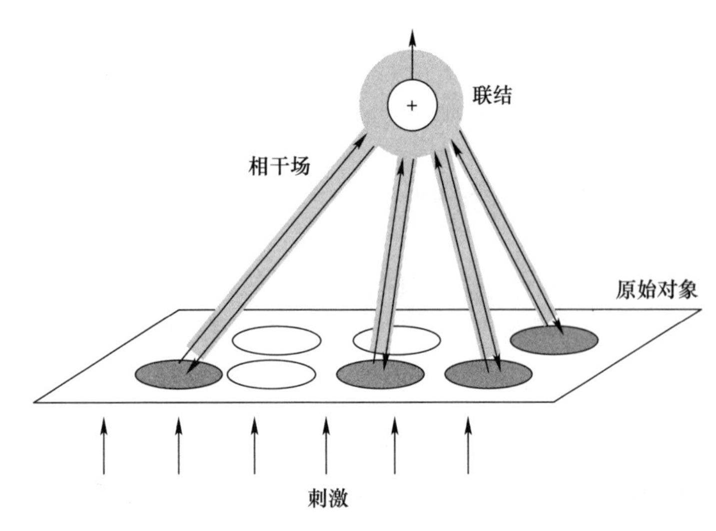

图 1.2　相干理论

激物取代。“聚焦注意”(Focused Attention)选择几个原始对象,在它们之间建立一个相干场,汇集对象中包含的信息。当注意力从图像中的特定位置消失时,由于图像之间的空白区域或视觉干扰,相干场消失,物体分裂成不稳定的原始对象。Rensink 在 2000 年提出了虚拟表示(Virtual Representation)的概念,在看到一个场景时,当前任务所需要的众多元素的一个一致性表示才会被创建。非常重要的是,场景中所有元素的一个表示并不会总被创建,而相干表达则是以实时的方式创建的。换句话说,相干表达是在需要的时候被创造出来的。

Rensink 在随后 10 年间,还提出一种三元组架构(图 1.3),包括三个独立系统:早期的视觉系统、对象系统和配置系统。其中:早期的视觉系统包括一个自动创建原始对象的过程;对象系统包括通过连接原始对象来构造相干场的注意过程;配置系统是一个非注意系统,负责抽象意义(Gist)提取过程及其场景中对象的空间布局(布局信息)。带注意"对象"系统和不带注意的配置系统与长时记忆联系在一起(长时记忆可以激活存储的有关对象和场景知识)。前一个系统以自上而下的方式执行:根据每一个对象和场景的意义和重要性,有意识地控制对记忆的访问。后一个系统以自下而上的方式执行:它由场景中的显著刺激自动和强制触发。

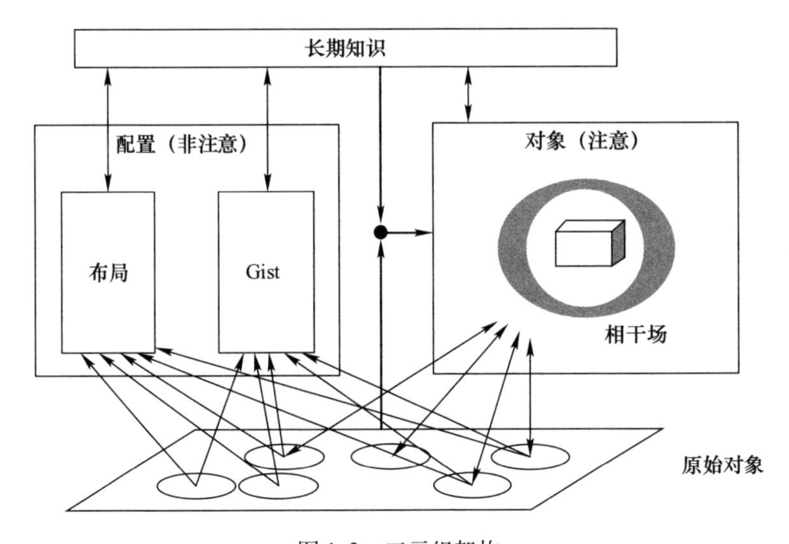

图 1.3 三元组架构

在现实世界中,我们进行环境感知时还常常涉及视觉搜索任务——移动眼睛并依次查看每个视觉对象,在众多物体中找到一个特定的物体。

Treisman 和 Gelade 在 1980 年提出了对象感知的特征整合理论(图 1.4)。在此模型中,当视觉信息位于视网膜上的特定位置时,注意的聚光灯投影到上面,视觉信息的基本特征将根据单独的特征图(例如颜色图或朝向图)自动进行处理,然后这些信息特征被组合起来创建出对象。注意被用于将特征组合成一个物体。一个对象是视觉目标的时态表示,可以通过更高层次的认知机制(如识别网络)进行进一步处理。其中,在特征搜索中,不需要任何注意过程就能找到目标,并以并行处理方式定义出目标的特征。每个视觉对象必须在联合搜索中顺序搜索;通过注意力需求过程,对目标的特征进行组合后,便能够感知到目标。这一目标特征的整合过程称为"特征绑定"。

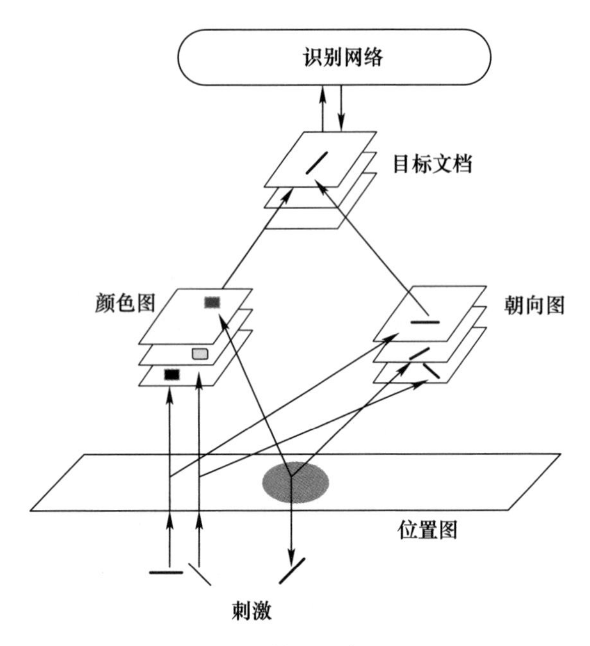

图 1.4　特征整合理论

作为特征整合理论的主要支持者,Treisman 和 Schmidt 报道了错觉联合现象,即当注意力从包含多个对象的视觉呈现转移时,会发生绑定错误。一些研究报道了无法用传统特征整合理论解释的发现,Treisman 在 1993 年对特征整合理论进行了修订。

1.1.2　人与环境间的相互作用

人通过自身感官感受到的环境信息被用于指导人类实践,人类与环境的日常交互行为主要分为如下几类:①运动性交互,如触摸、支撑、改变物体运动状态、非接触性交互等;②形变性交互,如改变物体形状、形态等;③抽象信息交互,如语言、肢体动作、目光等。

1.2　机器人与环境的交互机制

1.2.1　机器人的环境传感器

1.2.1.1　视觉传感器

1) Microsoft Kinect Sensor

Kinect 传感器系列由微软 2010 年开始推出,最初用于 xbox 360 游戏机,实现人体感知,后又推出 Microsoft Kinect for Windows,此处称为 Kinect V1(图1.5),它在使用同样的传感原理基础上,在个别参数上进行了改进。第一代传感器提供 VGA 分辨率(640×480 像素)RGB 视频流和 320×240 像素的深度数据流,两者帧率都能达到 30 帧/s,前者以 8bit 编码,而后者以 11bit 编码,单位为 mm。其中 RGB 相机的工作原理与传统相机相似,而深度相机的工作原理是将已知模式的红外图像投射到环境,并测量返回的红外模式(使用红外摄像机),将其与已知的投影模式进行比较,两者差异用于提取目标深度。

图1.5　Kinect V1

微软于2013年发布了 Kinect V2(图1.6),它采用飞行时间法,使用主动传感方式计算测量表面到传感器光脉冲的往返时间得到距离。从 Kinect V2 捕获的深度图像比 Kinect V1 具有更好的质量,两者的主要参数对比见表1.1。

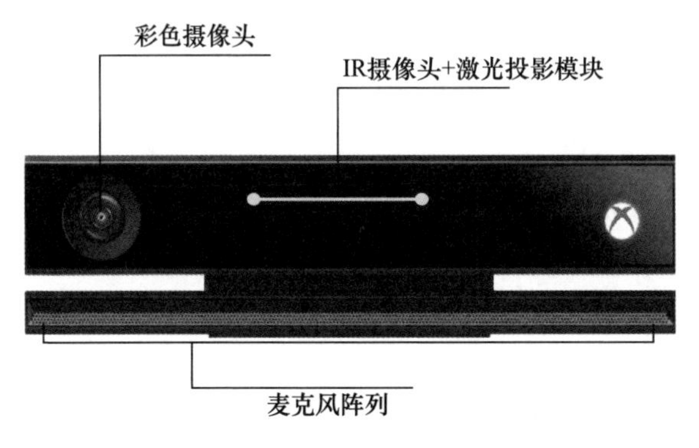

图1.6　Kinect V2

表 1.1　Kinect V2 和 Kinect V1 主要参数对比

		Kinect V1	Kinect V2
彩色	分辨率	640×480 像素	1920×1080 像素
	f/s	30	30
深度	分辨率	320×240 像素	512×424 像素
	f/s	30	30
人物数量		6 人	6 人
检测范围		0.8~4.0m	0.5~4.5m
角度	水平	57°	70°
	垂直	43°	60°

2) Point Grey Bumblebee2 立体相机

Point Grey Bumblebee2 立体相机是一个逐行扫描 CCD 双目相机(图 1.7),视频以 20f/s 的速率捕获分辨率为 640×480 图像,可生成密集彩色深度图,用以辅助跟踪或姿态估计。使用中必须对分辨率－帧速率进行权衡,因为随着帧速率的提高,机器人的行为会变得平滑,但处理时间却增加,处理器处理压力增加,反而有可能造成系统卡顿。而分辨率的提高为特征提取提供了更密集、更精确的点云,但同时仍会造成处理器延迟增加,系统出现卡顿。

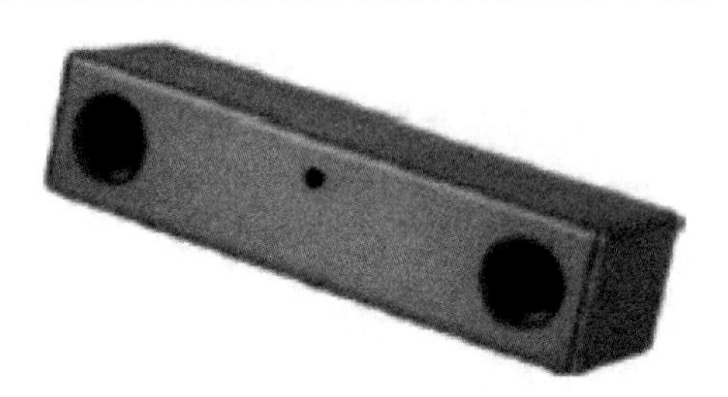

图 1.7　Point Grey Bumblebee2 立体相机

3) Intel Realsense

最近,英特尔发布了一系列 Realsense 深度传感器,适用于机器人应用。以 D400 系列中的 D435i 传感器(图 1.8)为例,它不仅适用于室内环境还适用于室外应用。基本工作原理是通过红外点阵投射器透射光斑,在低纹理的环境中提供红外图案以提高双目匹配的精度。通过左右红外相机接收得到的红外图像,再用双目测距原理测距。进行匹配计算深度图视差图等数据。其深度有效范围最低可达 0.2m,可以满足大部分机器人采集环境信息的距离和精度需求。其内置六轴 IMU 传感器,能为视觉算法提供数据校正。英特尔 Realsense D435i 深度图最高分辨率为 1280×720,提供了完整的、兼容 Linux、Windows、Mac OS 多种环境的驱动和API接口,为开发提供了便利。

图1.8　Realsense D435i深度相机

4) Zed2相机

StereoLabs近期发布的Zed2立体相机是第一个能够使用神经网络来重建人类视觉的立体相机(图1.9),提供高质量的环境3D视频和神经深度感知。Zed2摄像机使用空间上下文检测和跟踪对象。通过将人工智能和三维技术相结合,ZED2可以定位空间中的物体,并提供了一系列工具用于实现下一代空间感知。该相机可以提供多种分辨率-帧率组合,如2x (2208×1242) @15f/s、2x (1920×1080) @30f/s、2x (1280×720)@60f/s和2x(672×376)@100f/s方便不同应用场合下使用。近场有效传感距离范围达到0.3~20m。配合陀螺仪、加速度计、磁力计、气压计能够完成复杂的环境感知任务。

图1.9　Zed2立体相机

1.2.1.2　力觉/触觉传感器

力觉和触觉是机器人仅次于视觉的重要信息感知手段。触觉的主要任务是机器人为完成某种作业任务获取对象与环境信息,即对机器人与对象、环境相互接触作用时的一系列物理特征量进行检测或感知。机器人触觉与视觉一样都是模拟人的感觉,它包括了触觉、压觉、力觉、滑觉、冷热觉、痛觉等与接触有关的感觉。触觉感知包含的信息量很大,它不仅反映了机器人与环境的交互情况,而且反映了所接触目标的各种物理属性,如位置、形状、刚度、柔软度、纹理、导热性、黏滞性等。常用的触觉传感器从原理上可以分为以下几类:压阻式、电容式、电感式、压电式、光电式等[3]。

1.2.1.3　听觉传感器

最经典的听觉传感器是超声波/声呐传感器,它模仿蝙蝠的环境探索机制,利用超声回波计算声源与周围障碍物的距离,进而实现环境感知,由于其廉价、简单易用、数据处理方便等特点在机器人领域得到广泛应用。

在人声频段主要通过麦克风拾取环境音,实现环境监听、声源定位、声源身份识别、声源语音识别、声源语义识别等。根据环境拾音要求的不同选用不同的拾音设备,如环境监听时常用全向麦克风,需要背景去噪时采用多麦克风或定向麦克风,而需要声源定位时多采用麦克风阵列。除了单独为机器人布置麦克风进行拾音外,一些新型传感器也能同时集成音频采集功能,如:前述 Kinect V2 传感器不仅具有两类图像传感器,还具有四元线性麦克风阵列,内置 DSP 等组件,能够过滤背景噪声并实现声源定位,配合相应软件能够对声源进行识别。

1.2.1.4　激光传感器

激光测距仪是一种基于 TOF(Time of Flight)原理的高精度、高解析度的外部传感器,不但具有出色的距离与角度分辨率,而且具有极短的采样周期和较低的测量误差,加上目前技术成熟、成本降低,是当前移动机器人测距的主要手段。

1.2.1.5　其它传感器

嗅觉传感器通常由气敏元件组成,气体传感器阵列可以采用数个单独的气体传感器组合而成,也可以采用气体传感器阵列。一般而言,气体传感器阵列体积较小,功耗低,便于信号的集中采集与处理,比较适合机器人应用场合。很多其它传感器也在机器人环境感知中得到广泛应用,如接近觉传感器、味觉传感器等,受篇幅所限,不再一一介绍。

1.2.2　机器人对环境的认知

装备环境传感器后,机器人可以得到有关环境的原始数据,之后,通过多种算法从不同角度形成对环境的感知与理解。已出现的种类繁多的机器人环境感知技术可依据不同标准划分出多个类别。

(1) 依据完成环境感知的智能体类型分为单机器人环境感知技术[4]、多机器人环境感知技术[5]、智能空间环境感知技术[6]等。

(2) 依据感知对象动态特性分为静态环境感知技术、动态环境感知技术[7-8]。

(3) 依据所使用的传感器类型不同分为单模态传感器环境感知技术(常用的传感器有视觉传感器[9]、激光雷达[10]、RGB-D 摄像机[11]等),多模态传感器环境感知技术[12](广泛使用多传感器信息融合技术)。

（4）依据室内环境状况分为日常生活环境感知技术、灾难现场环境感知技术[13]等。

（5）依据感知目的分为面向导航的环境感知技术、面向避障的环境感知技术[14]、面向认知的环境感知技术[15]、面向抓取的环境感知技术[16]等。

（6）依据感知空间范围分为局部空间环境感知技术[17]（对几何面、物体、局部操作空间等感知）、大范围全局环境感知技术[18]等。

（7）依据感知信息所处层次分为度量层环境感知技术、拓扑层环境感知技术、语义层环境感知技术等。

（8）依据感知对象类型分为环境几何结构感知技术[19]、场所感知技术、物体感知技术、通行空间感知技术[20]等。

（9）依据环境结构特点分为结构化环境感知技术、非结构化环境感知技术[21]。

（10）依据感知信息维度分为2维环境感知技术、2.5维环境感知技术[22]、3维环境感知技术[11]、空时环境感知技术[23]等。

上述划分标准并不完备，还可依据其他标准对相关技术进行划分。下面，在“感知信息所处层次”这一划分标准下阐述机器人对环境认知的相关方法。

1.2.2.1　度量层环境感知技术

度量层环境感知技术是指机器人利用底层传感器的度量属性，获取某些环境要素（如布局、结构和物体等）的度量信息，并直接基于此类信息形成对环境的“认识”技术。度量层感知结果通常以显式度量模型（Metric Model）给出，该模型描述的环境信息通常具有最细粒度，一般对模型精度有较高要求。环境要素的精确度量模型有助于机器人准确地完成与环境的交互任务，如何让机器人自主建立这类模型，成为几十年来众多研究人员孜孜不倦探索的问题。机器人度量层环境感知技术中，旨在获取环境精确布局信息的度量地图（Metric Map）构建技术是传统热点研究领域，至今仍存在大量开放问题，引起众多专家学者的浓厚兴趣；面向其它环境要素的度量层感知技术（如对象精确度量信息[24]）也得到广泛关注，它们在机器视觉、立体测量等相关研究的影响下快速发展。

度量地图构建技术通常用于建立面向导航的环境地图，该技术通过对底层传感器数据的分析，直接或间接地捕捉环境的几何属性。其环境模型构建过程通常抛弃了度量信息之外的其它信息，所建地图仅具有环境布局的度量属性。度量地图尽管所含信息类型单一，但通常能够提供足够的导航信息，因此得以广泛应用。目前有关研究主要集中于如下几个方面：

（1）视觉SLAM（Simultaneous Localization and Mapping，SLAM）技术。由于

视觉传感器具有成本低、重量轻、易于小型化、所提供信息量大等特点，基于它的SLAM技术成为SLAM领域中新的研究热点。Holmes等[25]提出解决单目SLAM问题的SCISM（Slam with Conditionally Independent Split Mapping）算法，使得SLAM过程能够同时满足计算复杂性和一致性约束。Diaz等[26]实现了一种能够在结构化环境下实时运行的6自由度单目SLAM系统。Zhu[27]在其论文中改进了SIFT（Scale Invariant Feature Transform）算法的特征匹配过程，给出一种双目SLAM方法，其方法在室内环境中能保证高定位精度和计算实时性。Lin等[28]在"*recall* – *1* – *precision* 图"标准下比较PLOT（Polynomial Local Orientation Tensor）和SIFT特征，认为PLOT特征更适用于视觉路标，进而基于PLOT特征实现双目SLAM。

（2）未知环境探索和建图。当机器人经常面对自身未知的环境时，已有许多算法尝试将环境探索的路径规划过程同SLAM整合，以便规划出有助于创建高质量地图的轨迹[29]，最终获得高质量环境地图。

（3）面向动态环境的地图构建技术。相关技术通常分为两类[30]：一是将动态物体作为噪声进行滤除；二是识别和跟踪移动物体，将动态物体作为状态估计的一部分。Huang等[31]认为多运动目标跟踪与SLAM整合在同一框架下，将使得两者彼此间相互受益，他们的初步实验证实了面对动态环境时基于该观点的算法的可行性和健壮性。

（4）多机器人同时建图。多机器人系统在处理效率、适应能力和作业精度等方面均可优于单机器人系统，通过多机器人协调（Coordination）感知来提升对环境的感知能力已成为一个研究焦点[32]。目前，这方面研究主要集中于基于多机器人协作的同时定位与地图创建（Cooperative Simultaneous Localization and Mapping，CSLAM）这一主题，大体可分为集中式CSLAM、分布式CSLAM和混合式CSLAM[33]。

（5）3D环境建图。环境的3D地图能够提供丰富的导航信息、环境操作信息和结构信息等，因此如何使机器人凭借自身传感器自主地建立环境的3D地图，引起众多研究人员的浓厚兴趣。值得一提的是，用于建立3D环境地图的传感器除传统3D激光雷达、立体视觉等传感器之外，近几年作为新环境感知传感器的RGB – D摄像机（商用产品如Microsoft Kinect和ASUS Xtion PRO等）逐步引起研究人员关注，利用它构建3D环境地图的有关研究成为新的研究热点。Henry等[11]在他们的论文中提出一种使用RGB – D摄像机生成室内环境的稠密3D模型的建图框架。Zou等[34]提出的一种室内SLAM方法中使用了Kinect作为环境感知传感器，作者发现在考虑速度和建图精度的情况下，ORB（Oriented FAST and Rotated BRIEF[35]）检测子和描述子更适于室内SLAM。值得注意的是，利用 RGB－D 摄像机获得的 3D 地图不仅含有传统度量信息，而且能够包含红、绿、蓝三个通道上丰富的视觉灰度信息，此类地图可以看作是扩展了视觉信息维的度量地图，也可以看作是一种广义度量地图（包含了对环境表观的视觉灰度的度量），其所含环境信息丰富，相应建图和应用技术势必将得到广泛且深入的研究。

（6）非结构化环境建图。传统室内环境可以看作结构化环境，它们通常具有稳定的点、线或拐角等结构特征。随着人们生活理念（崇尚自由、追求个性、摆脱拘束等）、家电技术、家具/家居设计理念的发展和变化，室内布局逐步呈现出非结构化态势；另外，在一些灾难性事件发生后，室内环境将出现显著非结构化特性。这样，一些传统环境建图技术不再适用[36]。非结构化环境下的机器人建图方法研究成为社会发展的迫切需求，其在技术上面临着许多新挑战。Pellenz等[37]针对非结构化环境，利用一台带有伺服电机的 2D 激光测距仪同时完成精确 2D SLAM 和 3D 障碍物检测，所得到的占有栅格地图和障碍物地图融合为一幅导航地图用于路径规划。Bachrach 等[38]开发出一种完全自主的带有激光测距仪的四旋翼飞行器，实现对非结构化、未知室内环境的自主探索和地图创建。

（7）在机器人度量层环境感知技术研究中，尽管度量地图构建技术业已形成一个庞大的研究领域且占有极为重要的地位，然而相关技术并不仅局限于此，面向其他环境要素的度量层感知技术也在迅速发展。与度量地图构建技术主要面向较大空间环境不同，其他度量层感知研究通常面向相对小的局部空间环境或对象，进而获取感兴趣的度量信息。在符合美国残疾人法案（American Disability Act，ADA）的环境约束下，Rusu 等[10]提出一种从激光传感器获得的点云数据中检测门及门把手位姿的算法。Yamazaki 等[39]利用移动机器人上的单目摄像机捕捉目标物体的图像序列，以此重建未知目标物体的稠密 3D 形状模型。Krainin 等[40]利用机器人手臂、抓手和 RGB－D 摄像机组成的系统，实现了对被抓持物体的 3D 建模。Alenyà 等[41]使用飞行时间（Time－of－Flight，ToF）相机和结构光（Structured Light，RL）相机实现了对可变形物体的感知，并在织物抓取和植物监视领域得以应用。

机器人与环境进行交互时，特别是发生物理交互时，有关行为必须在一定精度范围内执行，位于最底层的度量层感知技术为这一要求提供了基本保障。在一个完整的机器人系统中，该类技术由于通常为其他高层任务提供基本的感知基础而显得不可或缺。

1.2.2.2　拓扑层环境感知技术

拓扑层环境感知技术指机器人直接或者间接获取某些环境要素（如布局、

结构和物体等)的拓扑信息,并基于此类信息形成对环境“认识”的技术。

对环境布局的拓扑层感知主要依赖于拓扑地图创建技术。拓扑地图通常具有表达紧凑、所占计算资源少、适用于对大范围环境建模、适用于人-机器人交互[42]等优点,并且其建图过程较少需要精确的度量级传感数据(Metric Sense Data)[43],因此,相关研究引起众多研究人员的持续关注。目前,常见的拓扑地图形式包括无向图、有向图和二部图(Bipartite Graph)[44]等。拓扑地图以顶点(Vertex)描述环境中的地点(Place),以边(Edge)描述不同地点间的连通性(Connectivity),从而构成环境布局的图(Graph)模型。不同类型拓扑地图的顶点定义不尽相同,拓扑地图中顶点和边的含义依赖于应用和建图算法[45],这造成了拓扑地图的多样性及相关研究的复杂性,并且难以对不同建图方法的性能制定统一的评价标准。

拓扑地图创建方法大致可以分为两类:一是从已有度量地图间接获取环境的拓扑表达;二是直接利用传感器获取环境的拓扑结构。前者主要目的在于为后续规划任务的进行提供便利[46],可以看作是在度量层感知结果的基础上,从拓扑角度对环境布局的再感知;后者的建图模式为目前大部分拓扑地图的创建过程所采用。无论采用何种方法定义和建立拓扑地图,通常需要对建图过程中的感知混淆(Perceptual Aliasing)问题予以充分考虑。Ranganathan 等[47]提出一种概率拓扑地图(Probabilistic Topological Maps,PTMs)框架,为感知混淆问题提供了一种系统解决方案。2011 年,Ranganathan 等[48]在实时性约束下对原 PTMs 进行了改进,提出在线概率拓扑建图(Online Probabilistic Topological Mapping,OPTM)算法。Werner 等[49]提出使用特定地点的邻域信息解决感知混淆问题。

除激光传感器、声纳传感器等传统传感器外,近年来,大部分用于解决拓扑 SLAM 问题的方法依赖于全景视觉[50](Omnidirectional Vision),使用全景摄像机作为传感器采集环境拓扑信息。全景视觉传感器的引入导致出现一些新问题,围绕这些问题很多研究工作已经开展,如 Liu 等[51]针对全景视觉提出一种轻量级描述子 FACT(Fast Adaptive Color Tags),使得用于拓扑建图的节点列表能够实时生成。

有些拓扑建图方法得到的拓扑顶点尽管对机器人具有重要意义(可被用于定位及导航等任务),但是对人类用户而言并无明确含义。然而,有些方法却能够获得对用户同样有意义的拓扑顶点,使得机器人与用户这两者的概念空间在某种程度上发生契合,含有此类顶点的拓扑地图不仅能用于机器人导航等基础任务,还能用于辅助人机交互等高层任务,这类具有语义属性的拓扑地图的构建方法得到了有关学者的重视。Mozos 及其同事对相关问题进行了深入研究[52-53],文献[52]利用 AdaBoost 算法对几何地图上每点实现了语义分类,所得拓扑地图的顶点具有“房间”“门口”和“走廊”等场所语义。

面向局部空间环境或对象，一系列拓扑层感知技术也应运而生。Aleotti 等[54]受神经心理学领域发现（人类基于部件分解实现对物体的感知）的启发，提出一种抓取规划方法：首先对物体模型进行拓扑分解，然后对物体分类并实现对物体各部分的自动标注，这两步从拓扑层面完成了物体感知，在此之后进一步进行抓取规划。该方法不仅能够提高规划速度，而且能够在先前未知的相似物体上进行抓取规划。Rosman 和 Ramamoorthy[55]提出构造物体的联系点网络（Contact Point Network，CPN），从而在以点云描述的场景中捕捉单个物体和整个场景的拓扑结构，形成场景的分层表达，这种表达有助于在不同层次上实现与物体有关的推理等行为，使得机器人能够执行广泛的任务。

隶属于拓扑层环境感知技术的其他相关研究，这里不再赘述。总之，拓扑方法获得的环境模型通常具有表达紧凑、对量变干扰健壮等优点，其表达方式与人类认知行为存在某种相似之处，使模型本身有语义信息包含能力，可为人机交互等高层任务的执行提供便利。由此，相关研究势必作为一类重要领域在很长一段时间内得到快速和充分发展。

1.2.2.3　语义层环境感知技术

语义层环境感知技术得到越来越多研究人员的重视。近 20 年来，每年中相关论文的数量统计情况如图 1.10 所示（使用谷歌学术搜索引擎，同时搜索关键字“robot”“semantic”和“perception”得出），由图可见，该领域研究呈稳定、快速增长态势。

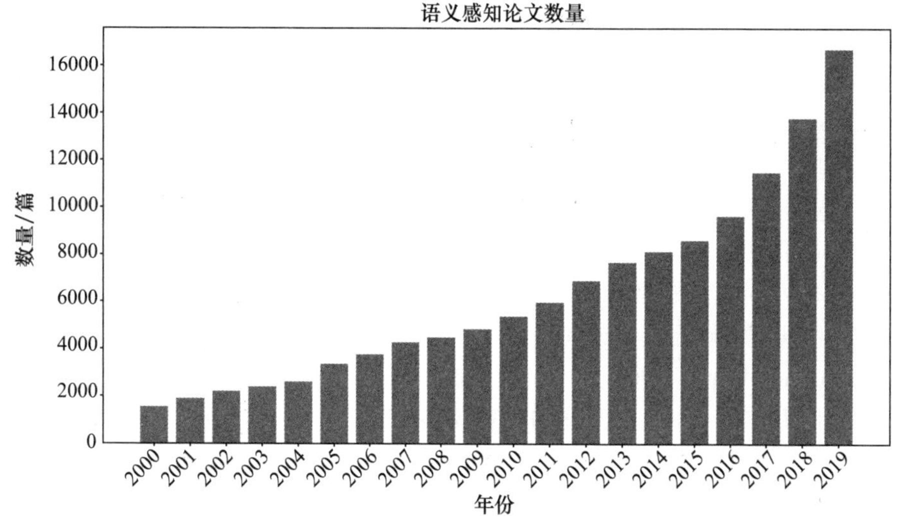

图 1.10　相关论文数量统计图

“语义层环境感知技术”指在机器人系统中对环境要素(如布局、结构和物体等)有关的语义信息建模,从而使机器人能够从环境中获取相应语义知识,并对环境形成类人的“认识”技术。此类技术涉及的一个核心概念是“语义知识”,尽管对“语义知识”的释义方式在机器人领域并不统一,但是相关研究在两方面达成基本共识:一是机器人内部需要有知识的显式表达;二是表达中的符号需要与物理环境中的物体、参数或者事件等关联。相关研究的难点在于:如何使得位于机器人和人内部的两种完全不同的感知机制在语义层面发生一定程度的契合。语义感知结果有时将直接用于人机交互、操作等任务,而有时被用于在机器人内部形成类似传统地图的环境模型,此类模型通常称作“语义地图”。“语义地图”作为对传统度量地图和拓扑地图的补充,能够为机器人推理、规划和执行相关任务提供更丰富的信息,已成为当前研究的热点。通常将语义层环境感知技术视为构建语义地图的基础。

由于“语义”所涵盖的具体含义相当广泛——物体、物理量、建筑结构、关系、行为等人类可以从直观上理解的对象均可归为“语义”范畴。因此,有关技术只要能使机器人在与环境交互过程中显式地表现出类人的概念(语义)生成行为,即可将其视为语义层环境感知技术。这样,从机器人研究角度看,一些传统技术,如物体识别技术,可视为语义层环境感知技术。这些传统技术很多已形成自己的理论体系,本节不再赘述,本节仅对机器人领域中出现的一些有代表性的语义技术进行介绍。

一些研究关注对环境构成形态的感知。通过简单的对话交互,D' Este 等[56]设计的机器人能够学习与物体及物体属性相关的词汇,并且能够学习多物体间的关系概念。Swadzba 等[57]受心理语言学研究的启发提出一种分层空间模型,机器人利用它可以提取位于中间层的有意义的场景结构。

一些研究涉及对建筑结构的感知。Goron 等[58]利用 3D 激光扫描系统捕捉室内矩形状结构对应的语义信息,这类结构包括墙壁、门和窗户等。Nüchter 等[59]提出一种采用 3D 激光扫描仪的语义建图系统,该系统不仅可以建立环境的 3D 几何地图,而且可对一些建筑结构(如墙壁、地板等)和复杂物体进行语义标注,形成 3D 语义地图。

一些研究能够在直接或间接实现物体感知的基础上构建语义物品地图(Semantic Object Map)。Jeong 等[60]将已知物品作为路标,并以基于视觉的相对定位过程作为扩展卡尔曼滤波器的过程模型(Process Model),使得在编码器不可用的场合下机器人仍可以健壮地构建环境的语义地图。Tenorth 等[61]提出一种称为 KNOWROB - MAP 的系统,该系统可以将物体识别和建图系统的输出同物体知识库中知识相连接,进而形成一种带有关联知识的语义物品地图(Knowledge-Linked Semantic Object Map)。Rusu 等[62]提出一种家居环境中面向操作的3D语义物品地图,并给出从密集3D深度数据中自动获取该地图的方法。Mozos 等[63]提出一种方法使得机器人能够通过万维网学习典型办公家具的一般模型,进而利用所得模型对实际环境中的未知家具实例进行分类和定位,机器人可在该方法基础上建立语义地图。Civera 等[64]对传统无语义的单目 SLAM(monocular SLAM)进行推广,在其基础上叠加对3D物体的识别,所提出的算法在室内实时地实现了语义 SLAM。Li 等[65]提出一种新颖的语义建图方法,其通过可穿戴传感器识别人类动作,利用动作与家具类型的关联模型确定家具类型,进而实现语义建图。Kim 等[66]使用 Kinect 作为环境传感器,利用室内环境的特殊结构来加速对重复物品的3D提取和识别过程,实现对室内环境的理解,机器人可在此基础上构建语义物品地图。常见的一些物体感知方法参见文献[67]和[68]等。

一些研究关注对环境中场所的感知。有关技术在文献[69]中做了详细阐述,受篇幅所限不再赘述。值得注意的是,有时感知到的场所可以作为具有明确语义的拓扑节点出现于拓扑地图,形成所谓"语义拓扑地图"(如前述文献[52]中研究工作),这类地图同时具备拓扑地图和语义地图的性质,相关研究应当予以重视。

随着人们对语义内涵的深入理解,一些新颖的研究内容也相继出现,例如:卡内基梅隆大学的 Gupta 等[70]提出一种更加以人为中心的室内场景理解范式,其方法对人类在场景中的工作空间(Workspace,即可达姿态集合)进行预测,可被看作是在行为语义层面上实现对场景的理解。另外,随着机器人可感知的语义类别的增多,多类语义的有效表达问题引起一些研究人员的关注,如 Wang 等[71]提出一种用于描述室内环境的语义地图表达方法,其基于的实体类型包括物品(如桌子)、建筑结构(如墙)和场所标签(如房间)等。目前,从物体的功能性角度以及从人和物体之间的交互行为的角度来认知物体受到了越来越多的关注。

1.2.2.4 复合环境感知技术

一些复杂机器人任务通常需要在多模感知信息的支持下完成,而单一环境感知技术不能提供全面的环境信息,进而不能满足此类任务的要求,因此,复合环境感知技术引起了众多研究人员的重视。

复合环境感知技术中一个重要的研究内容是混合地图研究,其中大量工作集中于将度量和拓扑方法联合应用于混合地图[72]。例如:Tomatis 等[73]提出一种局部为度量地图而全局为拓扑地图的混合地图,实现对环境的紧凑建模,其可用于定位和地图创建,优势在于不需要在度量层维持全局一致性且能同时保持精度和健壮性;Bazeille 等[74]将视觉闭环检测和里程计信息相结合实现 SLAM,其方法可实时建立未知环境的拓扑-度量混合地图。随着语义层技术的进步,已有研究人员尝试将语义层技术同传统环境感知技术整合:Mozos 等[75]提出一种概念地图、拓扑地图、导航地图和度量地图的整合系统,其中可提供丰富语义信息的概念地图位于最顶层;与之类似,Pronobis 等[76]提出一种多层语义建图算法,能够实现对环境较为全面的感知和理解。

复合环境感知技术中,各层技术并非简单地组合在一起,通常需要依据各层技术的特点、优劣势以及应用需求将它们有机结合为统一整体,相关整合技术的研究似乎将成为未来的一个发展方向。

1.2.3 机器人对环境的作用

如前所述,人类与环境的日常交互行为主要分为如下几类:①运动性交互,如触摸、支撑、改变物体运动状态、非接触性交互等;②形变性交互,如改变物体形状、形态等;③抽象信息交互,如语言、肢体动作、目光等。与之相对应,机器人也被期望赋予同样的环境作用能力。从技术层面上,机器人应当能够在面对动态变化、未知、复杂的外部环境中,根据内建知识、作业任务、环境感知结果,进行准确地规划、决策和控制,在无人干预或大延时无法人为干预的情况下,自主实施规避危险、完成既定任务[77]。

近年来,随着机器人被寄希望于协助甚至代替人类完成越来越多、越来越复杂的技能,机器人操作技能(Robot Manipulation Skill)方面的研究被赋予更多关注。机器人操作技能是指机器人基于自身的传感、感知、决策、规划与控制能力,在有限时间内操作环境中特定物体,使物体由初始状态达到目标状态[78]。在对环境信息掌握的基础上,多机器人全覆盖导航近年也成为研究热点[79]。

1.3 人与机器人的交互机制

以环境、实物机器人感知系统为基础进一步建立起人-机器人交互系统(图 1.11),这样完整的服务机器人系统即为“人-机-环境”系统。该系统中,人和机器人在共享概念空间基础上友好交互,共同实现与环境的和谐相处。

各种不同架构、复杂度、计算能力的计算机可以充当机器人的主控设备,人与机器人的交互过程也变成了人与计算机之间的交互过程。传统人机交互技术(Human Computer In-teraction,HCI)研究人与计算机之间识别与理解。计算机

图1.11　3D语义物体图下的人机交互[80]

被用作机器人主控后，逐步出现了一些新的交互特质，超出传统人机交互技术的研究范畴，人们开始不断解决新的人-机器人交互(Human - Robot Interaction, HRI)问题。经历了几十年的技术发展，当前的人-机器人交互系统已经从原来的交互主体适应机器人本体，发展到现在的机器人不断地适应交互主体的新发展阶段，各种“以人为本”的交互技术层出不穷。

1.3.1　机器人的人机交互接口

在人与人的交互过程中，视觉无疑是最重要的，人类通过视觉来获取他人的表情、身份、动作等一系列信息。让机器人具备适用交互的视觉系统一直是机器人学界的重要课题。随着计算机视觉技术和计算机图像处理技术的发展，基于机器视觉的动作分析交互方式成为了现代人机交互方式的主流[81]。目前，服务机器人主要通过视觉与用户实现交流。

以人体动作作为机器人的输入。通常，人与机器人之间的交互过程将不再需要专用硬交互设备，同时交互主体可以自由定义多种习惯性动作，对机器人下达交互意图，交互过程方便快捷。人体动作感知技术能够提供一种直观、快捷、自然、低学习成本的人-机器人交互手段。人-机器人语音交流手段是仅次于视觉的有效交流手段，随着技术成熟也逐步流行。常见的人-机交互接口主要包括手势感知接口、表情感知接口、语音感知接口、触觉接口等。随着技术的发展，可穿戴设备、增强现实技术等亦有成为主流的趋势，下面简单对常见接口进行介绍。

1）手势交互接口

手势感知技术是人体动作感知技术的一个重要组成部分，基于视觉方法进行手势感知的方式在手势交互应用中最为广泛。基于视觉方法进行手势动作采集时，使用最多的传感器是 Kinect 和 Leap Motion。2013 年，体感控制器公司 Leap 发布了一款用于跟踪手势的体感传感器 Leap Motion（图 1.12），该传感器可对手、手指和类似手指的杆状工具进行检测并跟踪，对手指的跟踪精度甚至达到 0.01mm。Leap Motion 控制器内部设置了两个 130 万像素的摄像头和三个红外 LED 灯，采用立体视觉原理，根据左右图像计算视差实现对空间物体的定位，能实时获取可视范围内手的位置、方向等运动信息。

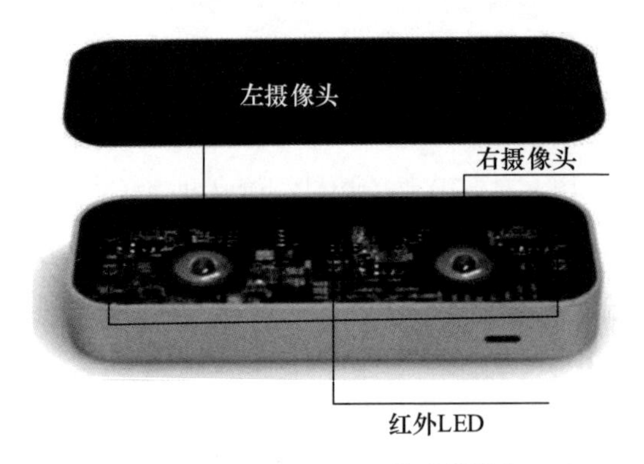

图 1.12　Leap motion 传感器结构

用户通过不同的手势和机器人之间进行交流，让机器人根据人的不同手势做出不同的反应。手势可以分为动态手势和静态手势。静态手势是指以单个不随时变的手型表达特定含义，指示机器人发生响应。动态手势指以一系列时变的手型表达特定交互意图。通过分析手势的颜色特征、纹理特征、形状特征、轮廓特征以及动态手势具有的运动特征等，进而发现手势含义。手势识别研究的难点主要包括：①手有大量冗余信息，易对信息提取造成较大影响；②手本身不是刚体，细微形态变化都会导致提取的传感器信息发生较大差异。

2）面部表情与情绪接口

机器人能够识别人类的面部情绪，理解人类情感并做出适当的反应，这是人们对人机交互提出的新要求。美国心理学家 Albert 提出情绪表达 = 7% 语言 + 38% 声音 + 55% 面部表情，面部表情则是情绪表达最主要的表现形式[82]。拥有情感能力的机器人能够实现情感层面的人 - 机器人交互，使得与之相处更加自然和容易，近年来该技术被广泛关注。一般而言，表情识别技术主要有三部分组成，即人脸检测与预处理、特征提取、表情分类。情感机器人的研究涉及到计算机、心理学、生物医学等多个前沿领域，目前还处于初级阶段。尽管相关的成熟机器人产品目前仍较为少见，普遍仍停留在实验研究阶段，但是相关技术正被尝试应用于某些受控场合。百度研发的疲劳驾驶检测系统能实时捕捉并检测驾驶员面部特征，一旦发现司机有长时间闭眼、眉尾下搭等面部特征，就会启动一系列干预手段，通过语音播报等方式提醒驾驶员集中注意力，预防司机疲劳驾驶发生事故。Affectiva是美国一家情绪识别公司，曾经将表情监控应用于商店销售，通过检测顾客的表情特征（舒展眉毛、皱眉、傻笑、噘嘴等），判断顾客对于产品的喜爱度。表情监控在医疗中的应用也很广泛，利用疼痛在面部表情上的直观反映，研究疼痛和面部活动单元之间的关系，可以准确判断出一些特殊人群（新生儿、精神受损或重症监护室里的病人等）的疼痛程度。另外，抑郁症患者脑功能区的受损会使得其对表情的加工上有一些特异性变化，通过对比抑郁症患者和健康人之间表情识别的差异，可以帮助医生更客观地了解患者当前的精神状态。

3）语音和语义接口

对机器人的语音交互是让机器人识别接收到的有效语音操作指令或在对话中提取有效信息，根据识别结果做出应答或完成合适行为的交互过程。所使用的语音主要有两种类型：一种是运动任务指令，即让机器人完成指定的动作，如“走到卧室”“向左走”“查看环境”等，进而根据识别结果执行指定的动作、操作和任务；另外一种是应答指令，如“你叫什么名字”“你会做什么”“今天天气如何”等，识别到这类指令后机器人需要搜索、合成相关信息进行应答。为适应实际机器人应用需求，通常情况下，语音交互控制系统应满足以下性能指标：①唤醒词的唤醒率>95%；②识别结果响应时间低于200ms；③语义识别准确率大于85%；④语义反馈准确率大于85%；⑤有增量式修正能力，如同义词替换响应。未来机器人应用需要着重解决的问题有：嘈杂环境下拾音准确性问题，单长句识别准确性问题，多句上下文语义提取连贯性问题等。

4）触/力觉接口

触/力觉接口能够把机器人内在反应的接触和力的情况传递给用户，让用户知晓和掌握内在反应的情况，进而更好地进行决策或操控。传统接口技术主要包括顶针、气动、振动等触觉呈现手段。当前，桌面型触觉力控制器、触觉手套反馈控制器在成本和体验上具有明显优势，因此得到大量关注。

SensAble Omni触觉装置由SensAble Ⓡ haptic Technologies制造。它是一种六自由度触觉装置（图1.13），它的前三个自由度提供了位置，而后三个自由度形成一个万向节提供方向。一个手写笔内设有两个按钮，连接到了终端执行器。注意SensAble Omni被广泛地应用于遥操作研究。Omni装置曾被利用于机器人手臂,用于帮助残疾人实现日常活动。

图 1.13　SensAble Omni 装置

Falcon 摇杆由 Novint 技术公司设计,能够提供高达 1kg 的力反馈,很好地再现触觉渲染。此外,它已被广泛用于许多应用中,例如视频游戏,保证了真实的交流能力和准确的力反馈,在模拟过程中给人一种触觉感知的错觉。三自由度 Falcon 摇杆触觉装置如图 1.14 所示。该设备可用于并联机构的机器人控制与估计问题的研究。Falcon 摇杆也被引入虚拟手术系统,实现虚拟环境的力反馈。

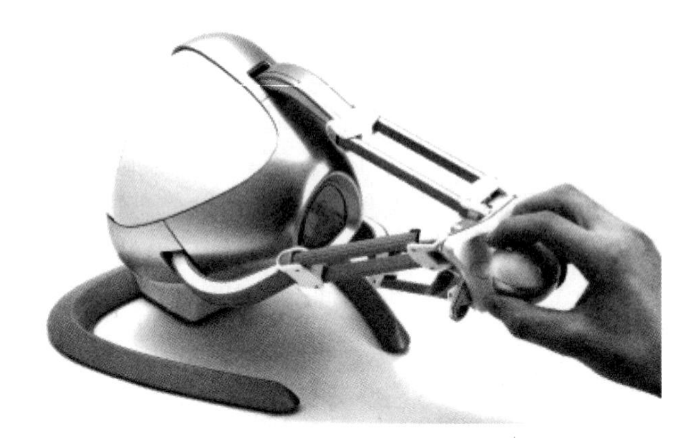

图 1.14　Falcon 摇杆触觉装置

1.3.2　人类意图捕获

机器人需要依照人类发出的肢体动作、语音等信息,来推测人类的期望、意图、目标等。通常机器人要首先通过学习过程,学习人类信息的表达模式,进而在运行时不断从与人交流的过程中发现指令意图、话题对象或者问题答案。

模糊机制经常被用于处理人类信息中的不确定性,如有研究人员利用模糊推理系统对语言指令中的不确定项量化预定值[83],也有利用模糊神经网络进行不确定信息感知[84]。人们逐步不满足于仅停留在某一种/类线索上捕获用户意图,尝试综合考虑多重因素捕获用户意图。如文献[85]综合考虑环境和用户的意图,捕捉用户语音指令中的含义,解析其中的歧义性。目前,随着深度学习的研究不断深入,该领域算法被广泛应用于意图提取,以替代传统的基于文本统计特征(如词袋特征)的提取方式。例如,深度Q网络及其改进算法,通常将问题视为序列决策任务,进而进行信息提取。基于动态时间规整(DTW)、隐马尔科夫模型(HMM)、长短期记忆网络(LSTM)、循环神经网络(RNN)、动态贝叶斯网络(DBN)等技术,常常用于从带有时空模式的人类行为中获取行为意图。与上述思路不同,文献[86]利用Dezert－Smarandache理论(DSmT)提出了一种在人体传感器网络中进行人体行为识别的传感器融合策略,该策略健壮性好,可有效提高识别精度。

1.3.3　机器人状态感知

机器人作为一种智能设备有多种信息呈现通道,可以直接向人的感官传递视、听、触觉等信息,达到状态反馈和信息表达的目的。

视觉信息呈现方面,随着大尺寸触控显示技术的成熟,以触控显示界面主要交互手段的机器人大量涌现,通过在图形界面上显示形象化机器人状态,用户能够直观掌握机器人运行行为和运行状态。界面设计上简洁、醒目的彩色块或线条,可以清晰反映出机器人当前的工作状态,记录相关的运行数据,使用户充分掌握机器人运行意图,避免"意料之外"的不适。用户可以随时通过界面提供的功能按键完成机器人控制,调整机器人运行轨迹。除了机器人机载触控界面,目前还涌现出"机载＋移动终端"的多界面交互模式,使得用户在远程或本地都能有效掌握机器人状态。增强现实技术也逐步在人－机器人交互过程中扮演重要角色,它使机器人所处的真实环境上叠加一套虚拟的数据、状态显示,让用户快速、直观地掌握机器人运行的相关参数,并直接参与机器人互动。趣味性、机器人操作难度方面都大大改善。交互界面设计正在向着更加人性化、更符合人的认知及审美需求方向发展,让用户摆脱对机电产品的陌生感和距离感。

语音输出是一种传统快捷的机器人反应方式。自然语言生成通常采用基于规则的策略(如模版、语法),其语言多样性较差。近年来,LSTM等新技术被广泛应用于生成多样性自然语言[87]。此外,机器人肢体动作、表情等行为也能够向用户提供有效的信息反馈,引起越来越多的关注。最后,认知心理学、人机工效学等学科在机器人交互界面设计及评估上的应用,将进一步提升用户体验,满足使用者的情感需求。

第2章　机器人度量层环境感知

如前所述,人类和高等动物都具有丰富的感觉器官,能通过视觉、听觉、味觉、触觉、嗅觉来感受外界刺激,获取环境信息。移动机器人同样可以对环境进行感知,如图2.1所示的Pioneer Ⅱ移动机器人,本体上装有内部传感器(里程计、电子罗盘等)和外部传感器(Sonar、激光、红外、视觉传感器等),能够根据自身所携带的传感器或者智能空间中的传感器,对所处周围环境进行环境信息的获取,并提取环境中有效的特征信息加以处理和理解,最终通过建立所在环境的模型来表达所在环境的信息。

图2.1　pioneer Ⅱ移动机器人

移动机器人环境感知技术是实现自主机器人定位、导航以及"人-机-环境"交互的前提,通过对周围的环境进行有效的感知,移动机器人可以更好地实施自主定位、环境探索与自主导航等任务。环境感知技术是智能机器人自主行为理论中的重要研究内容,具有十分重要的研究意义。随着传感器技术的发展,声纳、激光雷达、视觉等传感器在移动机器人中得到了广泛的应用,大大提高了智能移动机器人对环境信息的获取能力。

2.1　基于声纳的环境感知

在移动机器人导航中,声纳传感器由于其廉价、简单易用、数据处理方便等特点,因此取得了广泛的应用,比如,声纳在 Pioneer Ⅱ 移动机器人上的布局如图 2.2所示,下面首先针对声纳测量特性进行分析。

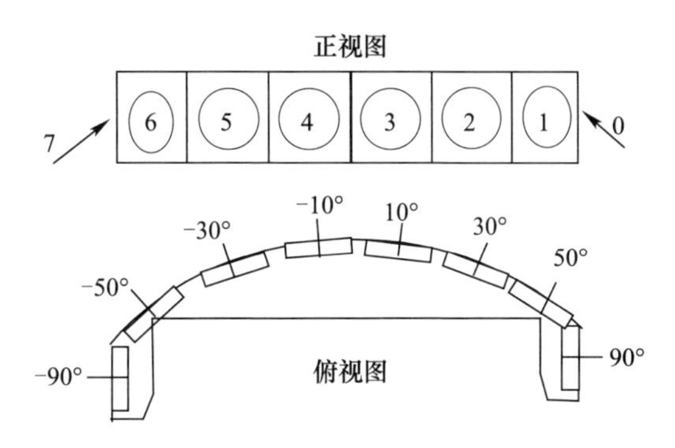

图 2.2　声纳在 Pioneer Ⅱ 移动机器人上的布局图

2.1.1　声纳测量特性分析

为了对声纳测量进行建模,首先对声纳的物理特性进行分析,通过 Pioneer Ⅱ 移动机器人携带的声纳传感器在不同距离下正对静态障碍物(也就是入射角为 0°的情况下)进行测量,其测量结果如表 2.1 所列。

表 2.1　单个声纳距离测量值

实际值/mm	200	600	1000	1400	1800	2200	2600	3000
测量值/mm	216	602	993	1396	1768	2210	2632	3024
	208	610	1009	1402	1776	2196	2585	3020
	209	595	1013	1391	1810	2221	2590	2991
	196	608	1003	1409	1795	2185	2621	3022
	204	592	992	1386	1809	2214	2616	3017
平均值/mm	206	601	1002	1398	1792	2205	2609	3015
平均值偏差/mm	6	1	2	-2	8	5	9	15
均方差/mm	6.5879	7.043	8.391	8.173	17.053	12.985	18.215	12.1244

由表 2.1 可知,每个距离段都进行了 5 次测量,其测量值分别列入表中,然后对测量数据进行求平均值偏差和均方差,可以看出,在 200mm 和 3000mm 范围内的测量数据与真实值之间的偏差不大。

下面再来分析一下相同距离时,不同入射角对声纳读数的影响,如当入射角较小时,测量结果基本在实际值附近,但随着入射角的增大(一般超过 20°

时),测量结果随机性极强且一般大大超过实际值,甚至出现信号丢失现象。也就是说如果入射角超过测量范围,即使目标在声纳的测量范围内,声纳的读数也不能反映环境的实际情况,测量数据严重偏离实际值,信息基本不可信。

通过上面对声纳的测量特性进行分析可知:在0°入射角的情况下,其有效范围设定在200~3000mm,为了避免声纳的多次反射导致的测量数据不确定的现象,设定其有效范围是200~1500mm;入射角对声纳测量结果的影响很大,如果入射角过大,其测量结果严重大于实际距离,信息的可信性比较低,同时,声纳测量存在一定散射角,在此扇形区域内的任何物体都可能被声纳探测到,也就是说,物体在扇形区域内的具体位置不确定。

另外,声纳传感器本身也存在多重反射、镜面反射、角精度低、信息量相对较少、空间分布分散等缺陷,其感知信息存在较大的不确定性。利用声纳传感器获取周围环境感知信息、建立地图的过程,实际上就是机器人根据传感器数据自主地对其活动环境建模的过程。由于传感器自身的限制,感知信息存在不同程度的不确定性,通常需要对其再处理,通过多感知信息的融合获得较为准确的环境信息。地图创建中的声纳信息处理可归纳为以下三个问题:

(1) 如何描述感知信息的不确定性;

(2) 如何依据对信息的不确定性描述创建地图,地图中不仅要反映感知信息,还要反映信息的不确定性;

(3) 当对同一目标地点有了新的感知信息时,如何处理旧信息、新信息的关系,更新地图。

目前在基于声纳的地图创建的研究中,包括基于概率的方法、基于模糊的方法、基于DS(Dempster - Shafer Theory)的方法、基于灰色系统理论的方法、基于神经网络的方法以及基于DSmT(Dezert - Smarandache Theory)的方法,本节将对此展开介绍如下。

2.1.2 基于概率理论

Elfes和Morave最早提出了用概率的方法来表示栅格地图中每个栅格被障碍物占有的可能性,也就是目前流行的Occupancy Grids方法,Thrun、Fox和Burgard Olson、Romero和Morales等也分别基于概率理论提出了各自的地图描述和创建方法。有人在综合以上概率方法的基础上,对一般的使用概率方法创建地图的过程给出了描述。创建地图中的概率方法的理论基础是贝叶斯法则,这里假设所有栅格的状态是相互独立的。将环境地图M离散化为$m \times n$的相同大小的矩形栅格集合,每个栅格以G_{xy}表示,这样M可以写为$M = \{ G_{x,y}$

$|x\in[1,m],y\in[1,n]\}$，为了对声纳建模，首先引入两个用于表现声纳测量不确定性的函数：

$$\Gamma(\theta)=\begin{cases}1-(2\theta/\omega)^2, & 0\leqslant|\theta|\leqslant\omega/2\\ 0, & 其它\end{cases} \tag{2.1}$$

$$\Gamma(\rho)=1-\frac{1+\tanh(2(\rho-\rho_v))}{2} \tag{2.2}$$

式中：θ 表示被测点(x,y)相对于声纳中轴的夹角，ρ 表示被测点与声纳发射点间的距离，ρ_v 是一个预定值，表示声纳信息从确定到不确定之间的平滑转换点。$\Gamma(\theta)$反映了越靠近中轴的地方声波的密度越大，而在边缘处声波的密度降为0，因此与声纳中轴间的夹角越小，可靠性越高；而 $\Gamma(\rho)$反映了距声纳越远可靠性越低，而距离声纳较近的地方，测量正确的可能性越高。

对于栅格 G_{xy}，如果 $\psi(G_{xy})=E$ 表示该栅格为空，而 $\psi(G_{xy})=O$ 表示该栅格为障碍物所占，也就是说只存在这两种状态，且这两种状态互斥，即两者的概率之和为1，即 $P\lfloor\psi(G_{xy})=E\rfloor+P\lfloor\psi(G_{xy})=O\rfloor=1$。根据声纳数据确定概率，首先建立声纳感知数据向地图映射的概率模型：

$$P\lfloor\psi(G_{xy})=O|R\rfloor+P[\psi(\rho,\theta)=O|R]$$

$$=\begin{cases}\dfrac{1-\lambda}{2}, & 0\leqslant\rho<R-2C\\ 0.5\left(1-\lambda\left(1-\left(2+\dfrac{\rho-R}{\varepsilon}\right)^2\right)\right), & R-2\varepsilon\leqslant\rho<R-\varepsilon\\ \left(1-\lambda\left(1-\left(\dfrac{R-\rho}{\varepsilon}\right)^2\right)\right)/2, & R-\varepsilon\leqslant\rho<R+\varepsilon\\ 0.5, & \rho\geqslant R+\varepsilon\end{cases} \tag{2.3}$$

在式(2.3)中，$\lambda=\Gamma(\theta)\cdot\Gamma(\rho)$，$\varepsilon$ 为测量误差。

下面针对多个声纳传感器的数据融合，给出基于贝叶斯的概率组合规则：

$$P\lfloor\psi(G_{x,y})=O|R_1,R_2,\cdots R_{k+1}\rfloor$$

$$=\frac{P\lfloor\psi(G_{x,y})=O|R_{k+1}\rfloor\times P\lfloor\psi(G_{x,y})=O|R_1,R_2,\cdots R_k\rfloor}{\sum_{X\in\{E,O\}}P[\psi(G_{x,y})=X|R_{k+1}]\times P[\psi(G_{x,y})=X|R_1,R_2,\cdots R_k]} \tag{2.4}$$

注意：程序初始化时，也就是创建地图开始时，对于所有的栅格 G_{xy}，设定 $P\lfloor\psi(G_{xy})=E\rfloor=P\lfloor\psi(G_{xy})=O\rfloor=0.5$，也就是每个栅格的信息最不确定。

2.1.3 基于灰色系统理论

在栅格地图中，每个单元 $G_{x,y}\langle x,y\rangle$ 与一个连续区间灰数 $\otimes_{x,y}\in[\underline{a}_{x,y},\overline{a}_{x,y}]$ 相关联，该灰数表示各单元为障碍物占有的可能性，即 $\underline{a}_{x,y},\overline{a}_{x,y}\in[0,1]$，其中，$\underline{a}_{x,y}$ 表示了最乐观(该栅格单元不存在障碍物，是安全的)的估计，而 $\overline{a}_{x,y}$ 表示了最悲观的估计，灰数的白化值 $\widetilde{\otimes}=(\underline{a}_{x,y},\overline{a}_{x,y})/2$ 则表示了对单元的综合评价。创建地图开始时，环境的信息为零，因此对于所有的单元 $\otimes_{x,y}\in[0,1]$，$\widetilde{\otimes}=0.5$，灰数最大，随着时间的推移，感知信息的积累，各单元灰数的灰度逐渐变小，当然由于传感器的不确定性，感知信息间也可能存在冲突，使得灰度变大。

对于声纳创建栅格地图，由于不确定因素的存在，需要建立 $R\rightarrow\otimes_{x,y}$ 的映射模型。在这里，假设声纳的某次距离测量值 R，散射角为 $\omega=25°$，对于某一栅格点 $G_{x,y}(x,y)$，可以得到该点到声纳的距离 ρ 和相对于声波中轴的方位角 θ。灰数 $\otimes_{x,y}\in[\underline{a}_{x,y},\overline{a}_{x,y}]$ 的计算表达式如下：

$$\underline{a}_{x,y}=a_1\cdot\underline{f}_1(\rho,R)\cdot f_2(\theta)f_3(\rho) \tag{2.5}$$

$$\overline{a}_{x,y}=1-a_h\cdot\overline{f}_1(\rho,R)\cdot f_2(\theta)\cdot f_3(\rho) \tag{2.6}$$

其中

$$\underline{f}_1(\rho,R)=\begin{cases}0 & |\rho-R|\geqslant\varepsilon\\ 1-\left(\dfrac{\rho-R}{\varepsilon}\right)^2 & |\rho-R|<\varepsilon\end{cases} \tag{2.7}$$

$$\overline{f}_1(\rho,R)=\begin{cases}1, & \rho\leqslant R-\varepsilon\\ 0, & \rho>R-\varepsilon\end{cases} \tag{2.8}$$

$$f_2(\theta)=\begin{cases}1-(2\theta/\omega)^2, & 0\leqslant|\theta|\leqslant\omega/2\\ 0, & \text{其它}\end{cases} \tag{2.9}$$

$$f_3(\rho)=\begin{cases}0, & \rho\geqslant\rho_{l2}\\ 1-\dfrac{\rho-\rho_{l1}}{\rho_{l2}-\rho_{l1}}, & \rho_{l1}<\rho<\rho_{l2}\\ 1, & \rho\leqslant\rho_{l1}\end{cases} \tag{2.10}$$

上面各表达式中的参数：a_l、a_h 是调节常量，f_1、f_2、f_3 分别是针对距离测量、散射和反射等引起的不确定性信任函数。

对于栅格单元 $G_{x,y}$,由过去的测量累计信息(其它声纳测量结果及同一声纳以往的测量结果)得到栅格在地图中的灰数表示 $\otimes_{x,y}^{b} \in [\underline{a}_{x,y}^{b}, \overline{a}_{x,y}^{b}]$,而本次测量结果为 $\otimes_{x,y}^{c} \in [\underline{a}_{x,y}^{c}, \overline{a}_{x,y}^{c}]$。为了进行信息融合,首先定义信息一致和信息不一致:初始化程序时,所有单元 $\otimes_{x,y} \in [0,1]$, $\tilde{\otimes}_{x,y} = 0.5$,此时信息完全不确定,对于信息一致:若($\tilde{\otimes}_{x,y}^{b} > 0.5$ 且 $\tilde{\otimes}_{x,y}^{c} > 0.5$)或者($\tilde{\otimes}_{x,y}^{b} < 0.5$ 且 $\tilde{\otimes}_{x,y}^{c} < 0.5$);信息不一致:($\tilde{\otimes}_{x,y}^{b} > 0.5$ 且 $\tilde{\otimes}_{x,y}^{c} < 0.5$)或者($\tilde{\otimes}_{x,y}^{b} < 0.5$ 且 $\tilde{\otimes}_{x,y}^{c} > 0.5$)。如果 $\tilde{\otimes}_{x,y}^{b} = 0.5$,那么旧信息为 0,若 $\tilde{\otimes}_{x,y}^{c} = 0.5$,那么新信息为 0。其组合规则为:

旧信息为 0 时,$\otimes_{x,y} = \otimes_{x,y}^{c}$;

新信息为 0 时,$\otimes_{x,y} = \otimes_{x,y}^{b}$;

信息一致时,$\otimes_{x,y} = \otimes_{x,y}^{b} \cap \otimes_{x,y}^{c}$;

信息不一致时,$\otimes_{x,y} = \otimes_{x,y}^{b} \cup \otimes_{x,y}^{c}$;

在实际计算时,考虑到信息一致时,应对一致的信息进行奖励;而当信息不一致时,应以各自的信息量为权值进行调整,因此式(2.5)和式(2.6)可以调整为

信息一致时:若 $\tilde{\otimes}_{x,y} > 0.5$;

$$\begin{cases} \overline{a}_{x,y} = \min(1, \overline{a}_{x,y}^{b} + \Delta \tilde{\otimes}_{x,y}^{c}(1 - \tilde{\otimes}_{x,y}^{b})) \\ \underline{a}_{x,y} = \max(0, \underline{a}_{x,y}^{b} + \Delta \tilde{\otimes}_{x,y}^{c}(1 - \tilde{\otimes}_{x,y}^{b})) \end{cases} \tag{2.11}$$

否则

$$\begin{cases} \overline{a}_{x,y} = \min(1, \overline{a}_{x,y}^{b} - \Delta \tilde{\otimes}_{x,y}^{c} \tilde{\otimes}_{x,y}^{b}) \\ \underline{a}_{x,y} = \max(0, \underline{a}_{x,y}^{b} - \Delta \tilde{\otimes}_{x,y}^{c} \tilde{\otimes}_{x,y}^{b}) \end{cases} \tag{2.12}$$

若信息不一致时:

$$\underline{a}_{x,y} = \frac{\underline{a}_{x,y}^{c} \cdot I(\otimes_{x,y}^{c}) + \underline{a}_{x,y}^{b} \cdot I(\otimes_{x,y}^{b})}{I(\otimes_{x,y}^{c}) + I(\otimes_{x,y}^{b})} \tag{2.13}$$

$$\overline{a}_{x,y} = \frac{\overline{a}_{x,y}^{c} \cdot I(\otimes_{x,y}^{c}) + \overline{a}_{x,y}^{b} \cdot I(\otimes_{x,y}^{b})}{I(\otimes_{x,y}^{c}) + I(\otimes_{x,y}^{b})} \tag{2.14}$$

2.1.4　基于模糊理论

有人把模糊理论应用到创建栅格地图,其基本思想是定义两个与 M 同等大小的模糊集合 E 和 O,分别表示空闲栅格和障碍物栅格,其隶属度函数分别表示为 μ_E 和 μ_O。对于任一栅格 G_{xy},它可能同时部分地属于 E 和 O。

建立声纳向模糊集转化的模型如下：

$$\mu_E(G_{xy}) = \Gamma(\theta) \cdot \Gamma(\rho) \cdot f_E(\rho, R) \tag{2.15}$$

$$\mu_O(G_{xy}) = \Gamma(\theta) \cdot \Gamma(\rho) \cdot f_O(\rho, R) \tag{2.16}$$

这里 $\Gamma(\theta)$，$\Gamma(\rho)$ 的定义同2.1.2节的定义，如式(2.1)和式(2.2)所示。这里

$$f_E(\rho, R) = \begin{cases} k_E, & 0 \leqslant \rho < R - \varepsilon \\ k_E\left(\dfrac{R-\rho}{\varepsilon}\right)^2, & R - \varepsilon \leqslant \rho < R \\ 0, & \rho \geqslant R \end{cases} \tag{2.17}$$

$$f_O(\rho, R) = \begin{cases} 0, & 0 \leqslant \rho < R - \varepsilon \\ k_O\left(1 - \left(\dfrac{R-\rho}{\varepsilon}\right)^2\right), & R - \varepsilon \leqslant \rho < R + \varepsilon \\ 0, & \rho \geqslant R + \varepsilon \end{cases} \tag{2.18}$$

式中：函数 f_E 表示了参数 ρ 和 R 对栅格 G_{xy} 隶属度 μ_E 的影响，而 f_O 表示了参数 ρ 和 R 对栅格 G_{xy} 隶属度 μ_O 的影响，k_E、k_O 为常数，且有 $k_E \leqslant 1$，$k_O \leqslant 1$。

模糊数学中的模糊集“并”算子引入到栅格地图创建过程中的组合规则，即

$$\mu_X^{S(R_1,R_2\cdots R_{k+1})}(G_{x,y}) = \mu_X^{S(R_1,R_2\cdots R_{k+1})}(G_{x,y}) + \mu_X^{S(R_{k+1})}(G_{x,y}) - \mu_X^{S(R_1,R_2\cdots R_{k+1})}(G_{x,y}) \times \mu_X^{S(R_{k+1})}(G_{x,y}) \tag{2.19}$$

$\forall X \in \{E, O\}$，初始化程序时，让 $\mu_E(G_{xy}) = \mu_O(G_{xy}) = 0$，$\forall G_{xy} \in M$。

实际上，在这里最终表示地图不是用隶属度，而是根据各栅格的隶属度计算最后的地图：

$$M = \overline{E^2 \cap \overline{O} \cap \overline{A} \cap \overline{I}} \tag{2.20}$$

式中，$A = E \cap O$，而 $I = \overline{E} \cap \overline{O}$，模糊集的交运算法则为：$\mu_{x\cap y}(G_{xy}) = \mu_x(G_{xy}) \cdot \mu_y(G_{xy})$；补运算法则为：$\mu_{\overline{X}}(G_{xy}) = 1 - \mu_X(G_{xy})$，$\forall X \in \{E, O\}$，$G_{xy} \in M$，那么，对某一栅格 G_{xy}，模糊集合 M 的最终计算结果越大，则这个栅格存在障碍物的可能性越大。

2.1.5 基于D-S证据推理（DST）

由于声纳传感器的局限性，它只能记录最近一个障碍物的距离，若在其锥形角范围内存在多个障碍物，它就无法像视觉传感器一样一一记录，从而造成信息的遗漏与不确定。为了补偿信息的不确定性问题，可以假设在返回声波的距离

处，传感器的弦长范围内（如图 2.3 中 1 所指的部分）存在障碍物的概率成均匀分布，在 DST 融合框架下，假定鉴别框中只存在两个元素 $\Theta=\{\theta_1,\theta_2\}$，那么它的幂集 $2^{\Theta}=\{\phi,\theta_1,\theta_2,\theta_1\cup\theta_2\}$，让它们分别表示如图 2.3 所示的各个栅格存在的各种状态（这里仍然采用栅格表示的方法）：θ_2 表示存在障碍物（Full or Occupied）和 θ_1 表示不存在障碍物（Empty or Unoccupied），$\theta_1\cup\theta_2$ 表示由于目前知识和经验的限制，对当前栅格的状态的不确定。这里仅仅用了两个状态，也就是只知道 $m(\theta_2)(x,y)$ 和 $m(\theta_1)(x,y)$ 就可以了。于是规定在各个传感器返回回声的距离处，存在障碍物的基本概率赋值为：$m(\theta_2)(x,y)=\dfrac{1}{2\times r\times\tan(\beta)}$，$\forall\,\mathrm{cell}(x,y)\in$ 回声距离所在的弦，r 表示声纳发射点到探测到障碍物时产生圆弧弦的距离。由于没有证据证明这些栅格不存在障碍物，所以不存在障碍物的基本概率赋值为：$m(\theta_1)(x,y)=0$。而对于图 2.3 中 2 所指的部分，一般不存在障碍物，那么 $m(\theta_1)(x,y)=1$，$m(\theta_2)(x,y)=0$。这样机器人每走一步，如图 2.2中的声纳传感器获取的机器人周围的环境信息，即新的证据。在前面已得到的环境信息的基础上，采用 Dempster - shafer 组合规则：

$$m(\cdot)=[m_1+m_2](\cdot)\begin{cases}m(\phi)=0\\ m(A)=\dfrac{\sum\limits_{\substack{A,B\in 2^{\Theta}\\ A\cap B=A}}m_1(A)m_2(B)}{1-k_{\mathrm{conflict}}}\ \forall\,(A\neq\phi)\in 2^{\Theta}\end{cases}\tag{2.21}$$

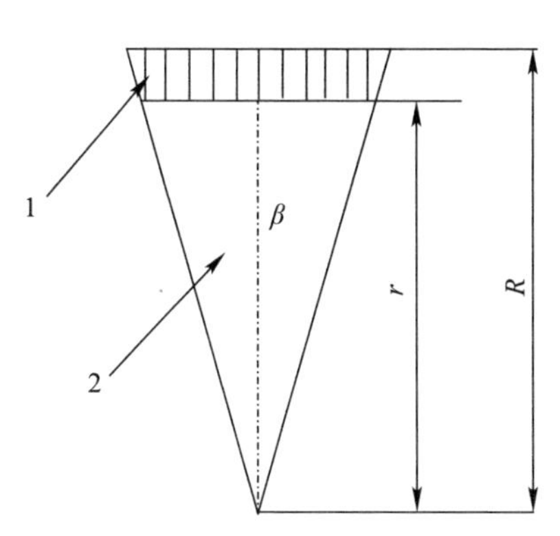

图 2.3　声纳 DST 模型简化图

当然为了计算方便，其融合计算公式见式（2.22）和式（2.23），式中 $m_b(\cdot)$ 表示机器人从初始步到当前步之前在探测基础上经融合得到的环境信息，$m_c(\cdot)$ 表示机器人根据传感器在当前步所探测到的环境信息。

$$m(\theta_2)=\frac{m_b(\theta_2)+m_c(\theta_2)-m_b(\theta_2)\times m_c(\theta_2)-m_b(\theta_2)\times m_c(\theta_1)-m_c(\theta_2)\times m_b(\theta_1)}{1-m_b(\theta_2)\times m_c(\theta_1)-m_c(\theta_2)\times m_b(\theta_1)} \tag{2.22}$$

$$m(\theta_1)=\frac{m_b(\theta_1)+m_c(\theta_1)-m_b(\theta_1)\times m_c(\theta_1)-m_b(\theta_2)\times m_c(\theta_1)-m_c(\theta_2)\times m_b(\theta_1)}{1-m_b(\theta_2)\times m_c(\theta_1)-m_c(\theta_2)\times m_b(\theta_1)} \tag{2.23}$$

最终融合决策：

$$\begin{cases} m(\theta_2)>m(\theta_1) \\ m(\theta_2)>m(\theta_2\cup\theta_1) \\ m(\theta_1)>m(\theta_2\cup\theta_1) \end{cases} \tag{2.24}$$

在式(2.24)中，通过三个决策条件的约束来控制最后栅格的状态，即 $m(\theta_2)>m(\theta_1)$，表示占有的信度赋值要大于空的信度赋值；$m(\theta_2)>m(\theta_2\cup\theta_1)$ 表示占有的信度赋值要大于栅格状态未知的信度赋值；$m(\theta_1)>m(\theta_2\cup\theta_1)$ 表示栅格为空的信度赋值要大于栅格状态未知的信度赋值。

2.1.6 基于人工神经网络

仍然采样栅格法，根据声纳传感器得到距离信息，提取与当前计算栅格单元距离最近的两传感器在同一时刻的测量值，通过模糊逻辑解释单个声纳数据为一组特征向量，作为神经网络的输入，神经网络的输出值为栅格空闲、被占用和不确定状态，并采用贝叶斯规则更新栅格的状态。基于神经网络的栅格地图创建原理图如图 2.4 所示。

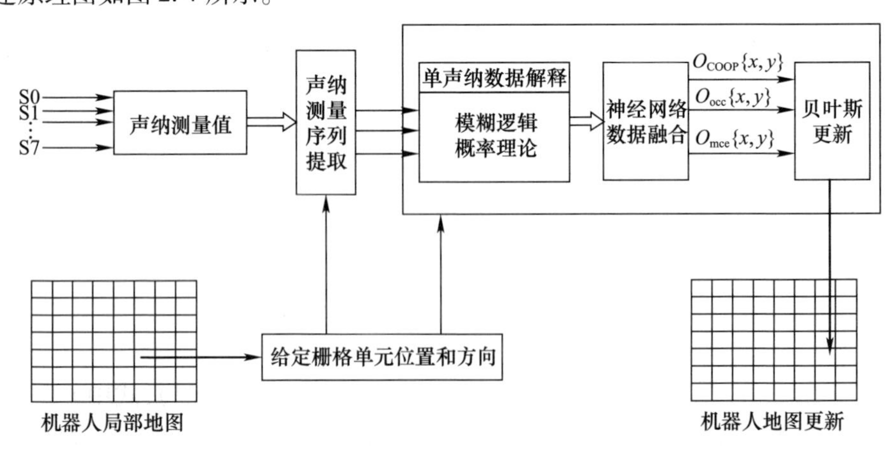

图 2.4 基于神经网络的栅格地图创建原理图

对于单束声纳，基本模型如图 2.5 所示，其中视野由 β 和 R 确定，β 表示锥形宽度半角，R 表示最大探测距离。视野可以投影到一个正则网格上，由于网格每个单元都记录有对应的空间位置是空闲还是被占用信息，可以分为三个区域。其中，三个区域定义如下。区域Ⅰ：相关元素可能被占用；区域Ⅱ：相关元素可能是空；区域Ⅲ：相关元素情况未知；对于给定的距离读数，区域Ⅱ的“空闲”比区域Ⅰ“被占用”具有更大的可能性。无论是“空闲”还是“被占用”，沿着声波轴线方向的数据比朝着两边方向的数据更准确，部分原因是沿障碍物的一个边可能对声束产生镜面反射或者造成其他距离感知错误。

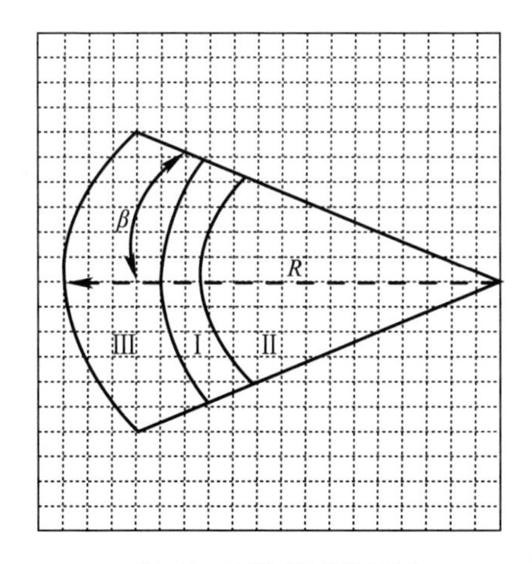

图 2.5　声纳传感器模型

1）基于模糊理论的声纳不确定性模型解释

建立 3 个模糊集{ O、E、U} 来表示地图中所有栅格的占用、空闲和未知状态。定义模糊向量 $\boldsymbol{T}=\{\mu_O,\mu_E,\mu_U\}$ 表示每个栅格处于 3 种状态的置信度，μ_O、μ_E、μ_U 为栅格 $g(i,j)$ 距传感器距离 r 在不同区域的栅格占用、空闲和不确定隶属度函数，栅格属于 3 种状态的隶属度之和为 1。

每个栅格单元被占用的隶属度函数 μ_O、μ_E、μ_U 可以由式 2.25 计算得出。

$$\mu_O(r,s)=\begin{cases}1-\left|\dfrac{s-r}{\Delta s}\right|, & s-\Delta s\leqslant s\leqslant s+\Delta s\\ 0, & \text{其它}\end{cases}\tag{2.25}$$

$$\mu_E(r,s)=\begin{cases}1, & 0\leqslant r\leqslant s-\Delta s\\ \left|\dfrac{s-r}{\Delta s}\right|, & s-\Delta s\leqslant r\leqslant s\\ 0, & r\geqslant s\end{cases}\tag{2.26}$$

$$\mu_{O,E}(\alpha,\beta)=\begin{cases}1-\left|\dfrac{\alpha-\beta}{\beta}\right|, & |\alpha|\leqslant\beta\\ 0, & |\alpha|>\beta\end{cases}\tag{2.27}$$

$$\mu_{O,E}(r)=\begin{cases}1, & r\leqslant\dfrac{R}{3}\\ \dfrac{3(R-r)}{2R}, & \dfrac{R}{3}<r\leqslant R\end{cases}\tag{2.28}$$

$$\mu_O(r,\alpha)=M_O[\mu_O(r,s)+\mu_{O,E}(\alpha,\beta)+\mu_{O,E}(r)]/3\tag{2.29}$$

$$\mu_E(r,\alpha)=[\mu_E(r,s)+\mu_{O,E}(\alpha,\beta)+\mu_{O,E}(r)]/3\tag{2.30}$$

$$\mu_U(r,\alpha)=1-\mu_O(r,\alpha)-\mu_E(r,\alpha)\tag{2.31}$$

对于图2.5中，设声纳距离测量值为s，Δs是对障碍物距离s的误差范围估计。r表示波束覆盖范围内的任一栅格单元$g(i,j)$到传感器的距离；β表示相对于波束中轴线的夹角。式(2.27)和式(2.28)中，$\mu_{O、E}(\alpha,\beta)$表示不同的波束轴线角的隶属度函数；$\mu_{O、E}(r)$表示不同测量距离的隶属度函数，式(2.29)中的M_0表示栅格单元被占用的最大可能性，由于栅格被占用的可能性不会100%，因此取$M_0=0.95$。

2）基于概率理论的声纳不确定模型解释

声纳对栅格$g(i,j)$是被占用还是空闲表征的事件，记作$H=\{$占用O，空闲$E\}$。H事件真实发生的概率用$P(H)$表示：

$$0\leqslant P(H)\leqslant 1\tag{2.32}$$

概率的一个重要性质是：如果知道$P(H)$，那么H没有发生概率$P(-H)$也就知道了，即

$$P(-H)=1-P(H)\tag{2.33}$$

$P(H)$和$P(-H)$称为无条件概率，仅仅提供一个先验信息，而没有考虑传感器读数s的影响。对机器人来说，根据传感器读数计算区域$g(i,j)$空闲E或被占用O概率的函数更加有用，这种概率叫条件概率。$P(H/s)$就是给定传感器具体读数s时，H事件实际发生的概率。条件概率也有这样的性质：$P(H/s)+P(-H/s)=1$。对于图2.5区域Ⅰ中每一个栅格单元，有：

$$P(O)=\frac{R-r}{R}+\frac{\beta-\alpha}{\beta}\times M_I\tag{2.34}$$

$$P(E)=1-P(O)\tag{2.35}$$

r、α的含义与模糊理论解释声纳不确定性模型中的一致，M_I表示被占用单

元读数永远不会使占用置信度为 100%，取 $M_I=0.98$。

对于图 2.5 区域Ⅱ中每一个栅格单元：

$$P(O)=1-P(E) \tag{2.36}$$

$$P(E)=\frac{R-r}{R}+\frac{\beta-\alpha}{\beta} \tag{2.37}$$

与区域Ⅰ栅格单元不同，区域Ⅱ栅格空闲概率可达到 1。

3）神经网络数据融合

在栅格地图创建中，声纳传感器的测量数据必须解释映射为相关位置单元 $g(i,j)$ 的置信度。然而，声纳传感器存在多重反射、镜面反射、角精度低等问题，很难建立精确的数学模型用于解释声纳数据。由于训练后的多层神经网络可逼近任何概率分布，因此可利用训练后的神经网络实现声纳测量数据到栅格概率的映射。搭建如图 2.6 所示三层神经网络架构图。

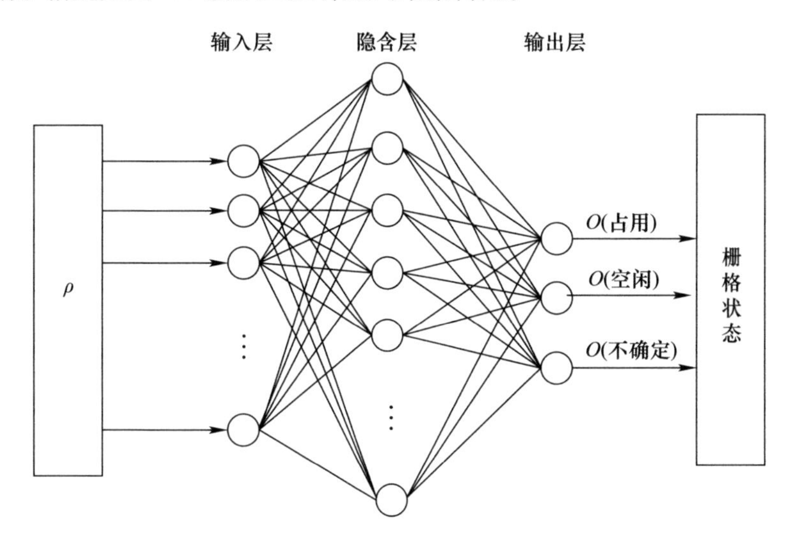

图 2.6　神经网络架构图

4）栅格状态更新

利用训练好的神经网络，让机器人在空间环境中沿障碍物边缘行走遍历，获取空间环境信息，并利用神经网络对所采集的传感器阵列信息进行解释。对同一栅格单元，可能存在不同时刻的多个解释，为获得更为准确的解释，需要对这些数据进行融合。为避免计算的复杂性，保证地图创建算法的增进式处理，融合方式采用贝叶斯更新模型。

由于本神经网络模型同时输出栅格单元三种状态的概率，因此在地图创建时,分别对栅格单元的三种状态概率历史数据进行集成。对于栅格单元$m_{i,j}$三种可能状态的初始概率均设为1/3,则经过测量数据序列$S=(S^{(1)},S^{(2)}\cdots S^{(T)})$后,其中$S^{(n)}$表示三个与当前计算栅格最相关的传感器测量值序列,对应集成概率分别如下:

$$\begin{cases}P(O_t)=\dfrac{O_{\text{occ}}\cdot P(O_{t-1})}{O_{\text{occ}}\cdot P(O_{t-1})+O_{\text{emp}}\cdot P(E_{t-1})+O_u\cdot P(U_{t-1})}\\ P(E_t)=\dfrac{O_{\text{emp}}\cdot P(E_{t-1})}{O_{\text{occ}}\cdot P(O_{t-1})+O_{\text{emp}}\cdot P(E_{t-1})+O_u\cdot P(U_{t-1})}\\ P(U_t)=\dfrac{O_u\cdot P(U_{t-1})}{O_{\text{occ}}\cdot P(O_{t-1})+O_{\text{emp}}\cdot P(E_{t-1})+O_u\cdot P(U_{t-1})}\end{cases} \tag{2.38}$$

式中:$P(O_t)$、$P(E_t)$、$P(U_t)$为考虑历史信息与当前信息后的最终栅格状态值,O_{occ}、O_{emp}、O_u为当前神经网络数据融合输出,$P(O_{t-1})$、$P(E_{t-1})$、$P(U_{t-1})$为上一时刻最终栅格状态值,即先验概率,当$t=1$时,$P(O_{t-1})$、$P(E_{t-1})$、$P(U_{t-1})$的值即为约定的初始概率1 /3;最后对栅格的概率$P(O_t)$、$P(E_t)$、$P(U_t)$取最大值,即为当前栅格的置信度。

2.1.7 基于 DSmT 的地图创建

DSmT是一种通用灵活有效的自下而上的崭新信息融合算法,它能够分别处理底层(数据层)、中间层(特征层)、上层(决策层)的融合问题;不仅能够处理静态融合(主要体现在数据层和特征层)问题,而且能够处理动态融合(主要体现在决策层)问题。最突出的优点是能够处理多源信息的不确定性和高度冲突性,且计算量小,融合效果好[88]。

经典DSmT简单描述如下:

(1) 设鉴别框$\Theta=\{\theta_1,\theta_2,\cdots,\theta_n\}$是一个包括$n$个穷举焦元的有限集,每个焦元之间非排斥(区别于DST)。

(2) 设D^{Θ}超幂集(不同于DST的幂集2^{Θ}),表示鉴别框中的焦元由∪和∉算子组合的所有命题。组合规则如下:①$\theta_1,\theta_2,\cdots,\theta_n\in D^{\Theta}$;②if $A,B\in D^{\Theta}$, then $A\cap B\in D^{\Theta}$ and $A\cup B\in D^{\Theta}$;③除了由规则①和②获得的命题外,其他的命题均不属于D^{Θ}。

(3) 广义信度函数:设定广义鉴别框,针对每一个证据S,定义一组映射$m(\cdot):D^{\Theta}\to[0,1]$,如$m(\sum_{A\in D^{\Theta}}m(A)=1)$,其中:$m(A)$被称为命题$A$的广义基本信度赋值。广义信度函数和似然函数分别被定义为

$$\mathrm{Bel}(A)=\sum_{B\subseteq A,B\in D^{\Theta}} m(B),Pl(A)=\sum_{B\cap A\neq\varnothing,B\in D^{\Theta}} m(B) \tag{2.39}$$

（4）经典（自由）DSmT 融合规则：设自由 DSmT 模型为 $M^f(\Theta)$，对 $k\geqslant 2$ 个独立可靠证据源融合规则如下式：

$$\begin{aligned} m_{M^f(\Theta)}(A) &= [m_1 \oplus m_2 \oplus \cdots \oplus m_k](A) \\ \forall A \neq \varnothing \in D^{\Theta}, &= \sum_{\substack{X_1,X_2,\cdots,X_K\in D^{\Theta}\\ (X_1\cap\cdots X_K)=A}} \prod_{i=1}^{k} m_i(X_i) \end{aligned} \tag{2.40}$$

机器人通过声纳传感器，扫描环境栅格，探测出物体在环境中的位置和外观特征，以达到创建环境地图的目的。针对声纳传感器的测量特性，应用经典 DSmT 模型，对栅格地图中声纳获取信息进行数学建模，假设鉴别框架中有两个焦元，即 $\Theta=\{\theta_1,\theta_2\}$，而其超幂集为 $D^{\Theta}=\{\phi,\theta_1\cap\theta_2,\theta_1,\theta_2,\theta_1\cup\theta_2\}$，环境地图中栅格被声纳扫描 $k\geqslant 2$ 次作为证据源，构造广义基本信度赋值函数（gbbaf）映射 $m(\cdot):D^{\Theta}\rightarrow[0,1]$，这里定义 $m(\theta_1)$ 表示栅格为空的信度赋值函数，$m(\theta_2)$ 表示栅格占用的信度赋值函数，$m(\theta_1\cap\theta_2)$ 表示栅格可能占用也可能为空两者冲突的信度赋值函数，$m(\theta_1\cup\theta_2)$ 由于受目前知识和经验的限制（在这里指声纳暂且无法扫描到的区域），对栅格占与未占的确定处于未知状态，其赋值表示对栅格占与未占支持的未知程度。

对如上所述的广义基本信度赋值函数（gbbaf）映射 $m(\cdot):D^{\Theta}\rightarrow[0,1]$，构造 gbbaf 式（2.41）~式（2.44）。

$$\begin{aligned} m(\theta_1) &= E(\rho)\cdot E(\theta) \\ &= \begin{cases} (1-(\rho/(R-2\varepsilon))^2)\cdot(1-\lambda/2), & \begin{cases} R_{\min}\leqslant\rho\leqslant R-2\varepsilon, \\ 0\leqslant\theta\leqslant\omega/2 \end{cases} \\ 0, & \text{其它} \end{cases} \end{aligned} \tag{2.41}$$

$$\begin{aligned} m(\theta_2) &= O(\rho)\cdot O(\theta) \\ &= \begin{cases} \exp(-3\rho_{\mathrm{v}}(\rho-R)^2)\cdot\lambda, & \begin{cases} R_{\min}\leqslant\rho\leqslant R+2\varepsilon \\ 0\leqslant\theta\leqslant\omega/2 \end{cases} \\ 0, & \text{其它} \end{cases} \end{aligned} \tag{2.42}$$

$$m(\theta_1\cap\theta_2) = \begin{cases} (1-(2(\rho-(R-\varepsilon))/R)^2), & \begin{cases} R_{\min}\leqslant\rho\leqslant R+\varepsilon, \\ 0\leqslant\theta\leqslant\omega/2 \end{cases} \\ 0, & \text{其它} \end{cases} \tag{2.43}$$

$$m(\theta_1 \cup \theta_2) = \begin{cases} \tanh(2(\rho - R))(1-\lambda), & \begin{cases} R \leqslant \rho \leqslant R+2\varepsilon, \\ 0 \leqslant \theta \leqslant \omega/2 \end{cases} \\ 0, & \text{其它} \end{cases} \tag{2.44}$$

式中：

$$\lambda = \begin{cases} 1-(2\theta/\omega)^2, & 0 \leqslant |\theta| \leqslant \omega/2 \\ 0, & \text{其它} \end{cases} \tag{2.45}$$

式中：$E(\theta)=1-\lambda/2$，$E(\rho)=(1-(\rho/(R-2\varepsilon))^2)$，$O(\rho)=\exp(-3\rho_v(\rho-R)^2)$，$O(\theta)=\lambda$。式(2.42)中的 ρ_v 被定义为环境调节函数，即环境越宽松，ρ_v 越大，致使 $m(\theta_2)$ 确定性区域变窄，灵敏度变高。在一般环境中，设 $\rho_v=1$。ε 为测量误差，根据声纳传感器的测量特性，设定 $\varepsilon=100\text{mm}$，$R_{\min}$ 为 200mm。

对广义基本信度赋值函数(gbbaf)的特性分析如图 2.7 所示。

从图 2.7 中可以看出，$m(\theta_1)$ 随着栅格与声纳距离 ρ 的增加成抛物线的趋势下降，在 $R_{\min}=200\text{mm}$ 处最大，在声纳读数 $R=1.5\text{m}$ 附近最小。这是因为从声纳的工作原理上看，越接近声纳读数的位置，所在栅格越可能被占，其为空的概率就很小；$m(\theta_2)$ 与栅格和声纳距离 ρ 的关系成高斯分布，在 R 处最大，在两端最小，与实际声纳的信息获取特性非常吻合；$m(\theta_1 \cap \theta_2)$ 随着栅格与声纳距离 ρ 的增加成抛物线分布，应该说当曲线 $m(\theta_1)$ 与 $m(\theta_2)$ 相交时，两者的矛盾冲突最大。但在实际中获取两者的交点比较麻烦，通常我们用位置点 $R-2\varepsilon$ 近似两

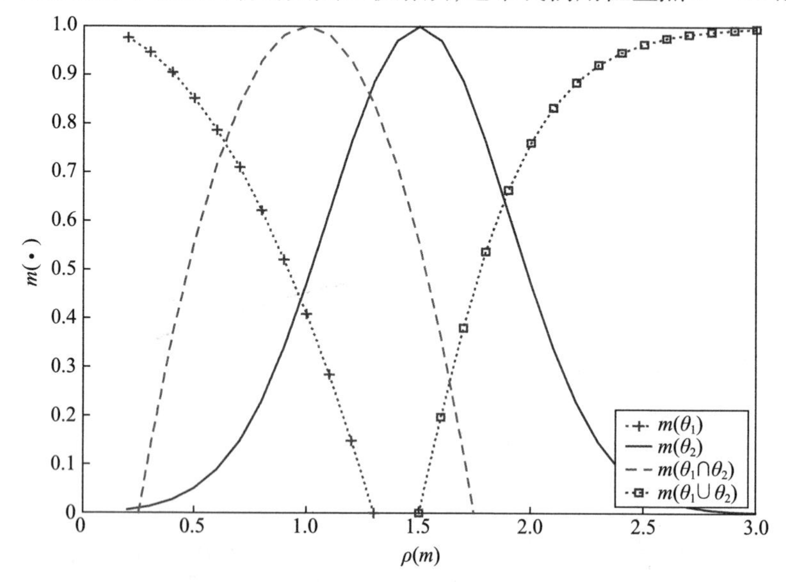

图 2.7　信度赋值函数 $m(\cdot)$ 与 ρ 之间的关系

者的交点来简化计算；$m(\theta_1 \cup \theta_2)$随着栅格与声纳距离$\rho$的增加成双曲线上升趋势，在$R$处为零。充分反映了当$R \leqslant \rho \leqslant R_{max}$时，对栅格信息的未知（Ignorance）程度。由于在DSmT模型下，要求其各个信度赋值之和为1，因此还必须对它们进行归一化处理。

图2.8反映了每个栅格与原点连线同声纳散射角中轴线之间的夹角θ与λ之间的关系。由图可见，当栅格越接近中轴，λ值越大，同时对信度值的贡献就越大，反之则小。

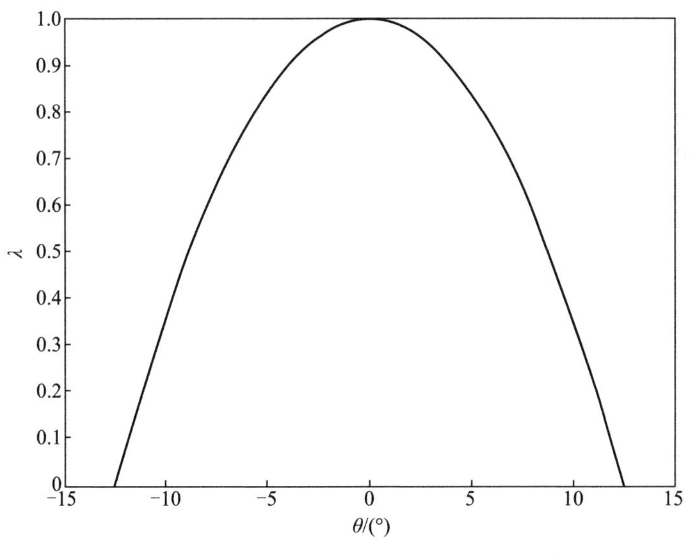

图2.8　θ与λ的关系

由图2.7可知，广义基本信度赋值函数（gbbaf）在理论上完全符合声纳传感器获取栅格信息的物理特性，这为处理栅格地图创建中不确定信息提供了理论依据。

近期，一些证据推理的其他方法，读者可参考文献[89-93]，有兴趣的读者可以尝试将其应用于机器人环境感知。

2.1.8　地图创建效果对比

实验环境地图如图2.9所示，采用小型结构化环境，地图的大小为4550mm×3750mm，采用比较常用的栅格地图表示方法，整个地图被分成91×75个大小一致的栅格，机器人可以开始运动于地图中的任意位置点，这里选择位置点（1000mm，600mm），左下角作为坐标原点（其全局坐标系的建立如图2.10所示），让机器人初始面向0/°（即X轴正方向），围绕识别物运动一周，来获取声纳信息,感知环境,假设机器人的直线运动速度为100mm/s,旋转速度为50°/s。将上述几种建模方法在Pioneer Ⅱ移动机器人运行,分别运行结果如图2.11～图2.15所示。

图2.9　机器人运行的原始地图

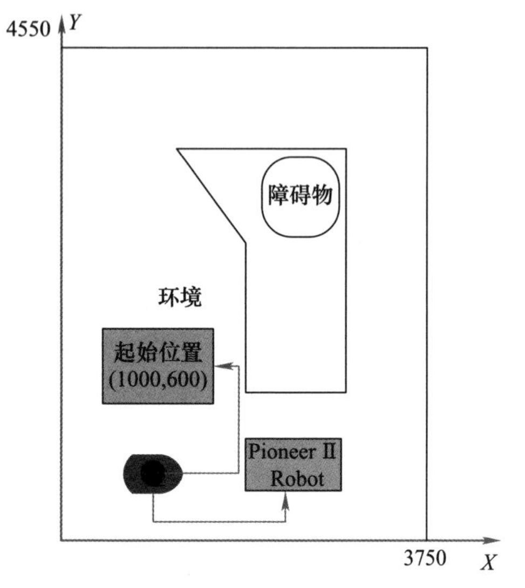

图2.10　真实环境在平面全局坐标系中的示意图

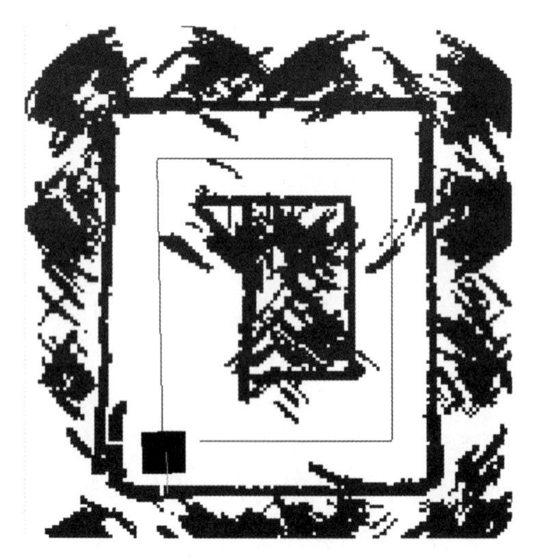

图2.11　基于DSmT构建的环境地图

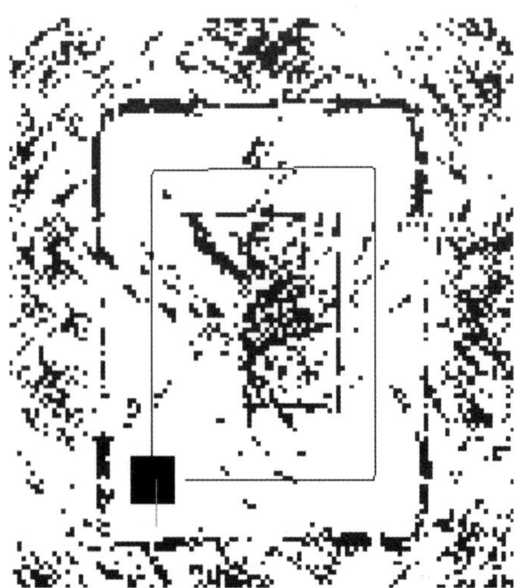

图2.12　基于DST构建的环境地图

图 2.13　基于概率构建的环境地图

图 2.14　基于模糊理论构建的环境地图

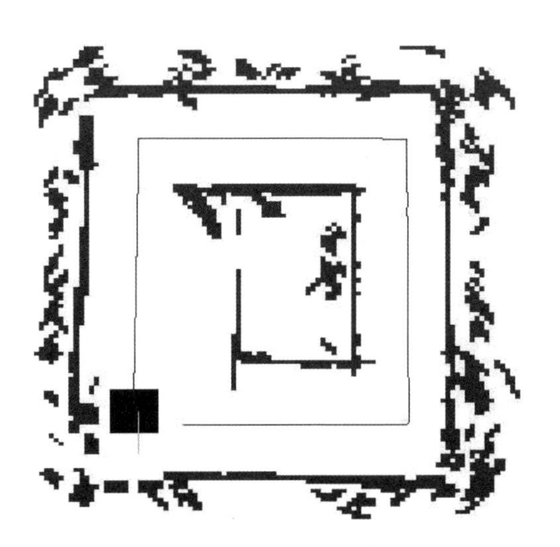

图 2.15　基于灰色系统理论构建的环境地图

2.2　基于激光雷达的环境感知

2.2.1　基于激光雷达的 2D 地图创建

LMS100 2D 激光雷达采用的是脉冲激光测距，即用脉冲激光器向目标发射一列很窄的光脉冲（脉冲宽度小于 50ns），光达到目标表面后部分被反射，通过测量光脉冲从发射到返回接收机的时间，可算出测距机与目标之间的距离 r。

$$r = \frac{c \times TOF}{2} \tag{2.46}$$

式中:c 为光速;$c = 3 \times 10^8 \mathrm{m/s}$。

激光扫描环境水平位置获得的数据默认以极坐标表示 $TS = (r, \rho)$,$n = 1, 2, \cdots, N$。转换到笛卡尔坐标系如下(N 为扫描数据点的个数,等于 361 或 181,分别对应角度分辨率 0.5°和 1°)。

$$dix = r_n \times \cos(\rho_n) \tag{2.47}$$

$$diy = r_n \times \sin(\rho_n) \tag{2.48}$$

环境地图创建分为两种:局部地图和全局地图。由于激光雷达对不同物体表面,其反射率不同,以及数据传输速率漂移、激光光束入角及混合像素现象等特性,导致对环境特征中圆边弧、尖角弧的表示并不理想。与此同时,移动机器人在行进的过程中,本体的移动也会对激光雷达造成影响。因此,在地图的创建过程中,对获得的数据必须采取必要的校正措施,以达到良好的效果,更好地解释实际环境特征。

1. 局部地图创建

1) 坐标系转换

为了描述机器人和环境之间的运动关系,如图 2.16 所示,(x_0, y_0) 为机器人在 $x-y$ 坐标系下(全局坐标系)的初始坐标点,(x', y') 为障碍物在 $x'-y'$(机器人坐标系)坐标系下坐标。∂ 为机器人与 x 轴的夹角。将 (x', y') 障碍物在全局坐标系表示如下:

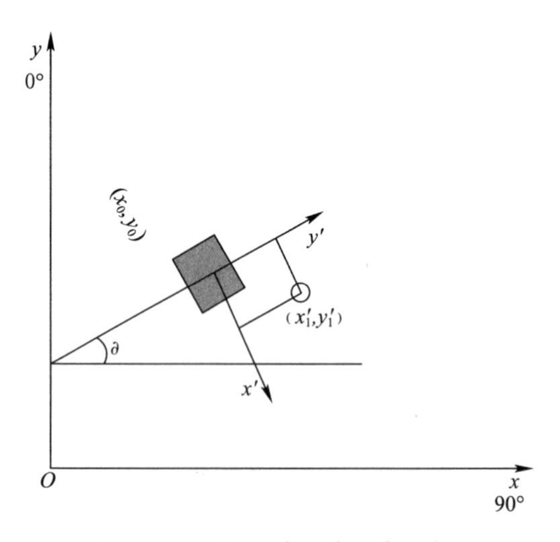

图 2.16　机器人坐标系与局部坐标系

$$x_1'' = x_0 + x_1'\sin(90 - \partial) + y_1'\cos(90 - \partial) \tag{2.49}$$

$$y_1'' = y_0 - x_1'\sin(90 - \partial) + y_1'\sin(90 - \partial) \tag{2.50}$$

2）特征直线提取

原始 Hough 变换的计算量较大。这里对 Hough 变换进行改进。其基本原理是：在机器人激光雷达探测范围内(0°～180°)，把所有扫描点进行聚类，并组成分类子集 S_i，假设子集 S_i 有 n 个特征点，那么分别依次计算 n 个特征点中两两之间的斜率，并设置斜率计数累加器，把在某个斜率范围内的斜率累加在这个累加器上，然后求累加器计数最多的斜率归为一子类 S_i^a，并对这一子类进行 Hough 变换，求出其直线 l_{ij}，下标 $j \in (1,2,\cdots)$ 表示同一斜率下的不同直线，然后对子集 S_i 中斜率累加器计数第二多的归为子类 S_i^b，并对子类 S_i^b 的特征点进行 Hough 变换，求出第二类特征直线。这样依次类推，直到子类特征点个数不超过某一个限定值 N_{inf}。然后对下一个子集进行同样的处理，直到一次扫描后的所有子集处理完毕，再进入下一个周期。

在结构化环境中，如果不考虑微小误差的话，机器人探测到的物体轮廓曲线在全局坐标系中应该是不变的。激光探测器固定在机器人上，随着机器人的运动而运动，每次扫描形成 180 个点。

为了比较特征直线，首先定义直线属性为：$Line$：$(\rho, \theta, n, l, sp, ep, r, d)$，如图 2.17所示。其中：$\rho_l$ 为原点 O 到直线 AB 的距离 OP；θ 为垂线 ρ_l 与 x 轴的夹角；n 为可以用来拟合直线 AB 的所有点数；sp 为特征直线 AB 的起点；ep 为特征直线 AB 的终点；d 为直线 AB 与机器人的距离；r 为观测方向，它依赖于机器人、直线与原点之间的位置关系，$r = \text{sign}(\rho - x\cos(\theta) - y\sin(\theta))$，sign( ) 为取符号函数。如果机器人在直线 AB 与原点 O 之间，那么 $r = 1$；如果机器人在直线 AB 的外侧，那么 $r = -1$，如果机器人在直线上，那么 $r = 0$。

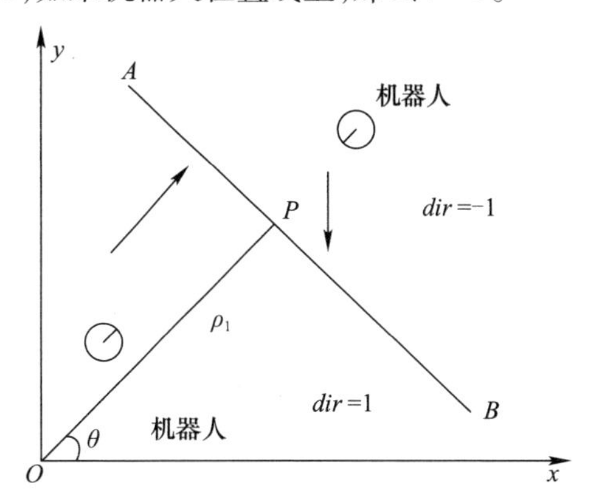

图 2.17　直线的观测方向示意图

判断两条直线是否近似的基本原理如下：

（1）观测方向是否一致；

（2）两条直线之间的角度差是否小于一个阈值；

（3）一条线段的端点到另一条线段的最小距离是否小于一个阈值；

（4）通过投影一条直线 1 到另一条直线 2 上，然后检查直线 1 的投影直线是否与直线 2 有公共部分。

图 2.18 给出了几个例子来判定两条直线是否相似，根据上面条件，只有 a 是相似的，其它都不相似，b 满足条件 4，但不满足条件 3；c 不满足条件 2 和 4；d 不满足条件 2 和 3。

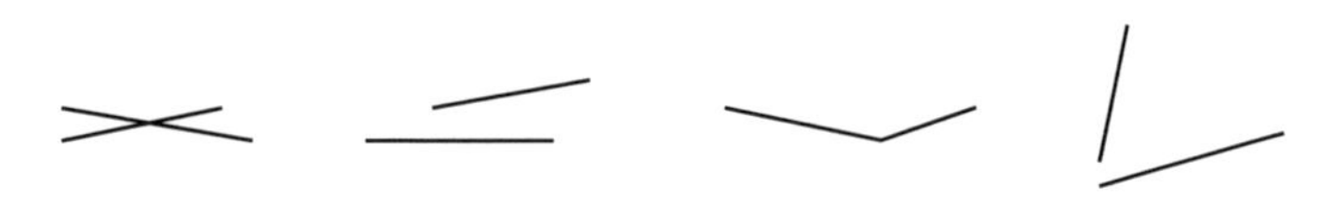

(a) 是近似直线　(b) 不是近似直线　(c) 不是近似直线　(d) 不是近似直线

图 2.18　两条直线相似判定的一些例子

在机器人沿墙行走时，如果墙比较长，由于激光探测器探测范围的限制，只能探测到墙的一部分，随着机器人移动，才能检测到墙的整体。在这种情况下，前后检测到在同一直线的线段必须合并。其合并的原理如图 2.19 所示，即假设线段 EF 和 AB 是相似直线，且 EF 是前一次扫描生成的特征直线（参考直线），AB 是当前扫描的直线段，那么把线段 AB 向 EF 投影，得到投影直线 CD，假设 M 是 EF 的中点，如果 CM 大于 EM，那么就延长线段 FE 到点 C，因此得到新的参考直线 FC。

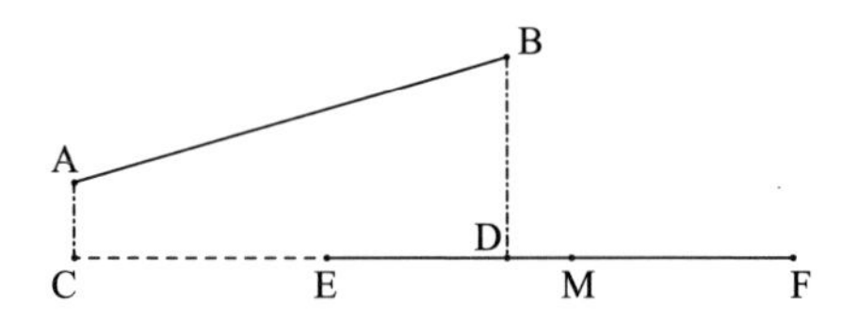

图 2.19　两条相似直线的合并

2. 全局地图创建

局部创建完成后，将局部地图与当前全局地图进行数据匹配，即比较更新后的局部地图和当前全局地图的线段关系，把局部地图的数据融合到当前全局地图中，更新全局地图。地图更新的关键问题在于解决全局地图与局部地图中的线段相关性。如图 2.20 所示，实线代表为全局地图中的线段，虚线为局部地图中的线段，分为四种情况，L_1、L_2 与 L 分别重合，部分重合。L_3 与 L_1 相交，L_4 不在全局地图中。

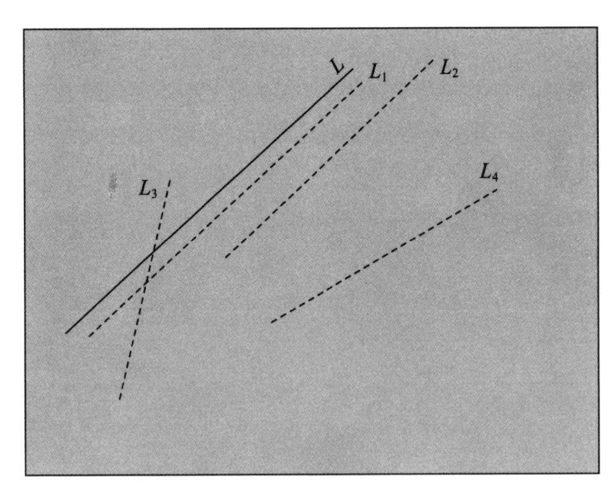

图 2.20　局部线段与全局线段

具体算法如下：

（1）根据线段的判定方法，将局部地图中的线段分为与全局地图相关的线段和不相关的线段；

（2）如果局部地图中的线段与全局地图的线段是一条线段，就直接把局部地图中的线段删去，保留全局地图的线段；

（3）如果局部地图中的线段是全局地图的线段的一部分，就直接把局部地图中的线段删去，保留全局地图的线段；

（4）局部地图中的线段与全局地图相关线段是部分重合的，需要重新计算线段的参数，取出局部地图和全局地图相关线段的原始数据信息，得到一条新的线段加入到全局地图中，同时删除全局地图和局部地图中原来的线段；

（5）如果局部地图中的线段和全局地图中的线段不相关可以直接把局部地图的线段插入到全局地图中，同时从局部地图中将该线段删除。重复以上步骤，直至局部地图中的线段为空，这样就完成了局部地图到全局地图的融合，更新全局地图。

2.2.2　基于激光雷达的三维地图创建

目前机器人的定位和导航，大多利用双目视觉或者二维激光点云地图来认知环境，由于双目视觉非常不稳定，在多种常见情况下可能会导致失效。与此同时，二维地图只考虑了某一高度水平面的环境信息，很难描述复杂的周围环境。随着激光雷达技术的飞速发展，为测量领域提供了全新的技术手段，不仅可以进行创建2D地图,而且可以快速、高效、实时地获取物体表面三维空间信息,为获取室内空间的结构布局提供非常好的方法。

2.2.2.1 点云数据预处理

激光雷达采集的数据往往需要进行预处理,这是由于:①旋转平台运动以及减速器之间的安装误差,导致收集的数据产生密度不均匀的现象;②激光雷达本身误差产生一些稀疏的离群点,干扰实验效果;③激光雷达采集到的过近或者过远的杂点,过近点和过远点都有很大的误差,因此,需要滤除。然而对于有效区域内的离群点或者杂点,则不能直接滤除。拟采用以下方法解决:对点云数据中每个点的邻域进行统计分析,对于每一个点,计算它到周围所有临近点的平均距离,如果平均距离在设定标准范围(由全部点的距离平均值以及方差决定)之外,则被定义为离群点并从点云集中去除掉,从而修剪掉那些不符合设定标准的离群点。

这种基于统计分析进行离群点检测与滤除是建立在对于整个点云数据集合考虑的基础上,其分布符合某种统计学模型,离群点就是点云集合中那些不符合这种统计学模型的点。这种统计分析方法的基本假设是正常的点云数据周围肯定存在许多较近距离的点,远离其最近邻点的离群点,这种基于距离的方法通过计算每一个点与其周围邻点的距离来判断此点是否为离群点,当点云数据的密度不均匀时,就会得出错误的分析结果。

2.2.2.2 点云数据配准

1) ICP配准原理

三维地图创建,相邻点云数据之间的匹配至关重要。其中最为著名的配准算法是ICP(Iterative Closest Point)配准算法,也称迭代最近点配准算法。ICP配准算法:针对待配准的两片点云,首先根据一定的对应法则建立对应点集N和S,其中N和S中对应点的组数为n,接着通过最小二乘法(Generalized Least Squares,GLS)计算最优的三维坐标变换矩阵,即相应的旋转平移矩阵(即$R_{3\times3}$和$t_{3\times1}$),使得误差函数$E(R,t)=\frac{1}{n}\sum_{k=1}^{n}\|s_k-(RN_k+t)\|^2$最小。

2) 改进ICP

k-d树是计算机科学中使用的一种数据结构,用来组织表示k维空间中点的集合。k-d树是一种常用的二分查找树,它的每个非叶子节点都被分为两个子节点。

图2.21以二维空间点来说明k-d树搜索一个点的最近相邻点的过程:如图所示,给定点Q从点集{A,B,C,D,E,F,G,H,I}中寻找Q的最近点。

k-d树的生成过程是一个逐层分解的递归过程。其过程如下。

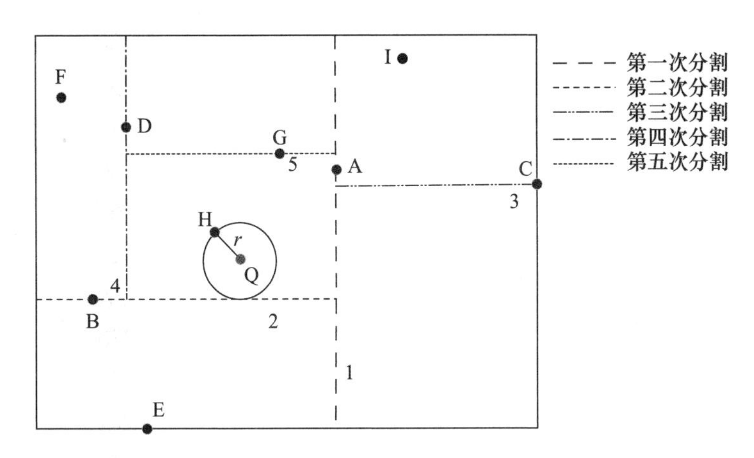

图2.21　二维搜索示意图

步骤1:确定 separate 域初始值。分别计算和比较横轴、纵轴方向上数据的方差,取最大值作为分隔域,如 separate 域取为1,也就是纵轴方向。

步骤2:确定分界线中点值。对纵轴方向的值排序,根据排序结果,选中间值为A。这样,该节点的分割屏幕就是通过A点并垂直于纵轴的直线。

步骤3:确定左子空间和右子空间。前面步骤2确定的分割平面把整个空间分成两部分,如{B,C,D,E,F,G},右子空间为{C,I}。

重复步骤1至步骤3,对两个子空间内的数据,重复父节点的过程,可以求取下一级子节点在哪个空间内,如此反复直到空间只剩下单个数据点。最后生成的k-d树,如图2.22所示。

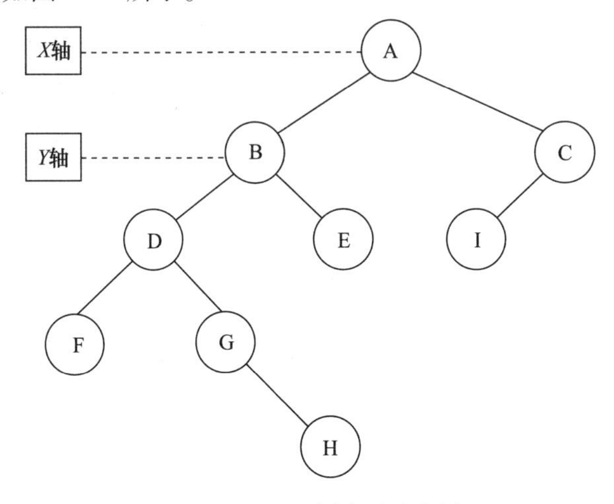

图2.22　k-d树表示示意图

从图2.22中可以看出，第一层位于根节点处，根据X坐标值分成左右两颗子树，第二层是根据Y坐标值进行分割。对于图2.21中的Q点，从根节点A开始搜索，QA的距离作为最短距离，因为Q点的横坐标值小于A点的横坐标值，因此，进入A的左子树进行搜索。接着，计算QB的距离，发现QB的距离小于QA的距离，所以更新最短距离，由于Q的纵坐标值小于B的值，所以进入B的左子树进行搜索，然后计算QD的距离，发现QD的距离小于QB，所以更新最短距离，由于Q的横坐标大于D，所以进入D的右子树进行搜索，以此类推直至计算出HQ的距离为暂时最短距离，但这并不能确定HD为最短距离，需要进行“回溯”操作。算法顺着搜索路径的反方向进行逆向查找看是否有距离P点更近的点。首先以H点作为Q的最近相邻点，计算HQ的距离，然后回溯到父节点G点，并判断父节点的其它子节点是否有比H点更近的点，可以通过以Q为圆心，HQ为半径做圆，如图2.21所示。发现此圆并不与过G的平面相交，因此不用进入G的上平面去进行搜索，确定H为Q的最近相邻点。

3) SAC－IA算法

由于ICP＋k－d树配准算法对最初点云的姿态要求比较严格，当点云姿态相差太大时，不能实现两幅点云直接的配准，可以采用采样一致性初始拼接(Sample Consensus Initial Alignment，SAC－IA)算法。SAC－IA算法属于一种初始变化矩阵的粗略估计方法，其目的是通过利用有限个对应点对的所有组合计算保持相同点对的几何关系，虽然计算复杂度高，但其利用点云内部旋转不变性的特点，所以在采样密度与邻域的噪声等级下具有很强的健壮性，能把相距较远且杂乱的点云根据对应点相同的几何关系进行配准。为了克服SAC－IA计算复杂度高的缺点，在法向量计算前，进行稀疏化点云处理，以此来减少点云数量。SAC－IA算法利用FPFH来描述特征点范围r内邻域点的几何属性，因为FPTH只寻找样本点在范围r内的邻域点进行计算，可以采取只计算与点云特征点有直接关系的k个邻域点的法向量来提高算法的效率。

(1) 点云稀疏化

这里点云稀疏化采用体素化栅格法，即对采集的点云数据建立一个三维立体栅格，其长、宽、高由点云集中x、y、z方向的最大值和最小值的差值来确定。然后，把整个三维立体栅格分为$m \times n \times s$个小栅格，将点云集中的所有点根据坐标投影到对应的小栅格中，过滤掉那些数据点很少或者没有数据的小栅格，在没有删除的点中，计算每个栅格中的重心，保留那些离每个栅格重心近的点，其余的点进行删除。这种点云稀疏化方法从点云整体上对点云数据进行精简，实现点云的稀疏化，实现简单，效率较高。

（2）点云法向量计算

采用基于局部表面拟合的方法，其求解过程可归纳为：

① 对点云中的每个点 $\boldsymbol{p}_i$，求取与其邻近的 k 个邻近点；

② 估计样本点邻近元素的三维质心坐标；

③ 计算 $\boldsymbol{p}_i$ 及其 k 邻域中所有点组成的集合相应的协方差矩阵 $\boldsymbol{C}$，并计算矩阵 $\boldsymbol{C}$ 的特征值与特征向量；$\boldsymbol{C}=\dfrac{1}{k}\sum_{i=1}^{k}(\boldsymbol{p}_i-\bar{\boldsymbol{p}})\cdot(\boldsymbol{p}_i-\bar{\boldsymbol{p}})^{\mathrm{T}}$，$\boldsymbol{C}\cdot\boldsymbol{v}_j=\boldsymbol{\lambda}_i\cdot\boldsymbol{v}_j$，$j\in\{0,1,2\}$。其中，$k$ 是 $\boldsymbol{p}_i$ 点邻近点数目，$\bar{\boldsymbol{p}}$ 表示最相邻元素的三维质心，$\boldsymbol{\lambda}_i$ 是协方差矩阵的第 i 个特征值，$\boldsymbol{v}_j$ 是协方差矩阵的第 j 个特征值；

④ 分析协方差矩阵的特征值和特征向量，这里采用 PCA 主成分分析法，将最大的特征值对应的特征向量作为样本点的法向量。

（3）点云特征点提取

快速点特征柱状图（Fast Point Feature Histogram，FPFH）是一种 3D 局部几何表征方法，常用于表征物体。它将一个样本点邻近的局部区域中的几何信息以统计分布的形式展示在一个柱状图中，通过计算样本点和其邻域点之间的空间差异，把样本点与 k 邻域点的几何特征通过多维柱状图的形式进行描述，从而来表征这一点周围的局部几何特征。其计算过程为：对于每个点 p，寻找所有 p 相邻的点在给定 r 半径的 k 邻域；接着在 p 的 k 邻域中，对于每一对点 $\boldsymbol{p}_i$ 和 $\boldsymbol{p}_j(i\neq j)$，计算它们的法向量 $\boldsymbol{n}_i$ 和 $\boldsymbol{n}_j$，定义一个 $\boldsymbol{u}\times\boldsymbol{v}\times\boldsymbol{n}$ 框架（$\boldsymbol{u}=\boldsymbol{n}_i$，$\boldsymbol{v}=(\boldsymbol{p}_i-\boldsymbol{p}_j)\times\boldsymbol{u}$，$\boldsymbol{w}=\boldsymbol{u}\times\boldsymbol{v}$），然后，计算法线 $\boldsymbol{n}_i$ 和 $\boldsymbol{n}_j$ 的偏差（如图 2.23 所示）。

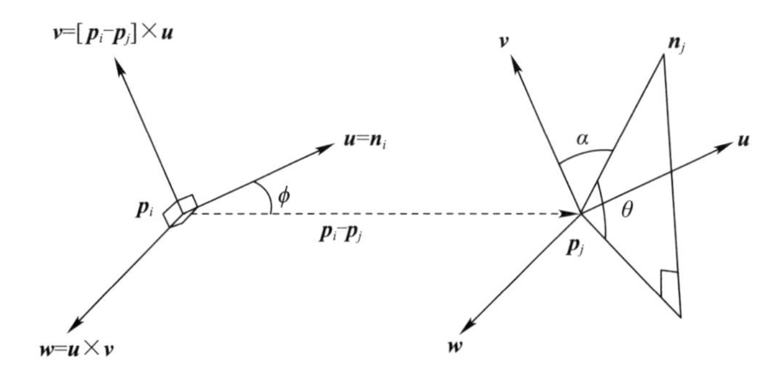

图 2.23　局部坐标系中 k 邻域内任意两点之间关系

$$
\begin{cases}
\boldsymbol{a}=\boldsymbol{v}\cdot\boldsymbol{n}_j\\
\boldsymbol{\phi}=(\boldsymbol{u}\cdot(\boldsymbol{p}_j-\boldsymbol{p}_i))/\|\boldsymbol{p}_j-\boldsymbol{p}_i\|\\
\boldsymbol{\theta}=\arctan(\boldsymbol{w}\cdot\boldsymbol{n}_j,\boldsymbol{u}\cdot\boldsymbol{n}_j)
\end{cases}
\tag{2.51}
$$

式中：d 表示点 $\boldsymbol{p}_i$ 和 $\boldsymbol{p}_j(i\neq j)$ 之间的欧式空间距离，即 $d=\|\boldsymbol{p}_j-\boldsymbol{p}_i\|_2$。这样 k

邻域内任意两点的关系可以用(d,a,θ,ϕ)进行表示。

给定一幅点云P含有n个点,应用快速点特征柱状图(FPFH),其计算步骤如下:

(1) 对于每个样本点p,计算当前点与它相邻点之间的关系,然后统计输出成一个简化点特征柱状图(Simple Point Feature Histograms,SPFH);

(2) 对于每个样本点p,重新确定它的k邻域,使用邻近点的简化特征柱状图值,利用式(2.52)来计算p最终柱状图。

$$F_{\text{FPFH}}(p_q) = S_{\text{SPFH}}(p_q) + \frac{1}{k}\sum_{i=1}^{k}\frac{1}{w_k}\cdot S_{\text{SPFH}}(p_k) \tag{2.52}$$

式中:权重w_k代表给定的度量空间中样本点p与它临近点p_k的距离值,所以用w_k表示一对点(p_q,p_k)的关系。

2.2.2.3 三维场景重建技术

三维点云进行配准后,点云都处于同一坐标系下,但处于无规则散乱状态,需要将三维场景中显式的几何信息显示出来。根据需要重建的曲面和点云数据的关系,点云表面重建分为两大类:插值法和拟合法。①插值法,完全使用原始数据实现表面重建,如贪婪投影三角化算法。插值法对于存在噪声点集的情况下,重建的效果往往不尽如人意,会出现凹凸不平现象,故还需对重建后的表面进行修正和平滑。②拟合法包含显性拟合和隐形拟合。其中,显性拟合是对整个曲面进行运算,效果较优,但因为求解过程主要是构造一个映射关系函数$f(x):R^2\rightarrow R$,从而得到$f(X_i)=z_i$。隐性拟合则是通过定义一个函数$f(x,y,z)$,需要拟合的曲面S,对于所有出现在表面S上的点,有$\{(x,y,z)|f(x,y,z)=0,(x,y,z)\in S\}$,对于出现在表面内外的点分别有$\{(x,y,z)|f(x,y,z)>0\}$和$\{(x,y,z)|f(x,y,z)<0\}$,根据这样重建场景的曲面。常见的隐式曲面拟合为泊松曲面重建,其三维表面重建的算法流程如图2.24所示。

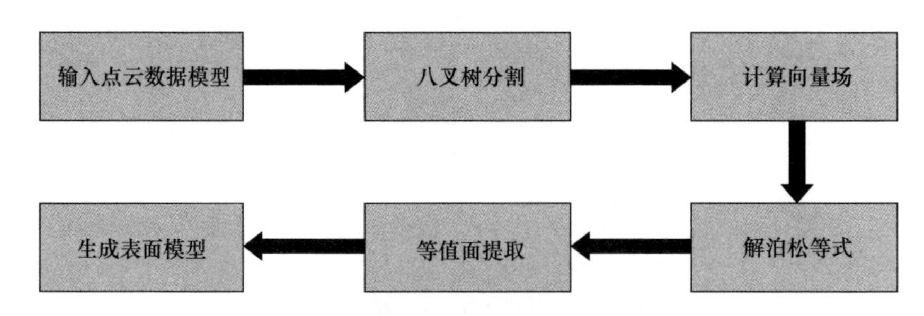

图2.24 三维表面重建的算法流程

2.2.2.4　三维重建及更新

机器人三维重建及更新的流程图如图 2.25 所示,解释如下:

(1) 地图初始化:建立机器人全局坐标系,初始化全局地图为空点云集,初始位姿为单位矩阵,使其位于坐标原点。

(2) 将点云序列中目前缓存中的第一幅点云加入局部地图,如果当前三维地图为空,经过点云处理后直接加入全局地图,如果不是,则对当前点云做滤波和稀疏化处理。

(3) 获取点云对应的旋转平移矩阵,判断当前旋转平移矩阵是否接近为单

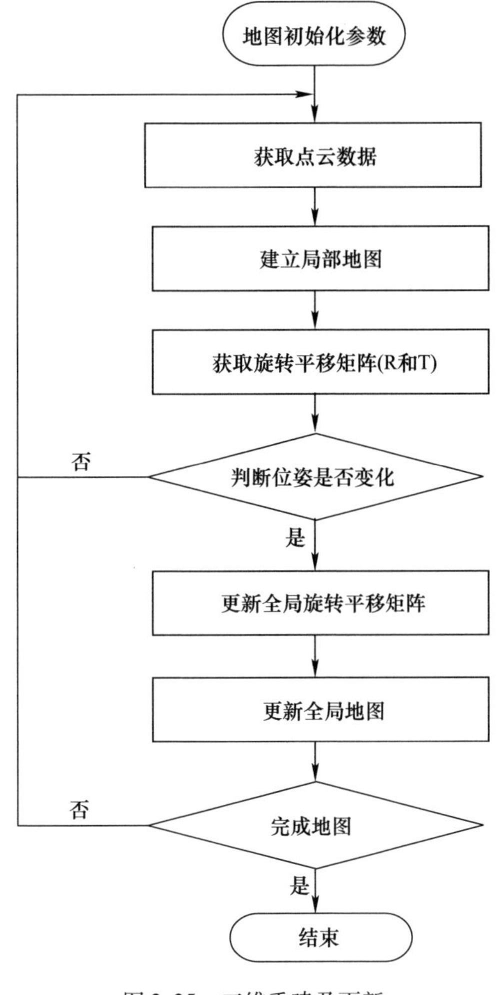

图 2.25　三维重建及更新

位矩阵。如果是,则点云位姿没有变化,直接获取下一幅点云;如果有位姿变化,则更新全局的旋转平移矩阵。

(4) 用新的旋转平移矩阵来把当前的局部地图转换到全局地图中去。

(5) 重复第(2)步到第(4)步直到点云序列为空,完成地图创建。

2.3 基于视觉的环境感知

2.3.1 针孔相机模型

针孔相机模型描述了光线透过暗箱上的一个小孔投影到暗箱后方的平面上并成像的整个过程,已成为机器人视觉感知过程使用的标准成像模型。凡涉及光学镜头的视觉传感器,通常基于该模型,进行底层感知数据获取与分析。其成像模型如图 2.26 所示,在世界坐标系 O_W中一点 P 通过摄像机光轴中心 O_C投影到物理成像平面 π_2,成像点为 P_2。为简化运算,将成像平面对称到相机前方,和三维空间点 P 一同放在摄像机坐标系 O_C的同一侧,成像平面 π_1 等效于平面 π_2,投影点 P_1等效为 P_2。

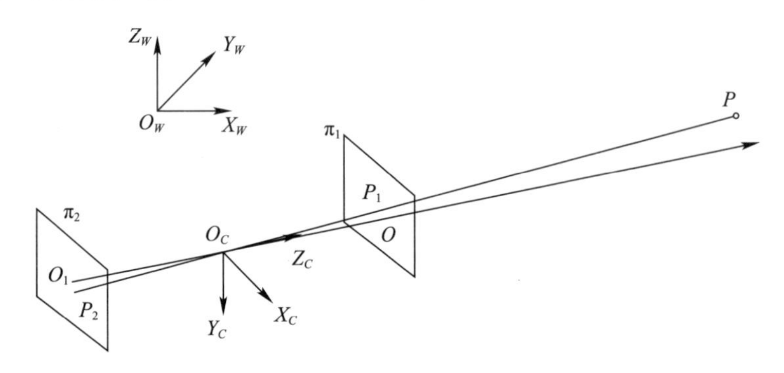

图 2.26 针孔相机模型

1) 图像平面坐标系

图像平面坐标系是用物理单位表示像素点在图像平面中的位置而建立的坐标系,如图 2.26 中的 π_1,为方便直观理解,单独将 π_1平面提取,如图 2.27 所示,图像平面坐标系 O_{XY}的坐标原点 O 一般选取摄像机主光轴与图像平面相交的点,令 X 轴方向平行于图像水平方向向右,Y 轴方向则垂直向下。设原点 O 在像素坐标系下的坐标为(u',v')。定义 dx 为像素点在 u 轴与 X 轴上的比例系数,定义 dy 为像素点在 v 轴与 Y 轴上的比例系数,单位为像素/米。则任意像素点的物理位置(x,y)与存储位置(u,v)的关系可表示为

$$\begin{cases} u = d_x \cdot x + u' \\ \nu = d_y \cdot y + v' \end{cases} \tag{2.53}$$

采用齐次坐标，将式(2.53)变换成矩阵形式为

$$\begin{bmatrix} u \\ v \\ 1 \end{bmatrix} = \begin{bmatrix} d_x & 0 & u' \\ 0 & d_y & v' \\ 0 & 0 & 1 \end{bmatrix} \begin{bmatrix} x \\ y \\ 1 \end{bmatrix} \tag{2.54}$$

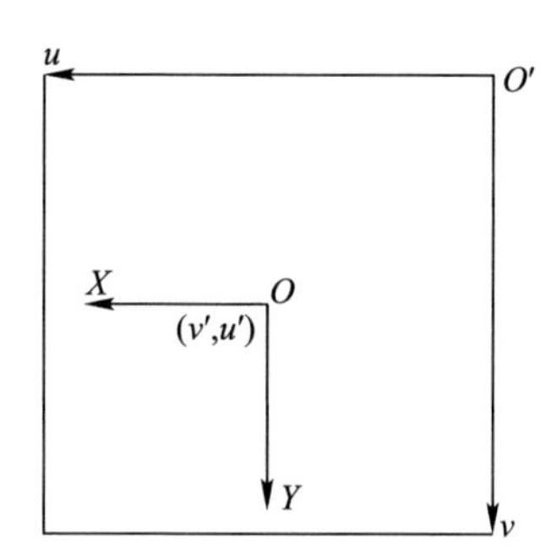

图 2.27　图像平面坐标系

2）摄像机坐标系

摄像机坐标系是以摄像机光轴中心O_C为坐标原点，$X_C Y_C$轴朝向分别与图像平面坐标系中 X 轴、Y 轴一致，Z_C轴垂直于图像平面。如图 2.26 所示，O 点为Z_C轴与图像平面交点，摄像机焦距 f 为$O_C O$，则摄像机坐标系与图像平面坐标系之间的转换关系可表示为

$$\begin{bmatrix} x \\ y \\ 1 \end{bmatrix} = \frac{1}{z_C} \begin{bmatrix} f & 0 & 0 \\ 0 & f & 0 \\ 0 & 0 & 1 \end{bmatrix} \begin{bmatrix} x_C \\ y_C \\ z_C \end{bmatrix} \tag{2.55}$$

式中：(x_C, y_C, z_C)表示空间任意一点在摄像机坐标系下的坐标，(x, y) 表示该点投影到成像平面后，在图像平面坐标系中的坐标。将式(2.54)与式(2.55)相结合，可以得到像素坐标系与摄像机坐标系之间的转换关系为

$$\begin{bmatrix} u \\ v \\ 1 \end{bmatrix} = \frac{1}{z_c} \begin{bmatrix} d_x & 0 & u' \\ 0 & d_y & v' \\ 0 & 0 & 1 \end{bmatrix} \begin{bmatrix} f & 0 & 0 \\ 0 & f & 0 \\ 0 & 0 & 1 \end{bmatrix} \begin{bmatrix} x_c \\ y_c \\ z_c \end{bmatrix} = \frac{1}{z_c} \begin{bmatrix} fd_x & 0 & u' \\ 0 & fd_y & v' \\ 0 & 0 & 1 \end{bmatrix} \begin{bmatrix} x_c \\ y_c \\ z_c \end{bmatrix} \tag{2.56}$$

令$C_x = u'$、$C_y = v'$，将上式fd_x合并成f_x，fd_y合并成f_y且将z_c移到等式左侧，则有：

$$z_c\begin{bmatrix} u \\ v \\ 1 \end{bmatrix} = \begin{bmatrix} f_x & 0 & c_x \\ 0 & f_y & c_y \\ 0 & 0 & 1 \end{bmatrix}\begin{bmatrix} x_c \\ y_c \\ z_c \end{bmatrix} = \boldsymbol{K}\begin{bmatrix} x_c \\ y_c \\ z_c \end{bmatrix} \tag{2.57}$$

其中矩阵 $\boldsymbol{K}$ 称为相机的内参矩阵。

3）世界坐标系

世界坐标系是以空间中任一点为坐标原点而建立的三维直角坐标系，坐标原点为O_W，则摄像机坐标系与世界坐标系之间的坐标变换关系可表示为

$$\begin{bmatrix} x_c \\ y_c \\ z_c \end{bmatrix} = \boldsymbol{R}_{3\times 3}\begin{bmatrix} x_w \\ y_w \\ z_w \end{bmatrix} + \boldsymbol{t}_{3\times 1} \tag{2.58}$$

式中：$\boldsymbol{R}$ 为旋转矩阵，描述的是目标点从世界坐标系变换到摄像机坐标系的旋转角度关系，t 为平移向量，描述目标点经旋转变换后在摄像机坐标系三主轴方向的位移。(x_c, y_c, z_c)为目标点在摄像机坐标系下的坐标，(x_w, y_w, z_w)为目标点在世界坐标系下的坐标。结合式(2.57)与式(2.58)可得针孔相机模型的数学表达式为

$$z_c\begin{bmatrix} u \\ v \\ 1 \end{bmatrix} = \begin{bmatrix} f_x & 0 & c_x \\ 0 & f_y & c_y \\ 0 & 0 & 1 \end{bmatrix}\left(\boldsymbol{R}_{3\times 3}\begin{bmatrix} x_w \\ y_w \\ z_w \end{bmatrix} + \boldsymbol{t}_{3\times 1}\right) \tag{2.59}$$

2.3.2 带有语义信息的立体匹配与物品姿态估计

立体匹配是对同一场景内不同视角下的两幅图像，从中寻找空间三维点在图像中的投影点对，通过三角化求取深度的过程。立体匹配算法可分为局部和全局立体匹配算法。全局立体匹配算法在视差计算步骤中引入平滑约束项构造一个全局能量代价函数，通过不同的全局优化算法对视差值进行优化。局部立体匹配算法在代价聚合环节对获得的匹配代价进行滤波处理，在视差计算环节通常不采用优化方式对视差值进行处理，只通过选择代价聚合后匹配代价中最小值所对应的视差值作为最终视差值。除此之外，目前比较流行的立体匹配方式还包括局部特征点匹配，该方法先提取 SIFT、SURF、FAST、ASIFT 等一种或多

种流行的局部图像特征，然后进行健壮性特征点匹配，计算视差。由于局部特征点与识别场景内实体类别有关，可以在匹配后续处理中复用，下面简单介绍局部特征点匹配算法。此类算法的前提假设是与场所内物品表面具有足够丰富的纹理，光照条件良好。

算法主要思想：双目中图像特征信息分别与数据库信息比对，初步实现物品识别，之后对双目信息相互印证以提高物品识别准确性，对双目中特征点匹配并恢复匹配特征点对应的三维空间点（认为落于目标物品上），以先验模型与空间点拟合，得到目标物品的位姿估计。具体算法流程图如图 2.28 所示。

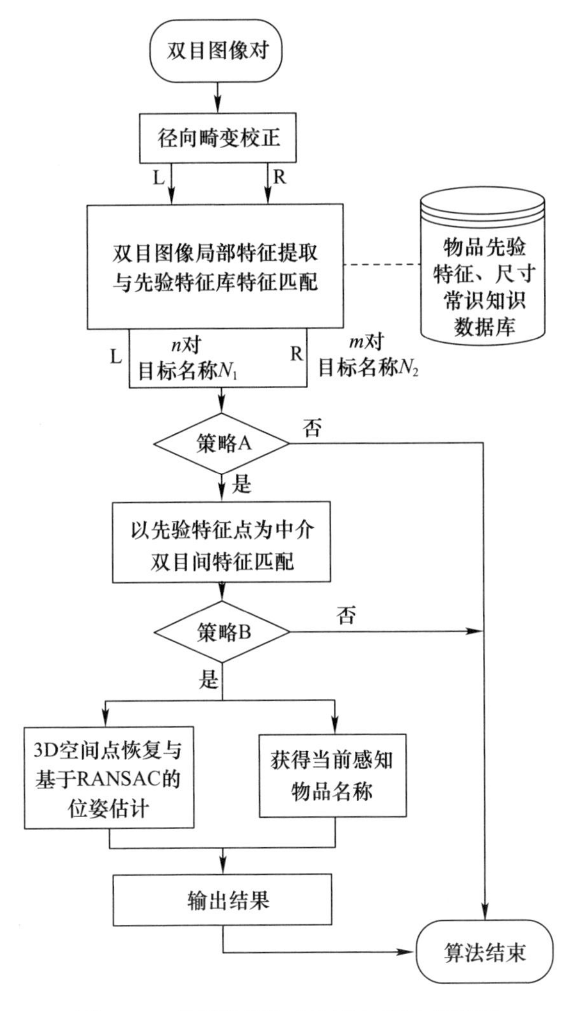

图 2.28　物品识别与位姿估计算法流程图

对物品识别与位姿估计算法进行如下说明。

(1) 由于来自摄像机的图像通常具有径向畸变,特别对于常用的广角摄像机,其所得图像的径向畸变更加严重,为保证后续处理过程能得到相对准确结果,首先必须对双目图像进行径向畸变矫正,矫正算法见算法2.1。

算法2.1(径向畸变矫正算法)

设摄像机坐标系下任意3D空间点为 $\boldsymbol{X}_c = [X_c \quad Y_c \quad Z_c]^{\mathrm{T}}$,规范化为 $\boldsymbol{x}_n = [x \quad y]^{\mathrm{T}} = [X_c/Z_c \quad Y_c/Z_c]$,其到畸变中心半径为 $r(x,y)$,径向畸变模型为 $f(r)$。另设已知畸变图像上任意点像素坐标为 $\boldsymbol{X}_p$(齐次坐标)。径向畸变矫正目标为:求 $\boldsymbol{X}_p$ 对应的非畸变图像上坐标 $\boldsymbol{X}_{\mathrm{p\_ud}}$。通常采用迭代法求解径向畸变矫正,通过摄像机立体标定容易得到摄像机内参阵 $\boldsymbol{K}$,因此无需迭代求解便可快速实现径向畸变矫正。根据式(2.60)可以得到 $\boldsymbol{X}_{\mathrm{p\_ud}} \to \boldsymbol{X}_p$ 的逆映射:

$$\boldsymbol{X}_p = \boldsymbol{K}[f(r) \quad f(r) \quad 1]^{\mathrm{T}} \cdot \boldsymbol{K}^{-1}\boldsymbol{X}_{\mathrm{p\_ud}} \tag{2.60}$$

式中:r 由后两项 $\boldsymbol{K}^{-1}\boldsymbol{X}_{\mathrm{p\_ud}}$ 结果得到,$\boldsymbol{K}^{-1}\boldsymbol{X}_{\mathrm{p\_ud}}$ 前乘积为哈达玛积(Hadamard 积)。获得逆映射后利用双线性插值即得到径向畸变矫正结果。

(2) 算法中分别对径向畸变矫正后的双目图像提取局部特征,并与物品先验特征数据库进行匹配,输出最匹配物品类别名称 $N_{1\backslash 2}$ 及匹配点对数目 $n\backslash m$。当双目中匹配结果满足策略A条件时,在双目间进行特征点匹配:如果分别来自双目中的特征点以同一先验特征点为匹配点,则这两个特征点匹配成功。这种双目间匹配方式能够保证匹配点对尽可能落于目标物上。上述策略A对双目信息进行了相互印证,具体如下:

策略A 当且仅当 $n > n_{\mathrm{threshold}}$,$m > m_{\mathrm{threshold}}$ 且 $N_1 = N_2$ 时进行双目间匹配。其中,各符号含义见图2.28,$(\cdot)_{\mathrm{threshold}}$ 为阈值。

(3) 当满足策略B条件时,能够以较高概率确定目标物品的类别名称,并进一步进行位姿估计。当不满足策略A或者策略B条件时,结束算法。其中,策略B如下:

策略B 当且仅当双目间匹配点对数量大于阈值(阈值通常大于等于4)时,恢复图像特征点对应的三维空间点并进行后续位姿估计等过程。

(4) 基于双目间匹配特征点,利用三角计算容易获得对应空间点集合,设为 $\{P_{\mathrm{s}}\}$,进而进行基于随机采样一致性(RANdom SAmple Consensus,RANSAC)的物品位姿估计过程,得到目标物品相对于双目摄像机的位姿。

具体地,空间点集合 $\{P_{\mathrm{s}}\}$ 可以与数据库中物品模型进行点匹配,以点匹配得到的变换矩阵为目标物品位姿估计结果。事实上,由于该过程数据中存在传感器噪声和其他不确定因素,因此位姿估计结果可能出错,为解决这种问题,这里采用 RANSAC 健壮估计方法求此 $\{P_s\}$ 上拟合位姿。具体算法流程图如图 2.29所示。

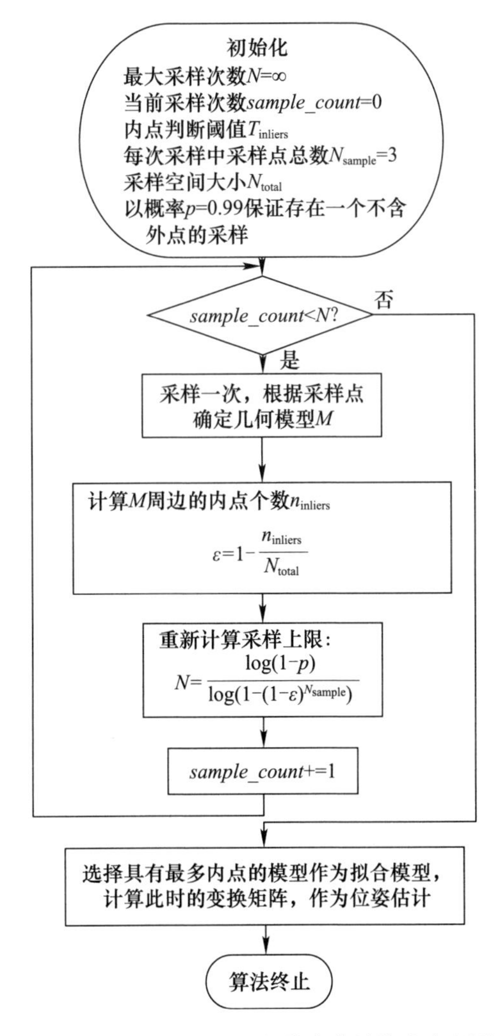

图 2.29　基于 RANSAC 的位姿估计算法流程图

2.3.3　从度量层 SLAM 到环境语义地图

SLAM 建图方法已经得到了广泛研究，基于不同传感器、不同假设条件，研究人员提出了众多方法，如 gmapping、Google Cartographer、Lago Slam、Orb－Slam、RGBDSLAMv2 等等。随着硬件发展和软件算法不断优化，长时间、大范围 SLAM 系统已成为可能，目前正逐步走向实用。例如 RTAB－Map 框架（图 2.30）完整实现了 SLAM 所有环节,它采用工作记忆、短时记忆和长时记忆相互配合,实现了资源的有效利用,保证了实时性和长时间系统可用性。此外,它提供了多种传感器信息和里程计信息接口,可以实现基于激光雷达的 SLAM 方法、基于视觉传感器的 SLAM 方法以及多种传感器组合的 SLAM 方法,提供了健壮低漂移的里程计估计,可以在线输出 3D 或 2D 导航地图。

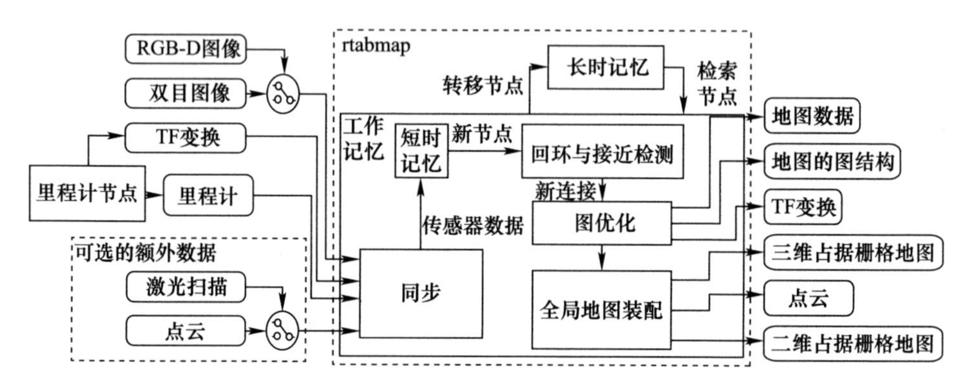

图 2.30　rtabmap 流程图

传统 SLAM 方法主要在度量层面进行环境的 2D 或者 3D 数据建模,在度量层 SLAM 技术日趋成熟的基础上,嫁接于其上的语义建图方法被提出(图 2.31)。系统利用视觉传感器(可以是 RGB - D 传感器、双目相机等)、激光传感器或者两者的结合进行底层 SLAM 建图。建图方法如前述 RTAB - Map 框架等,通常要求 SLAM 框架能够构建密集地图,并且能够得到较高的机器人位姿估计准确度。这样,经过 SLAM 过程得到了环境的几何 3D 地图。注意到视觉传感器数据可以直接提供环境语义信息,因此可对其采用 2D 或者 3D 物体识别方法(广义上可以是任意语义目标识别方法)检测空间可能蕴含的语义信息。常用的 2D 物体检测器有 Mask R - CNN、YOLO、SSD 等。将 2D 边界框对齐到几何 3D 地图,即可实现对目标场景 3D 地图的语义分割,实现三维语义地图重建。也可以直接利用 3D 分割算法,如 Pointnet、Pointnet + + 等直接对目标场景的 3D 地图进行分割。总之,根据识别结果与几何 3D 地图的数据关联,将语义信息赋予几何 3D 地图,得到具有语义实体信息的 3D 地图。所得地图上各类语义信息,通常以一定概率形式进行表达。将物体的类别概率分配到各个分割实体,一般有两种方法:一种为逐点法,将类别概率分配给构成 3D 地图的每个元素(如空间点);另一种为区域法,将类别概率分配给每个分割区域。一般而言,后者的数据复杂度更低。值得注意的是,某些方法先进行传统几何分割,之后再进行语义信息分配,这种方法中几何分割区域可能出现同一物体被分割到不同区域

(例如,沙发被分割成扶手、座面、靠背),或者同一类别标签被分配到临近的不同区域上面(主要由难以分割的噪声引起),因此需要对初步结果进行提纯。最直接的方式是将这些区域间距离与自身语义相结合,互相印证去识别并合并相应的区域,达到提纯数据的目的。

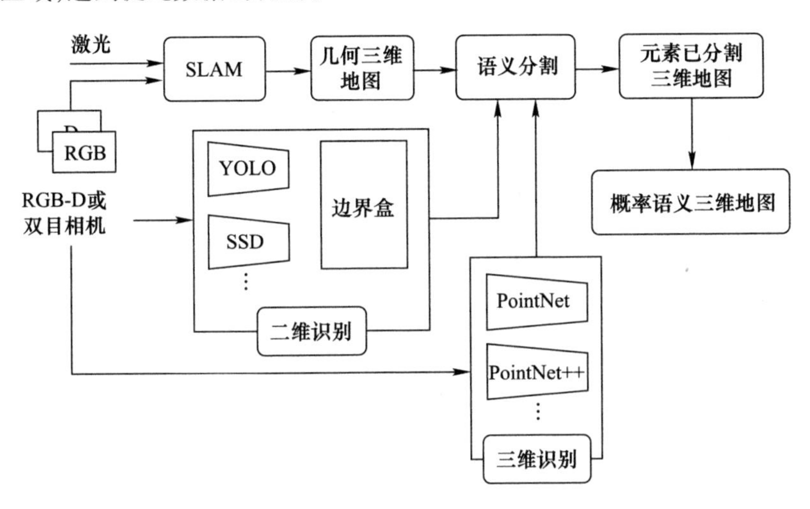

图 2.31　语义建图一般性框架

通过语义建图方法在导航地图中融入的语义信息,可以为移动机器人提供物体语义级或场所语义级指导,如机器人在导航过程中可利用沙发、电视等实体信息作为导航目标或者规划导航任务,或者对客厅、餐厅、走廊等场所信息进行任务级处理、设计导航策略。此外,这些语义级别信息可以提供人机交互任务中的指代对象,便于交互。近年,语义知识同 SLAM 技术的深度融合也成为一个发展趋势。语义知识在回环检测、后端优化等环节能够提供更多约束条件,使得地图不仅具有丰富语义信息,而且较之传统方法更加健壮。

第3章　场景的图像描述

随着科技的迅猛发展和信息化时代的到来,图像描述生成任务在跨模态内容检索、人机交互、机器人导航、儿童教育等领域具有重要的研究意义和应用价值。传统的图像语句描述生成模型由于语句涵盖能力有限,导致细节描述缺失和个体偏差;密集字幕生成模型由于分立短语关联性弱,导致物体间关系缺失和无法高效人机互动,故这里将重点研究段落级的图像描述生成,旨在解决上述问题,生成描述细节丰富且自然连贯的段落。同时,针对现有段落生成模型存在的多样性与连贯性差的问题,改进了双阶段训练策略。

3.1　基于单词训练策略的图像段落描述生成模型

图像描述生成模型首先利用编码器提取给定图像的视觉特征,然后利用解码器把这些视觉特征解码为对应的自然语言描述。从本质上来讲,图像描述生成模型的解码器即为一个语言生成模型,故这里首先介绍语言生成模型的发展历程,即从马尔科夫链(Markov Chain)到循环神经网络(Recurrent Neural Network,RNN)以及作为语言生成模型输入的词嵌入(Word Embedding)方法,由此引出模型所使用的解码器基本构造;接着,为减少冗余句子,增加段落描述多样性,提出元组重复性惩罚策略并将其融入编码器的单词生成过程中;然后介绍单词交叉熵损失训练策略的原理及不足之处,同时在通用数据集的标准划分下,使用通用自动评价指标对模型进行评估,为下一节中的双阶段训练策略的引出提供理论依据。

3.1.1　编码器结构

由于 Faster R-CNN 有速度快、精度高和更贴合任务需求的优势,这里选择 Faster R-CNN 作为模型的编码器,编码器结构图如图3.1所示,基于 ResNet101 基本框架,特征提取过程包括4个阶段:首先,使用 ResNet101 的前91层(从 conv1 到 conv4_x)提取一个公共的特征图;接着,把特征图输入到特征候选网络(RPN)中,输出一系列候选区域;然后,由于这些候选区域大小不确定,使用

ROI 池化将它们固定为相同尺寸；最后，使用 ResNet101 的 conv5_x 层结合平均池化层完成 3 个任务，即物体类别预测任务、物体属性预测任务和候选框回归任务。

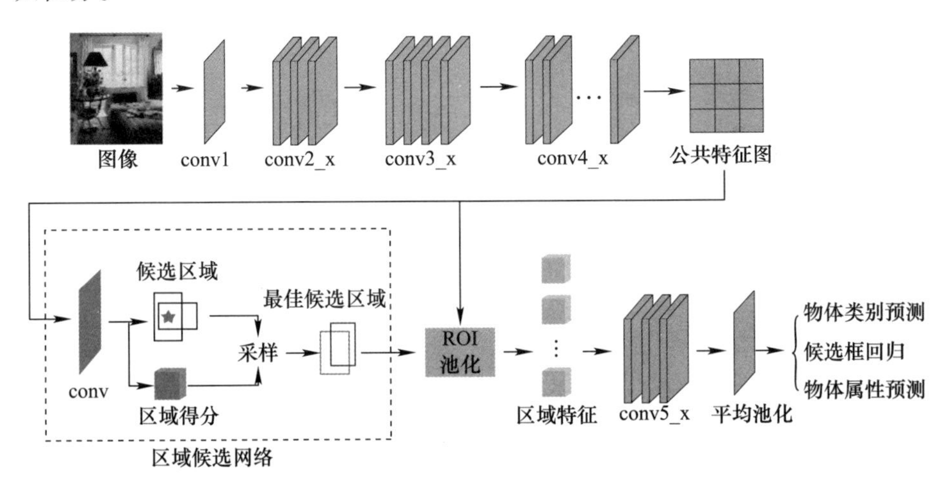

图 3.1　基于 Faster R－CNN 的编码器结构图

3.1.2　解码器

在获得编码器提取到的区域视觉特征之后，解码器把这些特征解码为对应的自然语言描述。从本质上来讲，与机器翻译、问答系统和自动摘要任务相似，图像描述生成模型的解码器部分相当于一个语言生成模型，下面首先介绍马尔科夫链；接着，结合马尔科夫链的优缺点，介绍基于循环神经网络的语言生成模型；然后介绍作为语言生成模型输入的词嵌入及预训练词向量相关方法；最后介绍模型所用的解码器的基本组成成分。

3.1.2.1　马尔科夫链

马尔科夫链是用于语言生成的最早的模型。简单来讲，马尔科夫链就是使用当前一个（二元语法，Bigram）或 n 个时间步（$n=3$ 时，三元语法，Trigram 等）的单词来预测下一个时间步的单词，即认为待预测单词仅与其上一个或几个单词相关，与句子的其他部分均无关。以 x_i 表示句子 $(x_1,x_2,\cdots,x_n)$ 中第 i 个单词，二元语法对应的条件概率分布如下：

$$P(x_1,x_2,\cdots,x_n)=P(x_1)P(x_2|x_1)P(x_3|x_2)\cdots P(x_n|x_{n-1}) \tag{3.1}$$

三元语法对应的条件概率分布如下：

$$P(x_1,x_2,\cdots x_n)=P(x_1)P(x_2|x_1)P(x_3|x_1,x_2)\cdots P(x_n|x_{n-2},x_{n-1}) \tag{3.2}$$

显然，马尔科夫链忽略了句子上文的其他单词和结构的相关信息，容易导致不正确的预测，在很大程度上限制了其应用场景。

3.1.2.2　循环神经网络

循环神经网络的出现缓解了马尔科夫链仅能关注上文中有限个单词的问题，其使用了循环操作，当前时间步的输入为上一个时间步的输出，由此计算得到当前时间步的输出，即前面每个时间步的输出均会对当前时间步的输入产生影响，这种循环操作起到保留历史信息的作用。

图3.2为循环神经网络展开结构图。循环神经网络通常包括输入层（输入向量 x）、隐藏层（隐藏状态 h）和输出层（输出向量 o）三部分，$\boldsymbol{U}$ 表示从输入层到隐藏层的权重矩阵，$\boldsymbol{W}$ 表示上一时刻隐藏层到当前时刻隐藏层的权重矩阵，$\boldsymbol{V}$ 表示隐藏层到输出层的连接权重矩阵，t 为当前时间步，$t-1$ 和 $t+1$ 分别表示上一个和下一个时间步。可以看到，下一个时间步的输出 o_{t+1} 不仅与该时间步的输入 x_{t+1} 有关，还与当前时间步的隐藏层状态 h_t 有关，这样的顺序循环过程有一定的历史记忆功能。对于输入序列 $\{x_1, x_2, \cdots, x_T\}$，普通的循环神经网络（Vanilla RNN）的输出计算公式如下：

$$\begin{cases} h_t = f(Wh_{t-1} + Ux_t + b_1) \\ o_t = g(Vh_t + b_2) \end{cases} \tag{3.3}$$

式中：b_1 和 b_2 为偏置向量；$f(\cdot)$ 为隐藏层对应的激活函数，可选用双曲正切函数或 Sigmoid 函数；$g(\cdot)$ 为输出层函数，为获得词表中每个单词的概率分步，通常使用 Softmax 函数。$\boldsymbol{W}$、$\boldsymbol{U}$ 和 $\boldsymbol{V}$ 三个权重矩阵在不同的时间步权值共享，这也体现了循环神经网络“循环反馈”的思想精髓。

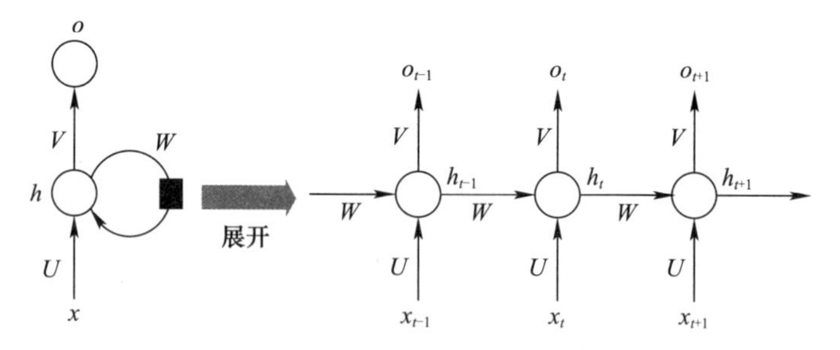

图3.2　循环神经网络展开结构图

普通循环神经网络存在无法捕捉长距离依赖的问题，其根本原因在于权重矩阵在所有时间步均共享权值，对于较长的句子，展开的网络结构将随着时间步的增加而加深，在训练过程反向传播计算得到的梯度难以有效地传递到前面的网络层，易发生梯度消失或梯度爆炸问题，极大地制约了循环神经网络的长期记忆能力。

为缓解普通循环神经网络存在的上述长期依赖问题，提出循环神经网络的变种——长短时记忆网络（Long Short - Term Memory，LSTM），可有效地捕捉长距离依赖信息，避免梯度消失问题，增强网络的长期记忆能力，该网络作为普通循环神经网络的替代，已经在机器翻译、文本摘要、语音识别等领域取得很好的效果。相比于普通循环神经网络的简单非线性重复，长短时记忆网络通过引入三个门控单元，即遗忘门、输入门和输出门来对信息进行有选择的更新、记忆或删除，另外，长短时记忆网络还维护一个记忆细胞状态 c_t 来增强网络的记忆功能，其结构图如图 3.3 所示。

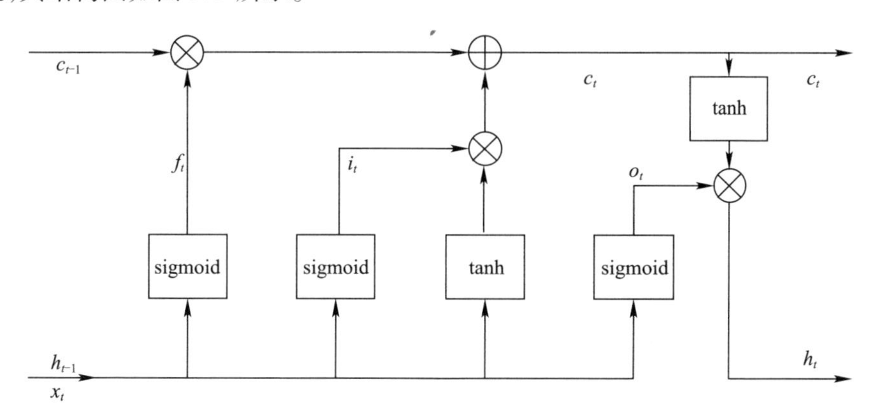

图 3.3　LSTM 结构图

长短时记忆网络的前向传播状态更新过程可通过下列公式计算：

$$\begin{cases} i_t = \sigma(\boldsymbol{W}_{ix}x_t + \boldsymbol{W}_{ih}h_{t-1} + \boldsymbol{b}_i) \\ f_t = \sigma(\boldsymbol{W}_{fx}x_t + \boldsymbol{W}_{fh}h_{t-1} + \boldsymbol{b}_f) \\ o_t = \sigma(\boldsymbol{W}_{ox}x_t + \boldsymbol{W}_{oh}h_{t-1} + \boldsymbol{b}_o) \\ c_t = i_t \otimes \tanh(\boldsymbol{W}_{cx}x_t + \boldsymbol{W}_{ch}h_{t-1} + \boldsymbol{b}_c) + f_t \otimes c_{t-1} \\ h_t = o_t \otimes \tanh(c_t) \end{cases} \tag{3.4}$$

式中：x_t 表示当前时间步的输入，h_{t-1} 和 h_t 分别表示上一个时间步和当前时间步的隐藏层状态，$\sigma(\cdot)$ 表示激活函数使用 Sigmoid 函数，$\boldsymbol{W}_{ix}$、$\boldsymbol{W}_{ih}$，$\boldsymbol{b}_i$ 表示输入门的权重矩阵和偏置矩阵，$\boldsymbol{W}_{fx}$、$\boldsymbol{W}_{fh}$、$\boldsymbol{b}_f$ 表示遗忘门的权重矩阵和偏置矩阵，$\boldsymbol{W}_{ox}$、$\boldsymbol{W}_{oh}$、$\boldsymbol{b}_o$ 表示输出门的权重矩阵和偏置矩阵。由于三个门的激活函数均使用

Sigmoid函数,得到一个0到1之间的值,可以理解为表示“门”的开合程度,即控制了信息流的记忆和更新程度。输入门用来决定需要将多少新信息更新到细胞状态中;遗忘门用来决定需要从上一个细胞状态信息中舍弃多少旧信息;输出门用来决定当前细胞状态的多少信息可以用于输出。当一个新的输入到来时,长短时记忆网络首先舍弃细胞状态中的无用信息,接着学习新的输入中的有价值信息并保存,最后综合分析,决定那些信息可以作为当前时间步的输出。由于长短时记忆网络捕捉长距离依赖能力强的优点,这里所提模型的编码器部分使用双层长短时记忆网络。

3.1.2.3　词嵌入

在语言生成模型中,每一个时间步的输入通常为上一个时间步的预测得到的单词,那么,如何将词表中的每一个单词表示为计算机可以理解的形式至关重要。传统的方法使用独热编码(One - hot Vector)来表示每个单词,如图3.4所示。

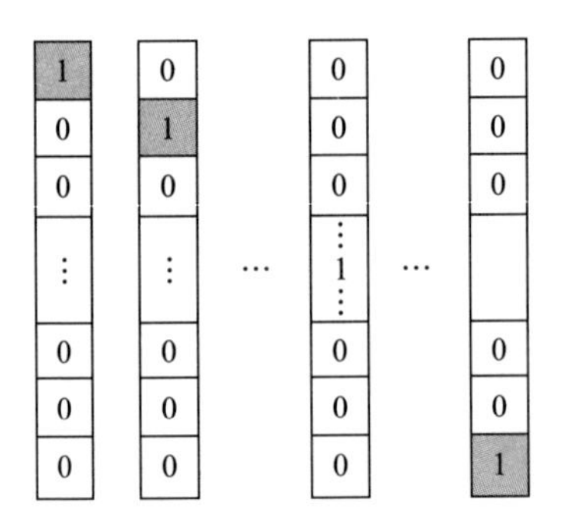

图3.4　用独热编码表示单词

即每个单词表示为对应位置为1,其余位置全为0的稀疏向量,向量的长度与词表长度一致。这样存在两个问题。其一是所有单词的独热编码相互独立,彼此正交,然而通常自然语言中的不同单词之间并非毫无关联,存在近义词等语言现象,如:在语义方面,“woman”和“female”之间的距离应该小于“woman”与“apple”之间的距离,“king”与“queen”之间的差值应该近似于“male”与“female”之间的差值;在单复数方面,“word”与“words”仅仅为单复数的差异;在时态方面,“buy”与“bought”表示的意义相同但所使用的时间不同。但彼此完全独立的独热编码显然无法表示这些现象。其二,单词对应独热编码维数需要与词表中单词的个数相一致,对于大型词表,会导致单词维数过大,浪费计算机的存储空间和计算资源。

针对上述两个问题，研究者寻求将语义融合到单词表示中的方法，根据Harris在1954年提出的分布假说（Distributional Hypothesis），Firth在1957年提出单词的语义是由其所处的上下文决定的，即基于分布假说的词表示方法，其核心思想是首先使用一种描述方法描述上下文，然后选择模型刻画目标词与上下文之间的关系。下面介绍经典的基于神经网络的分布式词表示word2vec。

word2vec模型整体来讲就是简化的神经网络，由输入层、隐藏层和输出层组成，其输入是单词的独热编码表示的向量，隐藏层为纯线性单元没有激活函数，输出层与输入层具有相同的维数。模型训练完成后并不会直接使用模型完成新任务，而是为了获取模型通过训练数据得到的隐藏层权重矩阵，该矩阵的每一列都对应一个词的词向量，用这些向量代替独热编码向量进行后续操作。word2vec模型的输入输出结构可分为两种，如图3.5和图3.6所示，一是CBOW（Continuous Bag - of - Words），其输入是目标词的上下文相关单词对应的独热编码向量，输出为目标词对应词向量；二是Skip - Gram，其输入与CBOW相反，为某一特定输入词的独热编码向量，输出为该词对应上下文的词向量。实验证明，CBOW适用于较小型的语料库，而Skip - Gram通常在大型语料库上有更好的性能。

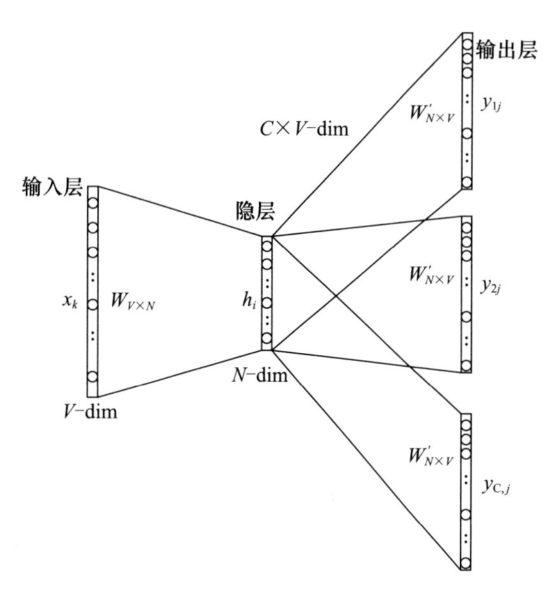

图3.5　CBOW结构图

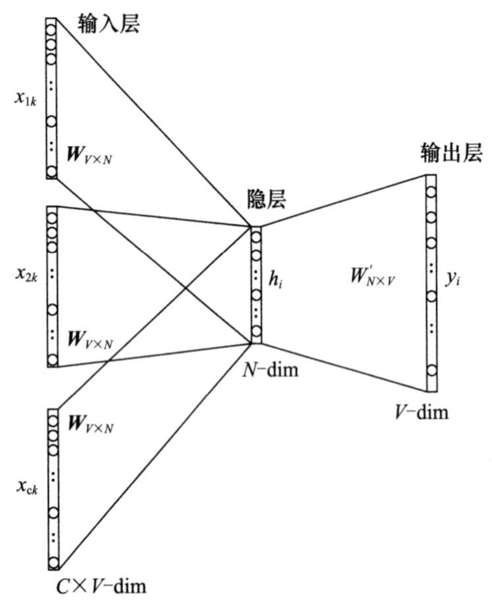

图 3.6　Skip - Gram 结构图

由 word2vec 得到的词向量最大的缺陷在于其无法表示多义词问题,即虽然同一个单词在不同的上下文中很有可能表示不同的意思,但它所对应的词向量却是相同的,在训练时多种上、下文信息将编码到相同的词向量空间中,如“bank”不仅有“河岸”的意思,还有“银行”的意思,两个意思并无语义关联,具体取哪个意思将由其上、下文决定。针对多义词问题,ELMO(Embedding from Language Models) 提出了一种解决方案,其本质思想为把静态的词向量转为动态,首先使用语言模型预训练得到静态词向量,此时尚无法区分一词多义现象,然后在使用目标词时,由于已经具备特定的上、下文,可根据上、下文来动态地调整目标词的词向量,自然得解决一词多义问题。ELMO 的模型结构如图 3.7 所示。

可见,ELMO 使用双层双向 LSTM,左端前向双层 LSTM 为正向编码器,输入的是目标词的上文;右端逆向双层 LSTM 为反向编码器,输入的是目标词的下文。ELMO 可分为两个阶段,第一阶段为使用大规模语料库进行的预训练阶段,目的是根据目标词的上、下文去正确预测出目标词的初步词向量,会针对每一个单词得到对应的三个层级的词嵌入,即:最底层为单词级别的词嵌入;中间层为第一个 LSTM 层,会编码到句法信息;最顶层为第二个 LSTM 层,会编码到语义信息。第二阶段为词向量调整阶段,根据下游任务的需要对已知上、下文的目标词补充新特征,对上述三个层级的词嵌入赋予不同的权重,权重可通过学习获

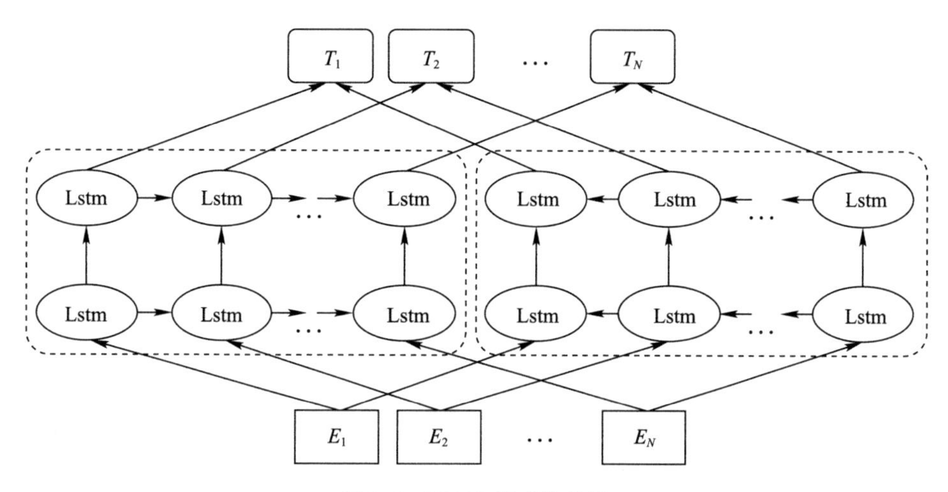

图3.7　ELMO模型结构图

得,最终加权求和得到调整后的词向量。

3.1.2.4　解码器基本结构

模型所用的解码器基本结构图如图3.8所示。由于长短时记忆网络对于长距离依赖的记忆能力强,模型中使用双层LSTM。其中,第一层为Attention LSTM层,该层的输入向量$\boldsymbol{X}_t^1$包括三部分,即

$$\boldsymbol{X}_t^1=[\hat{v},h_{t-1}^2,\boldsymbol{e}_{t-1}] \tag{3.5}$$

式中:$\hat{v}$为编码器提取到一系列图像区域视觉特征$\{v_1,v_2,\cdots,v_k\}$的平均值,代表输入图像的视觉和属性特征;$\boldsymbol{h}_{t-1}^2$为上一个时间步Language LSTM层的隐藏层状

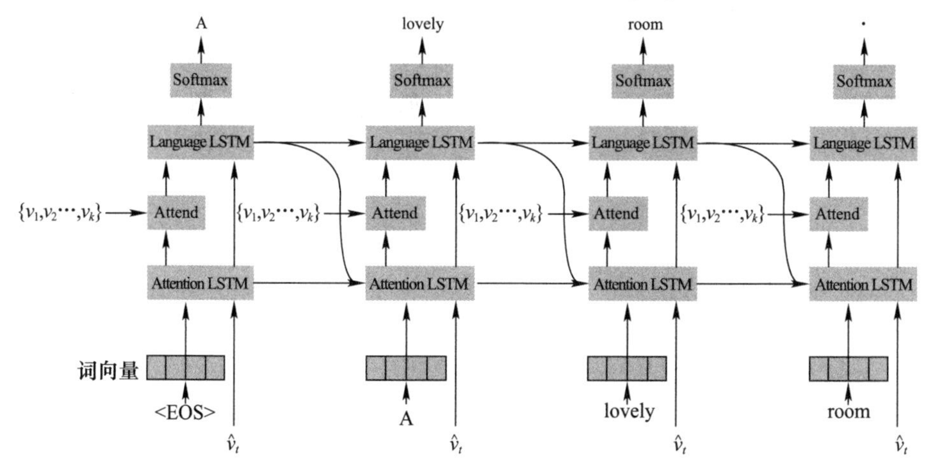

图3.8　解码器基本结构图

态,代表 Language LSTM 提取到的上文信息; $\boldsymbol{e}_{t-1}$ 为上一个时间步生成单词所对应的词向量,代表上一个单词的语义信息。$\boldsymbol{X}_t^1$ 为这三者通过连接(Concatenate)得到,为 Attention LSTM 提供三个层面的信息。

第二层为 Language LSTM 层,该层的输入向量 $\boldsymbol{X}_t^2$ 包括两个部分,即

$$\boldsymbol{X}_T^2 = [\boldsymbol{h}_t^1, \tilde{v}_t] \tag{3.6}$$

式中: $\boldsymbol{h}_{t-1}^1$ 为 Attention LSTM 层上一个时间步的隐藏层状态; $\tilde{v}_t$ 为经过视觉注意力机制之后模型在当前时间步重点关注的视觉特征。Language LSTM 的输出向量 $\boldsymbol{h}_t^2$ 随后经过一个 softmax 层得到本时间步输出单词的分布:

$$w_t \sim p(w_t \mid w_1, w_2, \cdots, w_{t-1}) = \text{softmax}(\boldsymbol{W}_s \boldsymbol{h}_t^2 + \boldsymbol{b}_s) \tag{3.7}$$

式中: w_t 表示当前时间步生成的单词; $\boldsymbol{W}_s$, $\boldsymbol{b}_s$ 为待学习的权重矩阵和偏置矩阵; $w_{1:T}$ 表示生成的完整句子。根据每个时间步生成单词的概率分布,生成句子 $w_{1:T}$ 的概率为

$$p(w_{1:T}) = \prod_{t=1}^{T} p(w_t \mid w_1, w_2, \cdots, w_{t-1}) \tag{3.8}$$

在两个 LSTM 层之间存在一个视觉注意力机制计算层,该层使用软注意力机制,目的是在生成每个单词时关注图像中的不同区域,为区域特征计算不同的权重。其输入为编码器提取到的区域特征 $\{v_1, v_2, \cdots, v_k\}$,输出为每个特征对应的权重 $\{\alpha_{1,t}, \alpha_{2,t}, \cdots, \alpha_{k,t}\}$,具体计算过程如下:

$$\begin{cases} a_{i,t} = \boldsymbol{W}_a^{\mathrm{T}} \tanh(\boldsymbol{W}_{va} v_i + \boldsymbol{W}_{ha} h_t^1) \\ \alpha_{i,t} = \text{softmax}(a_{i,t}) \end{cases} \tag{3.9}$$

式中: $\boldsymbol{W}_{va}$、$\boldsymbol{W}_{ha}$、$\boldsymbol{W}_a$ 为待学习的权重矩阵,最终经注意力机制之后的视觉特征为

$$\tilde{v}_t = \sum_{i=1}^{K} \alpha_{i,t} v_i \tag{3.10}$$

3.1.3 元组重复性惩罚策略

如上节所述,解码器在图像对应描述句子时,是在每个时间步产生一个单词,逐步逐词生成的。文献证明,直接使用图像语句描述生成模型来完成图像段落描述生成任务将导致大量句子完全重复,严重影响生成段落的语义多样性和整体可读性。为缓解这一问题,借鉴在文本摘要领域的长文本重复性惩罚的相

关方法,提出元组级别的重复性惩罚策略。设当前时间步为 t,在当前时间步之前的所有已生成单词为 $w_{1:t-1}$,元组级别的重复性惩罚策略首先列举已生成段落 $w_{1:t-1}$ 中包含的所有 n 元组,并计算各个 n 元组在 $w_{1:t-1}$ 中出现的次数,即在 python 语言下构成一个“词典”(Dictionary),其“键”(Key)为各 n 元组,“值”(Value)为 n 元组对应的频次;然后,对于与 w_t 构成 n 元组的 $w_{t-n+1:t-1}$,查询字典获取所有可能的 w_t 对应潜在 n 元组在前文中已经出现的频次;接着,由编码器计算得到 w_t 所服从的词表中所有单词的概率分布,对前文中已经出现多次的潜在 n 元组,根据其出现频次对概率分布中对应单词的概率做惩罚,即降低该 n 元组再次被采样到的可能性;最后,将操作后的分布经过 Softmax 函数,使其保证概率分布中所有概率的和为一。改进的解码器结构如图 3.9 所示。此时,在前文中已经出现多次的 n 元组再次出现的概率会降低,将大大避免段落中句子大面积完全重复问题的发生,增强语义多样性和可读性。

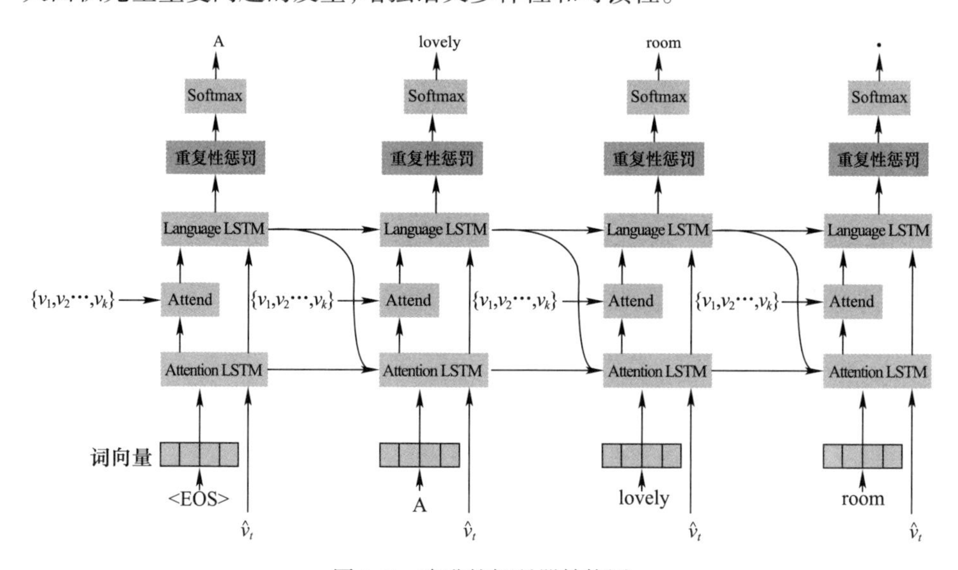

图 3.9　改进的解码器结构图

3.1.4　训练策略

对于本阶段模型所使用的编码器 Faster R－CNN,训练过程基本遵循 4 步交变训练法。由于其最终使用 ResNet101 的 conv5_x 层结合平均池化层完成 3 个任务,即物体类别预测任务、物体属性预测任务和候选框回归任务,训练所用的损失函数如下:

$$L_s(\{p_i\},\{t_i\},\{q_i\},\{u_i\},\{a_i\}) = \frac{1}{N_{\text{cls}}^{\text{RPN}}}\sum_i L_{\text{cls}}(p_i,p_i^*) + \lambda_1 \frac{1}{N_{\text{reg}}^{\text{RPN}}}\sum_i p_i^* L_{\text{reg}}(t_i,t_i^*) + \frac{1}{N_{\text{cls}}^{\text{RN}}}\sum_i L_{\text{cls}}(q_i,q_i^*) + \lambda_2 \frac{1}{N_{\text{reg}}^{\text{RN}}}\sum_i q_i^* L_{\text{reg}}(u_i,u_i^*) + \frac{1}{N_{\text{att}}^{\text{RN}}}\sum_i L_{\text{cls}}(a_i,a_i^*) \tag{3.11}$$

式中:右边 5 项分别代表 RPN 的候选框背景/物体分类任务;RPN 的候选框粗定位回归任务;模型的候选框物体种类分类任务;模型的候选框精细定位回归任务;模型的候选框物体属性分类任务;p_i 表示 RPN 所预测的候选框中为物体的概率;t_i 表示 RPN 所预测的候选框粗定位坐标值;q_i 表示模型所预测的候选框物体种类的概率分布;u_i 表示模型所预测的候选框精细定位坐标值;a_i 表示模型所预测的候选框物体属性的概率分布;p_i^*、t_i^*、q_i^*、u_i^*、a_i^* 分别表示它们对应的实际值;N_{cls}、N_{reg}为归一化项,分别取设定的批处理量大小(Mini - batch Size)和框总数,由于框总数通常远远大于设定的批处理量大小,故使用 λ_1、λ_2 调节的损失的权重。

对于本阶段模型所使用的解码器,训练过程采用单词级别的训练策略,即经典的基于极大似然估计的交叉熵损失。给定参考段落($w_1^*,w_2^*,\cdots,w_T^*$),使用 θ 表示当前语言生成模型的参数,使用极大似然估计学习 θ,即训练目标是最小化交叉熵损失:

$$L_{XE}(\theta) = -\sum_{t=1}^{T}\log(p_\theta(w_t^* \mid w_1^*,w_2^*,\cdots,w_{t-1}^*)) \tag{3.12}$$

3.1.5 数据集

图像段落描述生成模型所用的标准通用数据集为 Stanford Image - paragraph 数据集。该数据集中包括来自 Visual Genome 数据集和 MSCOCO 数据集的共 19551 张图像,每张图像包括平均 35 个物体和 21 个关系,使用平均 5 个句子组成的一个段落来描述,所有标注段落均收集自 Amazon Mechanical Turk 平台,标注者来自美国,标注数据至少接受 5000 次点击,接受率在 98% 以上,且进行了自动和人工质量抽查。对训练集、验证集和测试集的划分为 14575 张训练集图像,2487 张验证集图像和 2489 张测试集图像。数据集中的实例如图 3.10 所示。这里涉及的相关实验均基于此 Stanford Image - paragraph 数据集,并对训练集、验证集和测试集采用上述标准划分方法。

Image ID: 4775
Annotation: A meal for two is served on a white table with rose colored table linens. The plates are white and the silverware is white handled with silver tips. The arrangement is done in a traditional mealtime setting. The food served on the plates is a loaf style meat, rice or grain, and julienne style yellow, red, and green vegetables. Red wine is served in 2 wine glasses. In addition, there are 3 small clear glass bowls of chocolate covered cherries off to the side.

图 3.10　Stanford Image - paragraph 数据集实例

3.1.6　评价指标

针对图像描述生成质量的标准评价指标包括：双语互译质量评估指标（Bilingual Evaluation Understudy，BLEU）、具有显式排序的翻译评估指标（Metric for Evaluation of Translation with Explicit Ordering，METEOR）、基于最长公共子序列且以召回率为导向的要点评价指标（Recall - Oriented Understudy for Gisting Evaluation based on Longest Common Subsequence，ROUGE_ L）和基于一致性的图像描述评价（Consensus - based Image Description Evaluation，CIDEr），下面将详细介绍这 4 种通用评价指标。

3.1.6.1　BLEU

2002 年，为了评估机器翻译任务中模型生成译文与真实译文的匹配程度，IBM 提出双语互译质量评估指标（BLEU）。BLEU 通过计算模型生成译文与真实译文在 n 元组层面的共现来衡量二者之间的相似度，n 元组表示句子中 n 个连续出现的单词，如一元组（Unigram）表示单个单词，三元组（Trigram）表示三个单词组成的片段。BLEU 的具体计算方法如下，首先计算匹配精度：

$$C_{\mathrm{CP}_n}(C,S)=\frac{\sum_i\sum_k \min\left(h_k(c_i),\max\limits_{j\in m}h_k(s_{ij})\right)}{\sum_i\sum_k h_k(c_i)} \tag{3.13}$$

式中：i 表示待翻译的句子；c_i 表示模型生成的译文；C 表示生成译文集合，$S_i=\{s_{i1},s_{i2},\cdots,s_{im}\}$ 表示对应的一系列参考真实译文；S 表示真实参考译文集合，设

w_k 表示第 k 组可能出现的 n 元组;$h_k(c_i)$ 表示 w_k 在模型生成译文中的出现频次;$h_k(s_{ij})$ 表示 w_k 在参考真实译文中出现的频次。$C_{\mathrm{CP}_n}(C,S)$ 对于较短的句子会给出较高的得分,因此引入一个对短句的惩罚因子:

$$b(C,S)=\begin{cases}1, & l_c>l_s\\ e^{1-\frac{l_s}{l_c}}, & \text{其它}\end{cases} \tag{3.14}$$

式中:l_c、l_s 分别表示模型生成句子 c_i 和参考真实译文 s_{ij} 的有效长度,若一个生成译文与多个参考真实译文相对应,则其有效长度取参考真实译文中最接近的那一个句子的长度。最终,BLEU 分数为所有 n 元组匹配精度的加权平均值:

$$B_{\mathrm{BLEU}_N}(C,S)=b(C,S)\exp\left(\sum_{n=1}^{N}\omega_n\log C_{\mathrm{CP}_N}(C,S)\right) \tag{3.15}$$

式中:N 一般取 $N=1,2,3,4$,对应 BLEU-1、BLEU-2、BLEU-3 和 BLEU-4,权重 $\omega_n=\frac{1}{N}$,$B_{\mathrm{BLEU}_N}(C,S)$ 的取值范围为[0,1]。通常,当 N 取较小值时,即只考虑单个单词或较短的短语片段,模型生成译文与参考真实译文间 n 元组会有更高的几率重合,BLEU 的最终得分会较高;但随着 N 值的增大,考虑的短语片段加长,对应 n 元组重合的几率会降低,BLEU 的最终得分也会随之降低,即 BLEU-1、BLEU-2、BLEU-3 和 BLEU-4 是递减的。

虽然 BLEU 是专为双语机器翻译任务设计的评价指标,但由于语言生成模型的评估存在相似性,BLEU 也在其他领域如文本摘要、图像描述生成、对话系统等得到广泛的使用。

3.1.6.2 METEOR

为解决 BLEU 中仅考虑 n 元组匹配精度带来的潜在问题,Lavie 等提出了一种评估机器翻译任务生成译文质量的评价指标 METEOR(下面用 M 表示该指标)。METEOR 对于模型生成译文与参考真实译文进行逐词匹配,计算二者之间的单字准确率与召回率的调和平均值。其计算公式如下:

$$M=(1-P)F_{\text{mean}} \tag{3.16}$$

式中:惩罚系数 P 为

$$P=\gamma\left(\frac{c_h}{m}\right)^{\theta} \tag{3.17}$$

单精度加权调和平均 F 为

$$F_{\text{mean}} = \frac{P_m R_m}{\alpha P_m + (1-\alpha) R_m} \tag{3.18}$$

式中:α、γ、θ 为给定参数;m 为模型生成译文与参考真实译文在单个单词的重合频次;c_h 为两者中连续且同序的片段个数。计算 m 和 c_h 之前需要给出 WordNet 同义词库的校准后再计算;

P_m、R_m 分别为模型生成译文中连续词序列与参考真实译文的准确率(重合率)和召回率,即

$$P_m = \frac{|m|}{\sum_k h_k(c_i)} \tag{3.19}$$

$$R_m = \frac{|m|}{\sum_k h_k(s_{ij})} \tag{3.20}$$

如表3.1所列,单字召回率的引入使得 METEOR 与人类的评估结果具有更高的关联程度,同时 WordNet 的引入也使得 METEOR 具有同义词匹配功能。起源于机器翻译领域的 METEOR 同样在图像描述生成等其他语言生成领域得到广泛的应用。

表3.1　与人类评估结果的相关性

评价标准	与人类评估结果的相关性
BLEU	0.817
Precision	0.752
Recall	0.941
F1	0.948
Fmean	0.952
METEOR	0.964

3.1.6.3　ROUGE

Lin 等在2004年提出一种自动文本摘要质量评价指标 ROUGE(Recall - Oriented Understudy for Gisting Evaluation)。ROUGE 的基本思想是根据模型生成摘要与参考真实摘要二者间重合的 n 元组个数来衡量生成摘要的质量。所提的通用评价指标包括 ROUGE - N、ROUGE - L、ROUGE - S 和 ROUGE - W 四种。在图像描述生成领域得到广泛使用的是 ROUGE - L 指标,故下文将详细介绍 ROUGE - L。

ROUGE - L 的基本思想是通过计算最长公共子序列(Longest Common Subsequence,LCS)的准确率和召回率来评估待评价生成摘要与参考真实摘要二者间的相似度,按照关注层级不同可分为两类,即基于句子层级的最长公共子序列

和基于摘要层级的最长公共子序列。

基于句子层级的 LCS 的计算公式如下:

$$
\begin{cases}
R_{\text{LCS}} = \dfrac{L_{\text{LCS}}(X,Y)}{m} & (3.21) \\
P_{\text{LCS}} = \dfrac{L_{\text{LCS}}(X,Y)}{n} & (3.22) \\
F_{\text{LCS}} = \dfrac{(1+\beta^2)R_{\text{LCS}}P_{\text{LCS}}}{R_{\text{LCS}}+\beta^2 P_{\text{LCS}}} & (3.23)
\end{cases}
$$

其中:X 表示参考真实摘要集,其长度为 m;Y 表示待评估生成摘要,其长度为 n;F_{LCS}表示参考真实摘要与待评估生成摘要之间的相似程度;R_{LCS}表示召回率;P_{LCS}表示精确率;β 为常系数,通常趋向于∞,故基于句子层级 LCS 的 F_{LCS}主要考虑 R_{LCS}。

在句子层级 LCS 的定义基础上,基于摘要层级的 LCS 计算公式如下:

$$
\begin{cases}
R_{\text{LCS}} = \dfrac{\sum_{i=1}^{u} L_{\text{LCS}}(r_i,c)}{m} & (3.24) \\
P_{\text{LCS}} = \dfrac{\sum_{i=1}^{u} L_{\text{LCS}}(r_i,c)}{n} & (3.25) \\
F_{\text{LCS}} = \dfrac{(1+\beta^2)R_{\text{LCS}}P_{\text{LCS}}}{R_{\text{LCS}}+\beta^2 P_{\text{LCS}}} & (3.26)
\end{cases}
$$

其中:假设参考真实摘要集合 S 由 u 个句子和 m 个单词组成;r_i 表示其中的一个句子;c 表示待评估生成摘要集,其由 v 个句子和 n 个单词组成;$L_{\text{LCS}}(r_i,c)$表示参考真实摘要集中的各个句子与待评估生成摘要集中句子整体的最长公共子序列。即基于摘要层级的 LCS 是对参考真实摘要集中的每个句子与待评估生成摘要集中所有句子构成的整体做对比,计算它们最长公共子序列的并集,依此来评估二者之间的相似程度。

由上述公式可见,ROUGE－L 评价指标不是考虑连续的 n 元组,而是只需要单词出现的顺序匹配,与是否构成连续片段无关,由于 ROUGE－L 可对最长公共子序列进行自动匹配,这就避免了其他方法对 n 元组长度的硬性预定义。然而,ROUGE－L 的计算过程仅考虑最长的公共子序列而选择性的忽略其他备选公共子序列及较短的公共子序列,通常只适用于较短文本摘要的评估。

3.1.6.4　CIDEr

针对图像描述生成任务，Vedantam 等在 2015 年提出了一种基于人类共识的评价方法 CIDEr(Consensus - based Image Description Evaluation)，其主要思想是引入 TF - IDF(Term Frequency - Inverse Document Frequency，词频—逆文件频率)作为待评价句子中所有 n 元组的权重来表示模型生成描述与参考真实描述之间的一致性。图像描述生成模型的 TF - IDF 计算公式如下：

$$g_k(s_{ij}) = \frac{h_k(s_{ij})}{\sum_{\omega_k \in \Omega} h_i(s_{ij})} \log\left[\frac{|I|}{\sum_{I_p \in I} \min(1, \sum_q h_k(s_{pq}))}\right] \tag{3.27}$$

式中：I 表示所用数据集中所有图像；$|I|$表示数据集中图像总数；Ω 表示所有 n 元组组成的词表；ω_k 表示第 k 个 n 元组；s_{ij}表示数据集 I 中第 i 张图像对应的第 j 个句子；$h_k(s_{ij})$表示 ω_k 在句子 s_{ij}中出现的次数，故等式右边的第一项为 TF 项，表示 n 元组 ω_k 出现的频率；第二项为 IDF，分母为统计 n 元组 ω_k 在数据集中的多少图像对应的描述中出现过，整体为逆文档频率，表征 n 元组 ω_k 的稀疏程度。因此，对于一个 n 元组，如果其在某张特定的图像对应的描述中出现次数多，则其出现频次即 TF 项的值会较大，若同时该 n 元组并未在其他图像对应的描述中出现多次，则其 IDF 项也会较大，即该 n 元组对此图像意义重大且较为稀缺，可能包含该图像中关键内容，其 TF - IDF 权重较大；但是，如果该 n 元组虽然在此图像对应的描述中出现过多次，TF 值较大，但同样也在其他图像对应的描述中出现，说明此 n 元组不具备特殊性，可能是对特定图像内容影响不大的通用词，此时其 IDF 部分会较小，相当于对这种通用性做出惩罚，同时 TF 项与 IDF 的乘积也会较小，最终权重较小，符合人类共识。

在完成对模型生成描述与参考真实描述所有 n 元组 TF - IDF 权重计算之后，CIDEr 得分为平均余弦相似度：

$$C_{\mathrm{CIDEr}_n}(c_i, s_i) = \frac{1}{m}\sum_j \frac{g^n(c_i) g^n(s_{ij})}{g^n(c_i) g^n(s_{ij})} \tag{3.28}$$

式中：c_i 表示模型生成的描述；$g^n(c_i)$表示模型生成描述中所有 n 元组的 TF - IDF权重值；s_{ij}为参考真实描述；$g^n(s_{ij})$为参考真实描述中所有 n 元组的 TF - IDF权重值；$\alpha_n = \frac{1}{N}$，N 一般取为 4。将计算得到的不同长度的 n 元组对应的 CIDEr_n 得分加权求和可得最终待评价描述的 CIDEr 得分：

$$C_{\mathrm{CIDEr}}(c_i, S_i) = \sum_{n=1}^{N} \alpha_n C_{\mathrm{CIDEr}_n}(c_i, S_i) \tag{3.29}$$

作为专为图像描述任务设计的评价指标,CIDEr 有着与从其他领域借鉴而来的指标所不同的优势。实验证明,相比于其他评价指标,CIDEr 中 TF - IDF 的引入使得其具有更好的捕捉人类评价共识的能力。

3.1.7 实验结果与分析

3.1.7.1 实验平台及参数设置

本节所对应的基于单词级别训练策略的图像段落描述生成模型的编码器、解码器框架、重复性惩罚机制和训练策略如前所述。实验平台详细信息如下:使用 Ubuntu 16.04 操作系统,Intel Xeon E5 - 2650 v4 CPU,NVIDIA TITAN Xp 12 GB 显存显卡,代码使用 python 2.0 版本,基于 PyTorch 0.4 深度学习框架,使用 CUDA 8.0 版和 CUDNN 5.0 版。

模型所使用的超参数设置如下:编码器部分的参数选取基本遵循 Faster R - CNN原始论文中所述,对候选框的 IoU(Intersection over Union)抑制阈值为 0.7,物体种类分类抑制阈值为 0.3;为选择显著的图像区域,设置类型检测信度阈值为 0.2;允许单张图像的检测框总数量 k 根据图像复杂度动态变化,变化范围为从 10 ~ 100;空间最大池化后每个物体所对应的特征向量维数固定为 2048 维。对于解码器部分,两个 LSTM 层即 Attention LSTM 和 Language LSTM 的隐藏层维数均固定为 512。单词级的交叉熵损失训练策略使用 Adam 优化器,学习率设置为 5e - 5,batch size 设置为 10,共训练 30 个 epoch。

3.1.7.2 实验结果分析

所涉及的实验共有两个对照组,第一个对照组的控制变量为是否使用元组惩罚策略;第二个对照组的控制变量为元组惩罚策略的超参数 λ,表示模型对重复元组的抑制程度。涉及的基线模型具体设计如下。

(1) XE:模型使用上述编码器和解码器,训练过程使用单词级别的交叉熵损失,在训练和评价过程均不使用元组惩罚策略;

(2) XE (penalty 2):模型架构及训练策略如 XE 模型,但在训练和评价过程均使用元组惩罚策略,且超参数 λ 设置为 2;

(3) XE (penalty 1):元组惩罚策略超参数 λ 设置为 1,其余设置与 XE (penalty $\lambda = 2$)相同;

(4) XE (penalty 5):元组惩罚策略超参数 λ 设置为 5,其余设置与 XE (penalty $\lambda = 2$)相同。

各基线模型在通用数据集 Stanford Image - paragraph 数据集的通用划分下训练,使用 BLEU 1 - 4 /METEOR /ROUGE_L /CIDEr 7 个通用自动评价指标评估,定量评估结果如表 3.2 所列。

表 3.2　定量评估结果

模型	CIDEr	BLEU - 1	BLEU - 2	BLEU - 3	BLEU - 4	METEOR	ROUGE_L
XE	11.05	29.72	16.79	10.01	6.02	12.61	26.82
XE (penalty 2)	**21.11**	**34.75**	**21.7**	**13.55**	**8.28**	**14.97**	**29.98**
XE (penalty 1)	18.87	31.23	18.89	12.43	7.48	13.75	27.64
XE (penalty 5)	20.92	33.47	20.99	13.46	8.18	14.86	29.41

第一个实验对照组对应的基线模型为 XE 与 XE (penalty 2),分析表 3.2 对应的实验数据可知,在加入元组惩罚策略之后,图像描述生成模型的所有 7 项通用自动评价指标均有一定幅度的提高,特别是 CIDEr 指标经历了从 11.05 到 21.11 的大幅提升,充分展现了元组惩罚策略的有效性;第二个对照组对应的基线模型为 XE (penalty 2)、XE (penalty 1)和 XE (penalty 5),分析其实验数据可以看到,随着对重复元组的惩罚力度增加,7 项通用自动评价指标的结果呈先上升后下降趋势,这说明过弱或过强的元组惩罚策略对于模型的段落生成能力均有不利影响,当惩罚系数过小时,实验结果基本等同于 XE 模型,元组惩罚策略所起到的作用基本可以忽略不计;当惩罚系数过大时,模型将倾向于不允许任何重复元组出现,对重复元组完全抑制,同样不符合人类描述中对特定关键元组重复提及的特点,对模型的段落描述能力产生不利影响。多组实验证明,当惩罚系数取 2 时模型可以获得最优结果。

表 3.3 列举了 XE 模型和 XE (penalty 2)模型在测试数据集上生成段落的实例。XE 模型对前两张图像生成的描述反映了在未使用元组惩罚策略时 XE 模型存在的普遍问题,即生成的句子完全重复,严重影响段落的多样性和可读性,元组惩罚策略的引入在一定程度上缓解了这一问题。然而,观察 XE (penalty 2)模型对 3 张图像生成的描述,可以看到虽然句子极少再有完全重复的现象,但一些句子与其他句子相比仅改变了个别词,或是某长句子中的一部分,整体句意重复问题仍然存在,故单纯引入元组惩罚策略并不能解决段落语句多样性问题。

表 3.3　定性实验结果

图像编号:“2408455” 	A truck is parked on the road. The truck is white and has a white license. The truck is parked on the side of the road. The truck is parked on the road. The truck is parked on the road. The truck is parked on the road. The truck is parked on the road.	A truck is parked on the road. The truck is white and has a white license. The truck has a large white truck. The truck is a white truck. There is a large building behind the truck.

续表

图像编号:"2377151" 	A man is wearing a black jacket. The man is wearing a black jacket. The man is wearing a black jacket. The man is wearing a black tie. The man is wearing a black tie. The man is wearing a black tie.	A man is wearing a black jacket. The man is holding a black tie. The man has a black shirt on. The tie is black. The shirt is black and white. The person is wearing a tie. The jacket is black. The man is wearing a white shirt. The tie has a white design on it. The wall is made of wood.
图像编号:"2401487" 	A woman is sitting at a table. She is wearing a white shirt and a black shirt. She is holding a white plate with food on it. There is a white plate on the table .	A woman is sitting at a table. She is wearing a white shirt and a black shirt. She is holding a white plate with food on it. There is a white bowl on the table.

3.1.7.3 单词级交叉熵损失的缺点

模型的训练策略使用经典的单词级别的交叉熵损失,由于其本质是计算每个单词与对应参考单词的差异,训练目的是尽可能地降低单词级别的差异,将不可避免地导致以下两个问题,即损失-指标不匹配问题和曝光偏差问题。损失-指标不匹配问题是指模型在训练时使用交叉熵损失尝试最大化正确单词的概率,但在模型评估时使用 CIDEr 等的自动评价指标,即由于自动评价指标不可微,不能直接用于梯度下降而造成的训练目标与评估指标不一致的问题,这在一定程度上削弱了模型的训练效果。曝光偏差是指模型的解码器部分在训练时遵循"教师引导"(Teacher Forcing)的机制,即每一个时间步的输入为参考真实段落在上一个时间步对应的单词而不是模型在上一个时间步生成的单词,但在测试过程中,由于没有参考真实段落,模型在每个时间步的输入只能为上一时间步生成的单词,前一时间步的错误将累积到后续所有时间步,导致连锁的灾难性后果。除此之外,单词级训练策略也很难将考虑整个句子与段落全局的多样性与连贯性融入模型训练过程。

3.2 节基于强化学习的序列级训练策略就是为解决上述单词级交叉熵训练策略的3个缺点而引入的。

3.2　基于序列级训练策略的图像段落描述生成模型

由于单词级交叉熵损失存在损失 - 指标不匹配、曝光偏差且段落多样性问题尚未得到根本解决,这里引入基于强化学习的序列级训练策略,可从原理上解决交叉熵损失存在的两个问题。同时,提出了针对更受人类关注的文本质量评价标准:多样性和连贯性的建模方法,引入真实段落中的单词级权重和元组级分布,使得建模方式更贴近人类共识,根据建模方式设计了二者所对应的奖励并融入模型的训练过程。

3.2.1　基于强化学习的序列级训练策略

3.2.1.1　强化学习的基本思想

人类的学习行为是在实践过程中学习的,如幼儿在学习走路时,如果因姿势不对摔倒了,大脑会给予一个负面的信号来避免这种不对的走路姿势,然后幼儿从摔倒的状态爬起来,如果成功地走了一步,大脑会给予一个正面的信号来帮助记忆这是正确的走路姿势。强化学习的学习思路与人类似,是一个不断尝试 - 反馈的过程。在强化学习中涉及 6 个基本要素,即智能体(Agent)、策略(Policy)、环境(Environment)、状态(State)、动作(Action)和奖励(Reward),整体学习过程如图 3.11 所示。

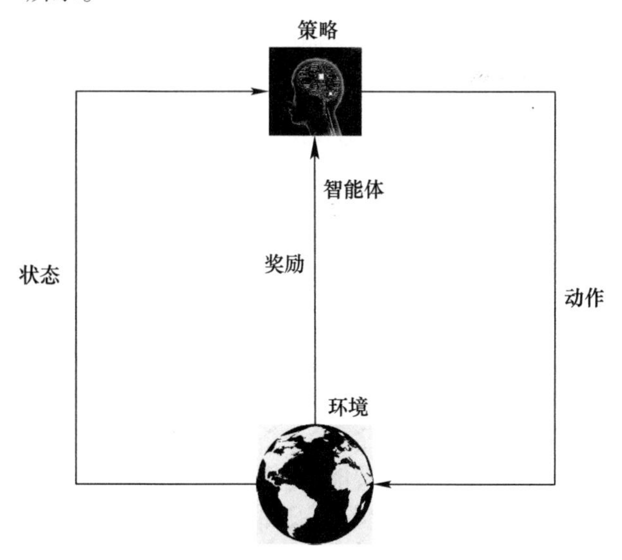

图 3.11　强化学习的学习过程

图3.11中的智能体代表待训练的模型，在t时刻，智能体可在策略π下做出一个合适的动作A_t，这一动作将作用于环境，它在当前时刻有自己的状态S_t，当智能体做出动作A_t时，环境的状态改变为S_{t+1}，同时环境会给予智能体的动作A_t一个即时奖励值R_t；接下来，智能体根据得到的奖励R_t和环境的新状态S_{t+1}做出决策决定下一个合适的动作A_{t+1}，然后环境状态再次更新并根据新动作给出新的奖励，以此循环。强化学习的思想背后是马尔可夫决策过程(Markov Decision Process，MDP)，其本质是学习行为策略π，即从环境状态S到动作A的映射，可记为$\pi: S \to A$。过去的某一时刻距离当前时刻越远，对当前时刻的影响程度就应越小，故积累奖励函数为

$$G_t = \sum_{t'=t}^{T} \gamma^{t'-t} R_{t'} \tag{3.30}$$

式中：γ为衰减因子，$\gamma \in (0,1]$。状态价值函数$V_\pi(S_t)$定义为行为策略π在状态S_t下积累奖励函数的期望，用以衡量状态S_t的优劣：

$$V_\pi(S_t) = E_\pi[G_t \mid S_t] = \mathrm{E}_\pi\left[\sum_{t'=t}^{T} \gamma^{t'-t} R_{t'} \mid S_t\right] \tag{3.31}$$

状态动作价值函数$Q_\pi(S_t, A_t)$定义为行为策略π在状态S_t下智能体选择动作A_t后积累奖励函数的期望，用以衡量动作A_t的优劣：

$$Q_\pi(S_t, A_t) = E_\pi[G_t \mid S_t, A_t] = E_\pi\left[\sum_{t'=t}^{T} \gamma^{t'-t} R_{t'} \mid S_t, A_t\right] \tag{3.32}$$

优势函数$A_\pi(S_t, A_t)$定义为状态动作价值函数$Q_\pi(S_t, A_t)$与状态价值函数$V_\pi(S_t)$的差值，用以削弱状态对于智能体在该状态下采取的动作评判的影响：

$$A_\pi(S_t, A_t) = Q_\pi(S_t, A_t) - V_\pi(S_t) \tag{3.33}$$

强化学习的训练算法可分为两种，即价值迭代算法和策略迭代算法。其中，价值迭代算法为迭代的优化状态价值函数$V_\pi(S_t)$或状态动作价值函数$Q_\pi(S_t, A_t)$，并使其收敛到最大值，之后反向推导出行为策略$\pi: S \to A$。策略迭代算法为迭代的进行策略评估和策略提升操作，直至收敛到最优策略。策略评估操作是评估得到行为策略π下的$V_\pi(S_t)$与$Q_\pi(S_t, A_t)$；策略提升操作是通过当前行为策略π的$V_\pi(S_t)$与$Q_\pi(S_t, A_t)$得到新策略π'，使得$V_{\pi'}(S_t) \geqslant V_\pi(S_t)$，$Q_{\pi'}(S_t, A_t) \geqslant Q_\pi(S_t, A_t)$。

在图像段落描述生成任务中，智能体对应为句子生成模型，环境对应为每个时间步输入模型的图像视觉特征和之前时间步生成单词的词向量，状态为RNN(LSTM/GRU)的细胞状态、隐藏层状态及注意力权重，动作为预测下一个单词，奖励的设计有一定的特殊性，这里采用CIDEr等自动评价指标结合所提出的多

样性与连贯性奖励。由于强化学习方法直接将不可微的评价指标作为奖励，在训练过程不再逐单词计算交叉熵损失，故解决了曝光偏差和损失 - 指标不匹配这两个问题，此外，也实现了将多样性与连贯性的优化引入到训练过程这一目标。这里采用的训练算法为自我批评的序列级训练策略，属于策略迭代算法中的一种，其原理将在 3.2.1.2 节详细介绍。

3.2.1.2　自我批评的序列级训练策略

基于策略梯度算法（Policy Gradient）的自我批评的序列级训练策略（Self - Critical Sequence Training，SCST），训练目标是最小化奖励的负期望：

$$L_{RL}(\theta) = -E_{w_{1:T}\sim p_\theta}[r(w_{1:T})] \tag{3.34}$$

式中：p_θ 表示以 θ 作为模型参数的图像段落描述生成模型；$w_{1:T}$表示模型生成的整个段落；$r(w_{1:T})$表示段落 $w_{1:T}$所获得的奖励。实际上，通常使用 $w_{1:T}$从 p_θ 中单次采样的结果来近似负期望：

$$L_{RL}(\theta) \approx -r(w_{1:T}), w_{1:T} \sim p_\theta \tag{3.35}$$

训练目标对应的期望梯度值可计算如下：

$$\nabla_\theta L_{RL}(\theta) = -E_{w_{1:T}\sim p_\theta}[r(w_{1:T})\nabla_\theta \log(p_\theta(w_{1:T}))] \tag{3.36}$$

同样的，通常使用 $w_{1:T}$从 p_θ 中单次采样的结果来近似表示训练目标对应的期望梯度值：

$$\nabla_\theta L_{RL}(\theta) \approx -r(w_{1:T})\nabla_\theta \log(p_\theta(w_{1:T})) \tag{3.37}$$

如果减去一个基线 b，只要基线 b 与 $w_{1:T}$独立，训练目标对应的期望梯度值将保持不变，故上式可以改为

$$\nabla_\theta L_{RL}(\theta) = -E_{w_{1:T}\sim p_\theta}[(r(w_{1:T}) - b)\nabla_\theta \log(p_\theta(w_{1:T}))] \tag{3.38}$$

不变性可证明如下：

$$\begin{aligned} E_{w_{1:T}\sim p_\theta}[b\,\nabla_\theta \log(p_\theta(w_{1:T}))] &= b\sum_{w_{1:T}} \nabla_\theta p_\theta(w_{1:T}) \\ &= b\,\nabla_\theta \sum_{w_{1:T}} p_\theta(w_{1:T}) \\ &= b\,\nabla_\theta 1 = 0 \end{aligned} \tag{3.39}$$

通过式（3.39）可知，只要基线 b 与 $w_{1:T}$无关，新加入的项将等于 0，故没有对期望梯度值产生任何影响。但是，基线 b 可以显著的减小梯度的方差，使得训练过程更加稳定。同样的，通常使用 $w_{1:T}$从 p_θ 中单次采样的结果来近似表示带基线的训练目标对应的期望梯度值：

$$\nabla_{\theta}L_{RL}(\theta) \approx -(r(w_{1:T})-b)\nabla_{\theta}\log(p_{\theta}(w_{1:T})) \tag{3.40}$$

使用求导的链式法则，可以得到

$$\nabla_{\theta}L_{RL}(\theta) = \sum_{t=1}^{T} \frac{\partial L_{RL}(\theta)}{\partial s_t} \frac{\partial s_t}{\partial \theta} \tag{3.41}$$

式中：$s_t = W_s h_t^2 + b_s$ 为 softmax 层的输入，则最终带基线的训练目标的梯度可以表示为

$$\frac{\partial L_{RL}(\theta)}{\partial s_t} \approx (r(w_{1:T})-b)(p_{\theta}(w_t|h_t)-1_{w_t}) \tag{3.42}$$

自我批评的序列级训练策略被用来决定式(3.42)中的基线 b，其所谓的“自我批评”体现在基线 b 取当前模型在评价状态所用的采样方法，即贪婪解码(Greedy Decoding)，来获取 $\hat{w}_{1:T}$，$\hat{w}_{1:T}$ 表示当前模型在测试阶段所获得的生成段落，使用 $r(\hat{w}_{1:T})$ 作为基线 b：

$$\hat{w}_{1:T} = \underset{w_t}{\operatorname{argmax}}\, p(w_t|h_t) \tag{3.43}$$

$$\frac{\partial L_{RL}(\theta)}{\partial s_t} \approx (r(w_{1:T})-r(\hat{w}_{1:T}))(p_{\theta}(w_t|h_t)-1_{w_t}) \tag{3.44}$$

这里选用贪婪解码的原因是由于其计算简便，仅仅需要一个额外的前向传播即可得到。

使用 $r(\hat{w}_{1:T})$ 作为基线 b 的原因涉及如下两点。

(1) 根据式(3.44)，在模型训练过程中，只有那些获得的奖励比基线高的模型才会得到整体为正的权重，如果把奖励设计为当前模型在模型评估状态下采样获得的段落所得到的奖励，就意味着只有那些在训练状态比测试状态下表现更好的模型才会得到高权重，即表示自我批评的序列级训练策略将强迫当前模型在训练过程中获得比测试过程更好的性能，这将有利于解决上述单词级训练策略存在的损失-指标不匹配问题。

(2) 与行为批评的训练策略(Actor-Critic Sequence Training，ACST)不同，自我批评的序列级训练策略避免了训练另外一个网络获取基线 b，而是直接使用只需要一个额外的前向传播的贪婪解码，大大降低了模型训练的复杂度。

3.2.2 段落多样性与连贯性建模

自我批评的序列级训练策略的关键是设计一个合适的奖励，关于这一问题，之前直接使用 BLEU 或 CIDEr 等标准自动评价指标作为奖励，但是，由上述自动评价指标的定义可知，这些指标主要考虑模型生成段落与参考真实段落在元组

级别的重合程度，并不能直接而全面地反映生成段落的整体质量。模型生成的段落在标准自动评价指标上的得分已经超过了人类产生段落的得分，但模型生成的段落仍然会存在句式、句意多样性差和句间过渡生硬的问题。故从人类对于自然流畅的文本评价的关注点出发，设计两个新的奖励，用以建模更受人类读者关注的文本多样性和连贯性，并通过基于强化学习的自我批评序列级训练策略将其引入模型的训练过程。

3.2.2.1　改进的连贯性奖励设计

对于文本连贯性问题，参考在文本相似性评价任务中的相关方法，我们设计了一个连贯性奖励来衡量生成段落中相邻句子的语义相似性。具体计算步骤如下。

（1）计算生成段落中每个单词的 TF－IDF 权重。由于句子中的每个单词对句子整体意思的贡献程度不同，特别是一些常见的单词，如“there”或“the”对整体句意的贡献很小但却在几乎所有的句子中出现，所以认为句中所有单词权重相同或仅以单词出现的频次代表权重而不考虑其对句意的特殊性是不合理的。TF－IDF 权重的计算方法如下：

$$w_k^t(s_{ij}) = \frac{g_k(s_{ij})}{\sum_{w_l \in \Omega} g_l(s_{ij})} \log\left(\frac{|I|}{\sum_{I_p \in I} \min\left(1, \sum_q g_k(s_{pq})\right)}\right) \tag{3.45}$$

式中：w_k 代表句子中的一个单词；s_{ij}代表在训练集 I 中第 i 张图像对应的参考真实段落中的第 j 个句子；Ω 代表句子中的单词集合；$g_k(s_{ij})$ 代表句子中单词出现的次数。等式右边第一项为单词的出现频率项（TF），句子中某个单词出现的次数越多则频率项就越大；等式右边的第二项为逆文档频率项（IDF），对于几乎所有句子中都会出现的常见单词，log（·）函数中分子的值将约等于分母的值，此项整体将趋近于0（$\log(1)=0$）。

（2）将句子嵌入到语义表示空间，即使用权重和词向量计算段落中每个句子的语义表示向量：

$$\boldsymbol{s}^t(s_{ij}) = \sum_{w_k \in \Omega} w^t{}_k(s_{ij}) \cdot \boldsymbol{e}_k \tag{3.46}$$

式中：$\boldsymbol{e}_k$ 表示单词 w_k 所对应的词向量；$\boldsymbol{s}^t(s_{ij})$ 表示句子 s_{ij}的语义表示向量。

（3）计算段落中相邻句子所对应语义表示向量的余弦相似度，取平均值作为该段落的连贯性奖励：

$$S_{\text{similar}}(s_{ij}, s_{ij+1}) = \frac{\boldsymbol{s}^t(s_{ij}) \cdot \boldsymbol{s}^t(s_{ij+1})}{\|\boldsymbol{s}^t(s_{ij})\| \cdot \|\boldsymbol{s}^t(s_{ij+1})\|} \tag{3.47}$$

$$c_{\text{reward}}(s_{i1:J}) = \frac{1}{J-1}\sum_{j=1}^{J-1} S_{\text{similar}}(s_{ij}, s_{ij+1}) \tag{3.48}$$

式中:J 表示段落中句子的总数;$c_{\text{reward}}(s_{i1:J})$ 为段落 $s_{i1:J}$ 所对应的连贯性奖励。

所提出的连贯性奖励主要着眼于段落中相邻句子之间句义的相似程度,计算过程所需的所有输入向量均可在段落描述生成和模型评价过程中直接获得,不需要额外的计算步骤,计算简单便捷。

3.2.2.2　改进的多样性奖励设计

对于文本多样性问题,受对话系统领域中常用的多样性评价指标(dist -1, dist -2, dist -3, dist -4)的启示,我们设计了一个多样性奖励来衡量生成段落中只出现一次的 n 元组数量。具体计算步骤如下:

$$d_{\text{reward}}(s_{i1:J}) = \sum_{t=1}^{4} \boldsymbol{\lambda}_t \cdot d_t^G(s_{i1:J}) \tag{3.49}$$

式中:$d_t^G(s_{i1:J})$ 代表在段落 $s_{i1:J}$ 中只出现一次的 t 元组数量,t 通常取1、2、3、4,即考虑单词、二元组、三元组和四元组;$\boldsymbol{\lambda}_t$ 代表只出现一次的 t 元组的的权重;上标 G 代表 $s_{i1:J}$ 来源于模型生成的段落,上标 R 表示 $s_{i1:J}$ 来源于数据集中的参考真实段落。为了使模型生成的段落中只出现一次的 n 元组的分布尽可能的与参考真实段落中的分布相同,我们设置权重 $\boldsymbol{\lambda}_t$ 为参考真实段落中只出现一次的 t 元组占其全部 t 元组的比重,即

$$\boldsymbol{\lambda}_t = \frac{d_t^R(s_{i1:J})}{\sum_{l=1}^{4} d_l^R(s_{i1:J})} \tag{3.50}$$

最终,模型在自我批评的序列级训练策略中所使用的奖励 $f_{\text{reward}}(s_{i1:J})$ 是上述所提多样性奖励、连贯性奖励和图像描述生成任务专用的自动评价指标 CIDEr(公式中用 f_{CIDEr} 表示)三者的线性组合:

$$f_{\text{reward}}(s_{i1:J}) = f_{\text{CIDEr}}(s_{i1:J}) + c_{\text{reward}}(s_{i1:J}) + d_{\text{reward}}(s_{i1:J}) \tag{3.51}$$

3.2.3　改进的图像段落描述生成模型

3.2.3.1　模型基本结构

这里所使用的模型的基本框架结构与3.1节中使用的模型相同,即如图3.1所示的基于 Faster R - CNN 的编码器和如图3.9所示的双 LSTM 层的解码器,编码器与解码器之间使用视觉注意力机制。

3.2.3.2　双阶段训练策略

由4.1节的实验结果分析可知,基于交叉熵损失的单词级训练策略主要

着眼于提高模型生成段落单词级别的准确率,但其在原理上存在损失-指标不匹配的问题和曝光偏差问题,其结合元组重复性惩罚策略虽然避免了句子完全重复的问题,但段落语句多样性有限的问题仍然存在;自我批评的序列级训练策略可以有效解决单词级训练策略的损失-指标不匹配和曝光偏差问题,所设计的多样性与连贯性奖励也使得更受人类关注的段落语句多样性和连贯性直接融入训练过程成为可能,但是,自我批评的序列级训练策略本质上是基线模型与当前模型相对抗的过程,这就意味着它需要一个不弱的基线模型,如式(3.44)中所示,假设基线模型过于弱,当前模型只要比基线模型稍好一点就可以得到以一个很高的奖励,这不利于当前模型的训练效果。所以,这里将以上两种训练策略结合起来,取长补短,改进并采用双阶段训练策略,如图3.12所示。

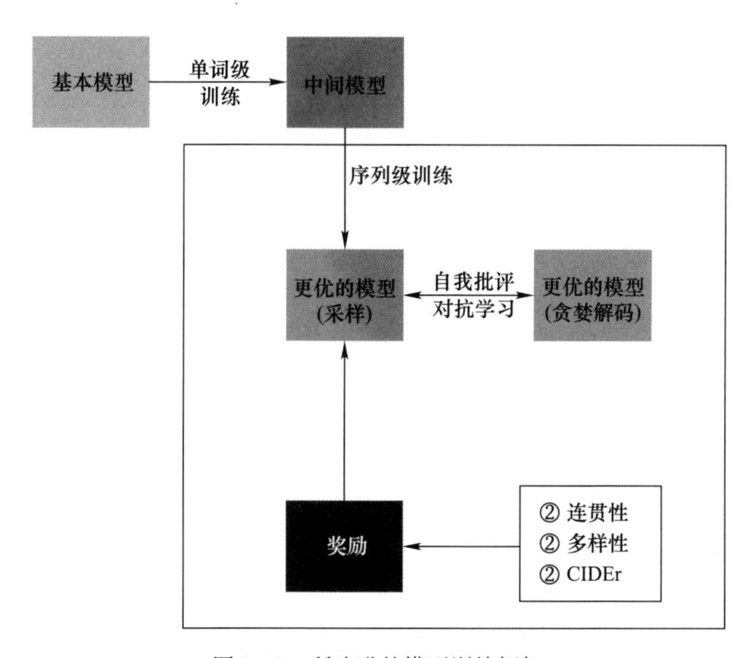

图3.12 所改进的模型训练框架

第一阶段进行基于交叉熵损失的单词级训练,得到一个有能力产生较为准确段落描述的中间模型;第二阶段进行序列级训练,使用第一阶段产生不弱的中间模型作为基线模型,将段落多样性与连贯性融入训练过程。整个训练过程的算法流程如下。

Algorithm 1：双阶段训练算法流程

1 **算法输入：**
来自训练集 I 的第 i 个图像 I_i；图像 I_i 的区域视觉特征 $\{v_1, v_2, \cdots, v_n\}$；参考真实段落 $s^*_{i1:J}$；
2 **算法输出：**模型预测的段落 $S_{i1:J}$；
3 **第一阶段基于交叉熵损失的单词级训练：**
4 初始化参数；
5 **for** $i \leftarrow 1$ ***to*** I **do**
6 将 $s^*_{i1:J}$ 分词，$s^*_{ij} = \{w^*_1, w^*_2, \cdots, w^*_K\}$；
7 获取词嵌入向量 $\{e_1, e_2, \cdots, e_K\}$；
8 **for** $j \leftarrow 1$ ***to*** J **do**
9 **for** $t \leftarrow 1$ ***to*** T **do**
10 Attention LSTM：$h^1_t, c^1_t = LSTM(X^1_t, h^1_{t-1}, c^1_{t-1})$；
11 软注意力机制：$\bar{v}_t = \sum_{i=1}^{n} \alpha_{i,t} v_i$；
12 Language LSTM：$h^2_t, c^2_t = LSTM(X^2_t, h^2_{t-1}, c^2_{t-1})$；
13 元组重复性惩罚；
14 从分布中采样得到单词：$w_t \sim p(w_t \mid w_1, w_2, \cdots, w_{t-1})$；
15 更新模型参数 θ：
16 $\nabla_\theta L_{XE}(\theta) = -\nabla_\theta \log(p_\theta(w^*_{1:T}))$；
17 $\theta \leftarrow \theta + \eta_{XE} \nabla_\theta L_{XE}(\theta)$
18 **第二阶段基于强化学习的序列级训练：**
19 初始化参数；
20 **for** $i \leftarrow 1$ ***to*** I **do**
21 将 $s^*_{i1:J}$ 分词，$s^*_{ij} = \{w^*_1, w^*_2, \cdots, w^*_K\}$；
22 获取词嵌入向量 $\{e_1, e_2, \cdots e_K\}$；
23 **for** $j \leftarrow 1$ ***to*** J **do**
24 **for** $t \leftarrow 1$ ***to*** T **do**
25 Attention LSTM：$h^1_t, c^1_t = LSTM(X^1_t, h^1_{t-1}, c^1_{t-1})$；
26 软注意力机制：$\bar{v}_t = \sum_{i=1}^{n} \alpha_{i,t} v_i$；
27 Language LSTM：$h^2_t, c^2_t = LSTM(X^2_t, h^2_{t-1}, c^2_{t-1})$；
28 元组重复性惩罚；
29 从分布中采样得到单词：$w_t \sim p(w_t \mid w_1, w_2, \cdots, w_{t-1})$；
30 使用贪婪解码得到单词（得到基线 b）：$\hat{w}_t = \operatorname{argmax}_{w_t} p(w_t \mid w_1, w_2, \cdots, w_{t-1})$)
31 计算句子表示 $sent(s_{ij}) = \sum_{w_k \in \Omega} weight_k(s_{ij}) \cdot e_k$；
32 计算连贯性奖励 $coherence\_reward(s_{i1:J}) = \frac{1}{J-1} \sum_{j=1}^{J-1} Sim(s_{ij}, s_{ij+1})$；
33 计算多样性奖励 $diversity\_reward(s_{i1:J}) = \sum_{t=1}^{4} \lambda_t \cdot dist^G_t(s_{i1:J})$；
34 更新模型参数 θ'：
35 $\nabla_{\theta'} L_{RL}(\theta') \approx -(r(w_{1:T}) - r(\hat{w}_{1:T}) \nabla_{\theta'} \log(p_{\theta'}(w_{1:T}))$；
36 $\theta' \leftarrow \theta' + \eta_{RL} \nabla_{\theta'} L_{RL}(\theta')$

3.2.3.3　基线模型

这里涉及的实验平台及参数设置如3.1节中所述。为验证以下三个问题，即验证使用双阶段代替单阶段训练策略的必要性、测试不同自动评价指标作为奖励对实验结果的影响和探索所提出的多样性与连贯性奖励对模型生成产生的影响及证明其有效性，本节分别设置了三个实验对照组，其涉及的6个基线模型的具体情况如表3.4所列。

表3.4　基线模型设置

基线模型	单词级训练	序列级训练	元组惩罚	奖励
XE	√			
XE(penalty)	√			
XE + RL(CIDEr)	√	√		CIDEr
XE(penalty) + RL(CIDEr)	√	√		CIDEr
XE(penalty) + RL(CIDEr + BLEU)	√	√		CIDEr + BLEU_4
XE(penalty) + RL(CIDEr + c&d)	√	√		CIDEr + coh + div

(1) XE：模型仅使用单阶段基于交叉熵损失的单阶段单词级训练策略，训练30个epoch，不使用元组惩罚策略；

(2) XE(penalty)：模型与XE模型相同使用单阶段训练策略，训练30个epoch，同时使用元组惩罚策略；

(3) XE + RL(CIDEr)：模型使用双阶段训练策略，第一阶段与第二阶段训练策略分别训练约30个epoch，设置奖励为CIDEr，但不使用元组惩罚策略；

(4) XE(penalty) + RL(CIDEr)：模型使用双阶段训练策略，第一阶段与第二阶段训练策略分别训练约30个epoch，设置奖励为CIDEr，同时使用元组惩罚策略；

(5) XE(penalty) + RL(CIDEr + BLEU)：模型使用如XE(penalty) + RL(CIDEr)模型的双阶段训练策略及元组惩罚策略，奖励设置为CIDEr和BLEU_4的和；

(6) XE(penalty) + RL(CIDEr + c&d)：模型使用如XE(penalty) + RL(CIDEr)模型的双阶段训练策略及元组惩罚策略，奖励设置为CIDEr与所提出的多样性与连贯性奖励的和。

3.2.3.4　实验结果与分析

在不同训练策略下的实验结果如表3.5所列，对比基本的XE模型，当模型同时使用双阶段训练策略(奖励设为CIDEr)和元组重复性惩罚策略时，我们可以看到，在所有自动评价指标上模型得分均有显著提升，特别是CIDEr得分近乎翻倍,从 11.05 提升至 24.77。对比 XE 模型和 XE(penalty)模型,我们也能看到一个较好的提升。但是,当单纯的使用双阶段训练策略而未将元组重复性惩罚策略引入模型时,CIDEr 仅能得到一个很小的提升,同时其他自动评价指标将不升反降,这种现象证明了上节提到的“自我批评的序列级训练策略仅在基线模型不弱时有效”,未使用元组重复性惩罚的模型由于生成的段落中句子完全重复现象明显,给后续使用序列级训练策略提升模型效果带来困难。另外,由于 XE(penalty)模型在结合双阶段训练策略后在所有评价指标得分上均有明显提升,特别是 BLEU-1得分从 34.75 提升到 43.17,证明了双阶段训练策略的必要性。

表 3.5　不同训练策略下的实验结果

模型设置	CIDEr	BLEU_1	BLEU_2	BLEU_3	BLEU_4	METEOR	ROUGE
XE	11.05	29.72	16.79	10.01	6.02	12.61	26.82
XE(penalty)	21.11	34.75	21.70	13.55	8.28	14.97	29.98
XE + RL(CIDEr)	13.77	21.30	11.66	6.89	4.13	12.59	24.36
XE(penalty) + RL(CIDEr)	**24.77**	**43.17**	**27.36**	**17.28**	**10.59**	**17.10**	**31.32**

当奖励取不同组合时的实验结果如表 3.6 所列,不同于 BLEU/METEOR/ROUGE_L 等起源于机器翻译和文本摘要领域的自动评价指标,图像描述生成系统的特有评价指标 CIDEr 不仅关注 n 元组级别的重合程度且融入人类共识,故选择 XE(penalty) + RL(CIDEr)模型作为本组实验的基线模型。从表中的实验结果可以看到,对比于 XE(penalty) + RL(CIDEr)模型,当奖励中加入同等权重的 BLEU_4 分数之后,模型 XE(penalty) + RL(CIDEr + BLEU)所有自动评价指标的得分均下降,这种现象可能是由 BLEU 与 CIDEr 的内在冲突造成的。由于 BLEU_4 仅关注生成段落与参考段落中重合的四元组占全部四元组的比重,所以倾向于给那些单句长度短但句子数量多的段落更高的得分,然而,CIDEr 对句子长度设置了惩罚项,即对过短的句子给予惩罚,给出很低的得分。这种实验现象证明了 CIDEr 指标相比于其他指标在评价图像段落描述生成模型中的优势。另外,当奖励中加入所提出的多样性和连贯性奖励后,所有自动评价指标的得分显著提高,特别是 CIDEr 从 24.77 提升到 31.35,证明了我们所提出的多样性和连贯性奖励的有效性。

表 3.6　奖励取不同组合时的实验结果

模型设置	CIDEr	BLEU1	BLEU2	BLEU3	BLEU4	METEOR	ROUGE
XE(penalty) + RL(CIDEr)	24.77	43.17	27.36	17.28	10.59	17.10	31.32
XE(penalty) + RL(CIDEr + BLEU)	22.68	39.36	25.01	15.78	9.70	16.08	31.17
XE(penalty) + RL(CIDEr + c&d)	**31.35**	**43.91**	**27.64**	**17.48**	**10.73**	**17.72**	**31.60**

表 3.7 展示了所提模型与其他现有模型的结果对比。实验结果显示所提模型在 4 个自动评价指标得分上超越了当前的最优模型。

表 3.7　所提模型与现有模型的实验结果对比

模型设置	CIDEr	BLEU_1	BLEU_2	BLEU_3	BLEU_4	METEOR
Krause2017	13.52	41.90	24.11	14.23	8.69	15.95
Liang2017	16.87	41.99	24.86	14.89	9.03	17.12
Melas2018	30.63	43.54	27.44	17.33	10.58	17.86
Che2018	14.55	41.74	24.94	14.94	9.34	17.32
Mao2018	20.80	43.10	25.80	14.30	8.40	18.60
Chatterjee2018	20.93	42.38	25.52	15.15	9.43	**18.62**
Wu2019	22.47	43.35	26.73	16.92	**10.99**	17.02
Ours	**31.35**	**43.91**	**27.64**	**17.48**	10.73	17.72

第4章　机器人场所理解

4.1　场所理解概述

人们需要服务机器人更加有意义地推理、规划、实施和完成服务任务，并且需要其使用人类能够理解的概念与人无缝交互，因此，机器人领域研究人员近年广泛地并逐步深入地开展语义层面的研究。当前，这方面研究中一个较为活跃的主题是如何使服务机器人对其活动空间进行语义层感知。在此基础上，人们一直希望机器人可作为助手、侍者走进日常生活，友好地为人类提供服务，因此需要其具有一些高级能力，如情感能力、认知能力、社交能力等，其中机器人对室内抽象场所的认知能力是重要的环节之一，已有越来越多的学者关注研究机器人的场所理解问题。随着现代开放式室内设计理念的流行，一些功能场所逐渐转变为开放或半开放式，对这类场所的认知成为服务机器人面临的新挑战。

“场所”本意为人类从事某种特定活动的处所，英文文献中与之对应的单词为“Place”，其一般描述性定义为：“位于人类活动空间中，由人类思维根据某些线索抽象出的可由符号标签指代且具有一定语义内涵的空间区域”。而“场所理解”问题是指机器人如何将“场所”作为一个完整的语义实体，感知其存在性以及其他多种属性，并保持理解过程和结果与自然人认知行为相容。场所理解研究旨在研究如何使机器人从较高抽象概念层次上理解所处环境，得到有关环境的抽象知识（如场所语义符号、范围标识、功能属性等），进而研究如何为其他任务提供交互、指代、操作对象和上下文知识，为任务规划和执行提供场所语义支持。

从2005年前后开始，国外许多科研院所对场所感知问题开展了多方位研究，相继出现一些大型支持项目，典型的如欧盟第六框架（EU FP6）下的CoSy[94]和COGNIRON[95]以及欧盟第七框架（EU FP7）下的CogX[96]等。目前，该领域研究仍颇为活跃，一些实验室已出现能在小范围内运行的原型系统，研究人员还在不断将新观念、新理论、新方法与领域问题结合，探索终极解决之道。

需要指出的是，目前对“场所”概念的界定及场所感知与理解的研究范畴尚未形成共识,尽管如此,并不影响相关研究的开展,众多研究人员根据自己对问题的理解给出了有价值的研究成果。不同场所感知方法从不同角度研究了场所理解问题,如图4.1所示。按研究侧重点分,相关研究可以分为研究学习机制的方法、研究特征构造的方法、基于人机交互的方法等;按照研究范式分,相关研究可以分为传统机器学习方法、仿认知行为方法、仿认知生理方法等;按照场所感知线索(或称场所语义信息来源类型)划分,相关研究可以分为基于环境布局几何信息的方法、基于环境布局视觉信息的方法、基于用户指导信息的方法等。

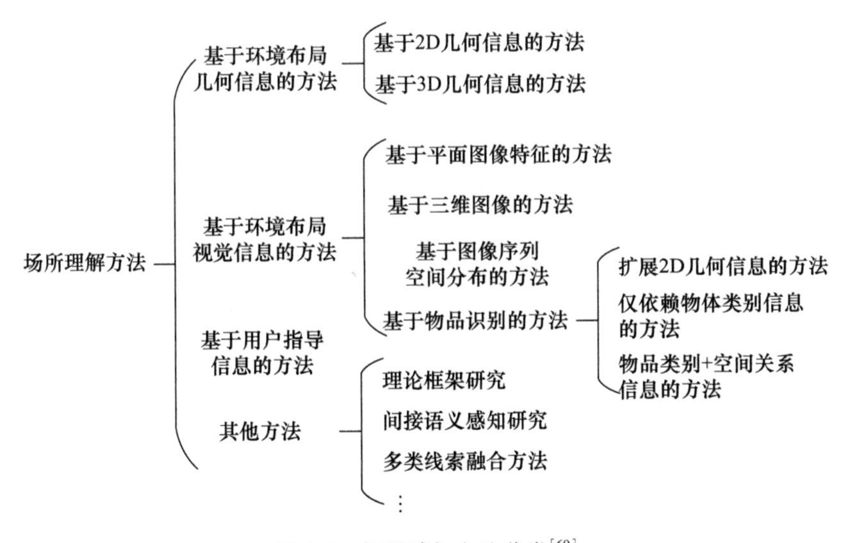

图4.1 场所感知方法分类[69]

根据场所概念的描述性定义可知,其包括如下要素:

(1)场所具有空间属性。人类从事的室内活动总是在一定空间区域中进行,不同场所通常位于不同的空间区域,有时不存在明确物理边界。

(2)场所具有语义属性。自然人选择在某一空间区域内从事特定活动,其活动本身具有一定意义、涉及特定行为和物品,并且所选择的区域还具有某些适于特定活动的特征。这样,承载相应活动的空间区域在人类活动过程中被自觉或不自觉地赋予了多重语义。

(3)场所具有符号属性。为使交流过程便捷,人们会使用词汇标签对复杂的场所实例进行指代和区分。

(4)场所具有抽象属性。场所对象不是一种物理实体,客观环境中通常也不存在显式的场所标识符和界定标志,人们通过某种思维活动来感知它的存在,并将其从环境中抽象出来。

需要指出的是,“场所”概念是人们在生活实践中逐渐形成的,具有一定主观性,不同常识背景的人对具体场所内涵的理解不尽相同。目前研究中,机器人所使用的传感器(与人类感受器覆盖的信息空间不同)和感知方法等存在局限性,导致机器人感知到的实际“场所”不完全符合前述定义而仅具备四大属性中个别属性。例如,有人把场所感知归结为获得场所标签,利用图像手段解决问题,忽略了空间属性。随着研究工作的深入,机器人掌握的“场所”内涵将逼近其真实含义。

场所理解问题不同于场所识别问题(Place Recognition Problem)。场所识别问题通常着眼于处理“事先见过”的场所如何再次被可靠地识别出来,即场所模型的测试数据与训练数据来自同一环境,其研究不需要考虑对类内变化(Intra - classvariation)的健壮性,研究重点也不在于类人地从语义角度对周边环境识别,相关研究有时可以完全脱离语义进行(如简化为底层特征的匹配问题),此类问题可更确切地被称为“地点识别”或“位置识别”问题。而场所感知问题(狭义上,场所分类问题)中场所模型的测试数据来源于预先未知的环境,需在线对这些数据分析以完成对当前空间的语义层感知。事实上,某些场合下,两者之间的界限并非完全清晰,一些技术甚至可以同时胜任场所识别和场所分类问题。

场所理解研究通常不脱离机器人平台进行,所利用的底层信息也来自移动机器人传感器,常见传感器有 RGB - D 传感器、视觉传感器、激光雷达等。将为场所感知提供某种基础支持信息的信源称为“场所语义信源”,简称“语义源”。不同语义源所提供信息类型不同,直接影响感知算法设计和结果内涵。同一传感器可能提供支持场所感知的多种类型信息(如 RGB - D 传感器可以提供图像信息、深度信息、空间点云信息等),即多种语义源可位于同一传感器载体之上,它们可被不同场所感知方法所利用。可见,语义源与传感器并非一一对应。

在文献中被提及的另一术语“场景”(Scene),经常被视为“场所”的同义词。心理学高层场景感知领域曾有学者给出“场景”概念的一种描述性定义:场景是真实环境的一种语义上连贯(通常可被命名)的视图(View),它由以空间合理方式布局的背景元素和多个离散景物组成[98]。信息科学研究实践中一般认为“场景”概念可以描述为环境中各种元素呈现出的景况。比较前述定义,“场所”与“场景”概念并不等同。首先,“场景”在概念范围上更加宽泛,主要包括自然场景、城市场景、室内场景和事件场景等[99]。室内情况下,场景指代的尺度范围较广,只要语义连贯,甚至在任意尺度上均能形成一个场景,如房屋一隅也可形成一个场景,显然不能称之为场所。其次,实践中“场景”概念通常忽略了研究对象的空间属性,因此经常出现在图像识别领域或基于平面图像的机器人环境感知研究中;相应地,“场景识别”研究通常仅关注于语义标签的获得,而不去关注标签所对应的深层语义属性。文献[100]给出“场所”及“场景”的一种形式化定义,较为严格地区分了两者,文中指出“场所”由“场景”及“场景”区域间存在的空间关系定义。值得注意的是,近年逐渐流行的场景理解研究不再满足于仅仅获得整个场景的标签,而是尝试提取蕴含于视图平面中的物体关系、区域标签以及对场景内各种目标的位置及大小进行推测[99]等。这在一定程度上与机器人领域所关注的场所感知研究目标相吻合,不同之处在于机器人领域更加关注在三维空间中对场所概念的把握。需要指出的是,目前对两类概念的界定仍缺乏普遍共识,注意通过上下文语义来区分“室内场景”是否等同于“场所”。

4.2 基于原型的机器人场所理解

基于原型的机器人场所理解的基本思想为:构建描述场所概念的原型模型,其可通过人机交互实现参数化;机器人在探索环境过程中,通过对底层传感器数据的分析获取所需大粒度定性信息,并同已掌握的概念原型相比较,如果相似性达到一定程度,则初步感知出对应的抽象场所概念;根据知识库知识将感知出的场所在内部地图中标示出最确定的区域,完成场所区域感知;若多场所区域间无交叠或少交叠则生成、输出感知出的场所概念,否则取消区域标识、不生成场所概念。基于原型的机器人场所理解系统框架如图4.2所示,其中包含了上述概念感知和区域感知全过程,这里专注于对场所理解核心算法的介绍,算法假设环境物品信息已通过立体视觉传感器可靠获取,这些信息包括物品种类、数量、位姿等。系统通过人机交互接口获取场所原型知识,接口形式直接影响用户交互体验,这里略述。

4.2.1 原型基本知识

原型理论(Prototype Theory)在认知科学中,关于人类记忆系统中概念如何组织的一种理论观点,属于一种分级归类的模式。在这种模式中,在同一个范畴中某些项目会比其他项目更为核心。例如,当我们想到家具这个概念的时候,椅子会比起板凳更经常被提起。“原型”概念最初由Posner和Keele在20世纪70年代提出。现如今,认知心理学中原型理论思想已广泛应用于机器学习、数学心理学等领域。原型理论的基本观点为:

(1)每个范畴(Category,有时称为类别、概念)可以以一个中心表达,即原型所代表;

(2)并不存在某种充要条件来确定范畴成员;

(3)一个范畴的众多实例可根据其典型性进行排序;

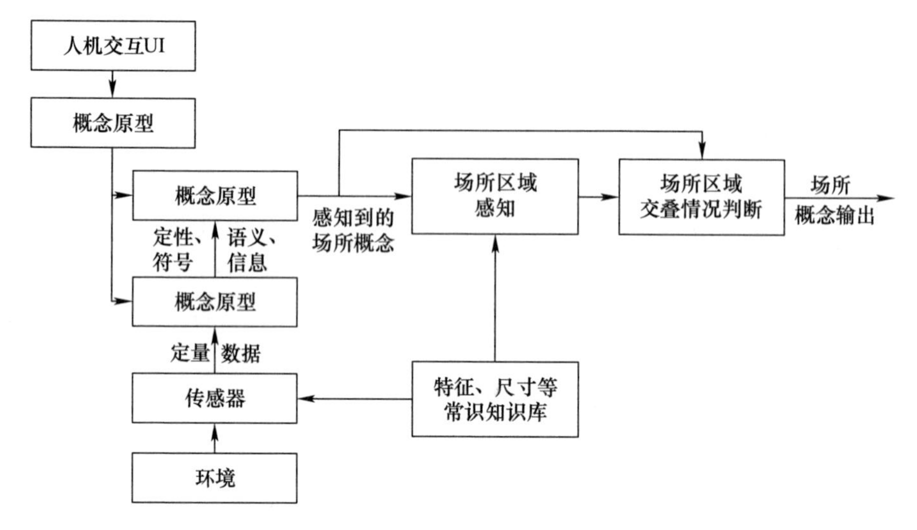

图 4.2　基于原型的机器人场所理解系统框架

（4）一个对象隶属的范畴由其与已知范畴原型的相似性决定。

由上述理论观点可知，基于原型的方法需要解决两个主要问题：①原型模型如何构造（值得注意的是，范畴的原型模型究竟如何确定或如何组成并没有统一、规范的定义或方法）；②如何设计相似性度量。

下面将详细介绍解决场所原型模型构建问题，以及解决感知对象与原型不同部分的相似性度量问题。

4.2.2　场所感知理解算法

场所原型模型主要由两部分组成：场所概念的特征物品描述和物品间空间关系描述。特征物品描述包含某场所概念对应的典型物品的种类、典型数量以及其对场所概念生成的影响权重；物品间空间关系描述采用生活常见关系谓词，如：面对面摆放（…face－to－face…）、什么物品包围什么物品摆放（…round…）等。这种表达方式便于直接从用户获得关于某场所概念的原型描述，而机器人可根据该描述由传感器数据中提取相应定性信息。

以四元组表达某个场所概念的原型：$\langle N_0, F_0, \Omega_0, S_0 \rangle$，其中：

（1）N_0 为场所概念的名称，取值于场所概念域；

（2）F_0 为场所概念的特征物品集合：$F_0 \triangleq \{f_0(x_1), f_0(x_2), \cdots, f_0(x_n)\}$，其中，$n \in \mathbf{Z}^+$，表示场所概念对应的特征物品种数；$x_i$，$(i=1,2,\cdots,n)$ 表示场所概念对应的特征物品，取值于物品域，$f_0(\cdot) \in \mathbf{Z}^+$ 是与场所概念相关的表示某物品数量的函数；

(3) Ω_0 为与集合 F_0 元素一一对应的权重系数集合,表示某物品对生成场所概念 N_0 的影响程度,定义如下:

$$\begin{cases}\Omega_0 \triangleq \{\omega_0(x_1),\omega_0(x_2),\cdots,\omega_0(x_n)\} \\ \omega_0(\cdot) \in (0,1]\end{cases} \tag{4.1}$$

(4) S_0 为描述物品空间关系的谓词集合,本节涉及4种常见关系谓词:round(·,·)、half-round(·,·)、in-front-of(·,·)、face-to-face(·,·)。

上述谓词中两个体变量分别表示主语、宾语物品。"round(·,·)"、"half-round(·,·)"的含义分别为主语物品全包围/半包围宾语物品摆放,场所环境中很多物品摆放情况可归结为这两种关系,区别仅在于包围程度不同,较为常见的有,厨房中,餐具、锅具等通常摆放在灶具周边;客厅中,单人沙发、多人沙发通常半包围茶几摆放;餐厅中,餐椅一般围绕在餐桌四周摆放等。"in-front-of(·,·)"的含义是主语物品摆放在宾语物品之前,如茶几通常摆放在沙发之前等。"face-to-face(·,·)"的含义是两物品在环境中相向、面对面摆放,如电视机和沙发面对面摆放、书桌同椅子相向摆放等。

4.2.2.1　F_0 上的相似性度量函数

在相似性度量函数研究方面,已出现多种模型。著名对比模型的一种规范化形式——比例模型(Ratio Model)如下:

$$s_{\alpha,\beta}(a,b)=\frac{f(A\cap B)}{f(A\cap B)+\alpha f(A-B)+\beta f(B-A)} \tag{4.2}$$

式中:a,b 为两个概念;A、B 分别为两概念对应的属性集;α、β 为非负参数;$f(\cdot)$为反应不同属性重要性的函数,应当根据当前任务和上下文选取,并没有给出其具体构造形式;$\cap$,$-$ 分别为一般的集合交运算和差运算;$A\cap B$ 表示两个概念间的共有属性;$A-B$ 表示相对于 b 概念,能够区分 a 概念的属性,$B-A$ 同理。上述模型通常用于度量可由属性集描述的概念间的相似程度。

由于前文所述的原型中 F_0 不是简单属性集合,其同时包含有物品种类信息和数量信息,因此不能直接套用一般的集合交、差运算,需要重新定义,进而需要改写基于一般集合运算的比例模型,构造新模型,下面给出相关的修改内容及其定义。

定义1(感知集合 F)对于某概念原型,机器人运行过程中感知到的与该原型中 F_0 元素一一对应的物品集合 F 定义为 $F\triangleq\{f(x_1),f(x_2),\cdots,f(x_n)\}$,其中,$n\in\mathbf{Z}^+$;$x_i$,$i=1,2,\cdots,n$,含义同 F_0 种定义;$f(\cdot)\in\mathbf{Z}$ 且 $f(\cdot)\geqslant 0$,表示当前机器人感知到的某物品的数量,称该集合为"感知物品集合",简称"感知集合"。

定义2(F_0 与 F 的"交"运算)

$$F_0\cap F\triangleq\{\oplus(x_i)\mid\oplus(x_i)=\exp\left(-\frac{[f_0(x_i)-f(x_i)]^2}{2[f_0(x_i)]^2}\right) \tag{4.3}$$

式中：当 $f(x_i) \neq 0$ 时；$\oplus(x_i)=0$，当 $f(x_i)=0$ 时；$i=1,2,\cdots,n\}$

该定义的含义是，当机器人感知到环境中有原型中提及的物品时，计算感知集合与 F_0 集合中对应元素的相似程度，元素相似程度以规范化形式表示，因此交运算结果集合以规范形式表示两集合的相交程度。当两者完全相同时，交集为 $\{l_1,l_2,\cdots,l_n\}$，否则交集中各元素值属于 $[0,1)$。

定义 3（F_0 与 F 的"差"运算）

$$F_0 - F \triangleq \{\ominus(x_i) \mid \ominus(x_i) = \exp\left(-\frac{[f_0(x_i)-f(x_i)]^2}{2[f_0(x_i)]^2}\right), \text{当} f(x_i)=0 \text{时}; \ominus(x_i)=0,$$

当 $f(x_i) \neq 0$ 时；$i=1,2,\cdots,n\} \equiv \{\ominus(x_i) \mid \ominus(x_i)=\mathrm{e}^{-\frac{1}{2}}, f(x_i)=0$ 时；$\ominus(x_i)=0, f(x_i)\neq 0$ 时；$i=1,2,\cdots,n\}$

该定义的含义是，当机器人未感知到环境中有原型中提及的物品时，为相应元素项给出差别度量，实际上是对有"质"的差别的元素项给出惩罚系数。上述"交"运算也可看作是对"量"上有差别的元素的相似程度度量。

定义 4（Ω_0 的规范化形式 Ω_{nor0}）$\Omega_{\mathrm{nor0}} \triangleq \{\omega_{\mathrm{nor01}},\omega_{\mathrm{nor02}},\cdots,\omega_{\mathrm{nor0}n}\}$，其中 $\omega_{\mathrm{nor0}i} = \dfrac{\omega_0(x_i)}{\sum \Omega_0}, i=1,2,\cdots,n$。

定义 5（函数 $F(\cdot)$）令集合 $T=\{t_1,t_2,\cdots,t_n\}$，$t_i \in [0,1]$，$i=1,2,\cdots,n$，定义函数

$$F(T) \triangleq \sum_{i=1}^{n}(\omega_{\mathrm{nor0}i} \times t_i)$$

基于上述定义，给出相似性度量函数。

定义 6（相似性度量函数）

$$S_\alpha(F_0,F) \triangleq \frac{F(F_0 \cap F)}{1+\alpha F(F_0 - F)} \tag{4.4}$$

式中：$\alpha \geqslant 0$。

需要指出的是，与原始比例模型相比似乎分母中缺少 $F(F-F_0)$ 相关项，事实上，根据"差"运算定义有 $F-F_0 \equiv \{0,0,\cdots,0\}$，因此其恒为 0，略去。另外，分母中以 1 替换 $A \cap B$ 相关项，是为保证"区分属性"均为 0 时，仍能体现"共有属性"相交程度。

动态阈值确定方法如下。设与 F_0 相关的一族特征物品集合 F_{0k}，$k=1,2,\cdots,n$ 为 $F_{0k}=\{f_0(x_1),f_0(x_2),\cdots,f_0(x_k)+1,\cdots,f_0(x_n)\}$，则动态阈值 $T_{\mathrm{threshold}}$ 为

$$T_{\mathrm{threshold}} = \min_{k=1}^{n} s_\alpha(F_0,F_{0k}) \tag{4.5}$$

相似度大于上式求得阈值时,则认为当前感知环境与某场所概念可能有关,否则认为无关。

4.2.2.2　S_0 中关系谓词评分准则

关于 S_0 中关系谓词评分准则,可以采用基于粗略方向关系矩阵来设计,以此度量与原型中空间关系描述的相似性。原型中给出的空间关系描述对应一定评分接受范围,机器人在真实环境运行过程中,算法对环境物品间空间关系进行评分,当评分落入某空间关系描述谓词的评分接受范围中则认为符合该谓词描述的空间关系。机器人对环境物品间空间关系的评价流程如图 4.3 所示。

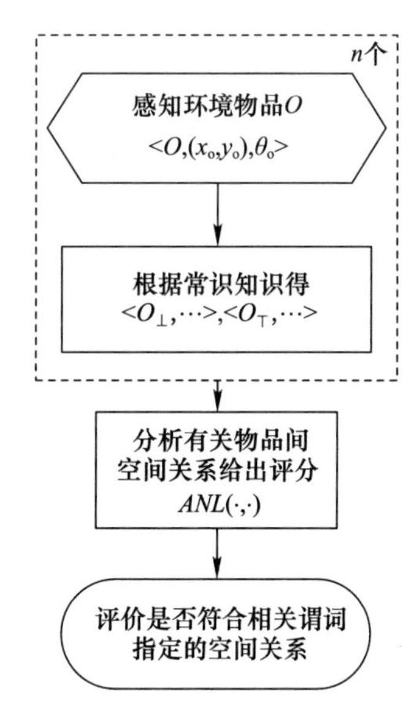

图 4.3　物品空间关系评价流程图

机器人感知到的环境物品 O 以三元组 $<O,(x_o,y_o),\theta_o>$ 表达,其中 (x_o,y_o) 为物品参考点坐标;θ_o 为物品正面法向量(或称朝向)在水平面投影的方向角,均由视觉传感器得到。由于难以直接通过视觉传感器获取环境中物品的真实尺寸,可根据室内家具及陈设物品国家、行业尺寸标准得到 O 的尺寸范围上下限,作为分析空间关系的常识知识。对于感知到的环境物品 O,依照相关标准分别取其上下限尺寸,得到 O 的机器人内部表示:$<O_\top,(x_o,y_o),\theta_o,Size_{o\top}>$, $<O_\perp,(x_o,y_o),\theta_o,Size_{o\perp}>$

其中,$O_\top$,$O_\perp$ 为机器人内部存储的具有确切尺寸信息的物品对象,$Size_o$ 为物品的尺寸描述集。

设 A、B 为机器人内部存储的具有确切尺寸信息的两种物品对象,两者间空间关系评分函数为 $D(B,A)$,B 为主语,A 为宾语,O_1,O_2 为机器人感知到的两种环境物品,$\varepsilon(\cdot)$ 为某种综合函数。综合考虑物品尺寸上下限,物品间空间关系

分析函数 ANL 定义为

$$\mathrm{ANL}(O_1,O_2)\triangleq\varepsilon(D(O_{1\perp},O_{2\perp}),D(O_{1\perp},O_{2\top}),D(O_{1\top},O_{2\perp}),D(O_{1\top},O_{2\top}))\tag{4.6}$$

由 ANL 给出最终评分,这里涉及的空间关系谓词中"round(·,·)"与"half-round(·,·)"、"in-front-of(·,·)"与"face-to-face(·,·)"分别相关。下面各小节,分别对两类空间关系考虑函数 $D(\cdot,\cdot)$ 和 $\varepsilon(\cdot)$ 的算法设计。

1) 对谓词"round(·,·)"与"half-round(·,·)"的评分

首先,对"round(·,·)"与"half-round(·,·)"空间关系,给出函数 $D_{x-\text{round}}(\cdot,\cdot)$ 的算法流程图,如图 4.4 所示。

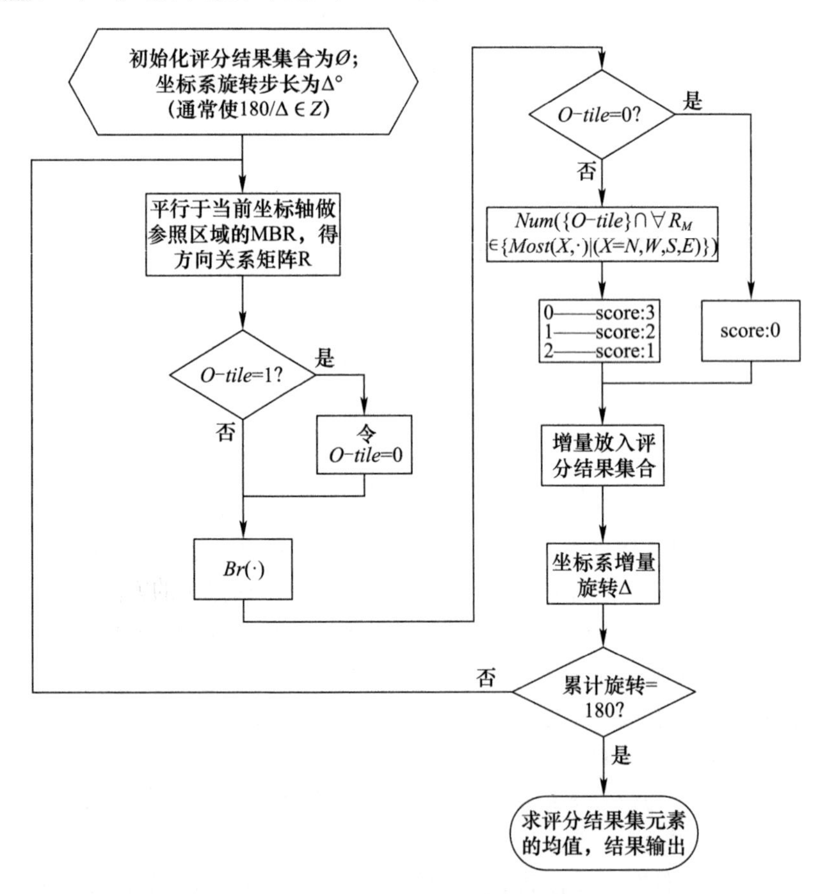

图 4.4 $D_{x-\text{round}}(\cdot,\cdot)$ 算法流程图

需要说明的是，这里采用计算方向关系矩阵 $\boldsymbol{R}$，与一般的 Polygon Clipping Algorithms 相比，该算法快速、计算资源消耗少。当方向关系矩阵的 $O-\text{tile}=1$ 时，目标区域有部分同参照区域的最小外接矩形（Minimum Bounding Rectangle，MBR）重合，$O-\text{tile}$ 不能提供局部包围关系及包围程度信息，且会干扰后续算法的计算结果，因此将该位置零。$Br(\cdot)$ 算子用于求某主方向关系（Cardinal Direction Relation）的边界框关系（Bounding Relation），$Most(X,\cdot)$，$X\in\{O,S,SW,W,NW,N,NE,E,SE\}$ 算子用于求某矩形主方向关系（Rectangular Cardinal Direction Relation）的最 X 方向。另外，这里形式化定义 $\text{Most}(X,\cdot)$ 算子，并给出一种工程计算方法。表达式 $\text{Num}(\{O-\text{tile}\}\cap\forall R_M\in\{\text{Most}(X,\cdot)\mid X\in\{N,W,S,E\}\})$ 的含义是，X 分别取 $\{N,W,S,E\}$ 中方向，经 $\text{Most}(X,\cdot)$ 算子运算得到的4种关系方向；将其构成集合，若有相同关系，则构成集合时只保留一种；最后，经 $\text{Num}(\cdot)$ 算子运算，得到 $\{O-\text{tile}\}$ 与该集合元素相交次数。根据 $\text{Most}(X,\cdot)$ 算子定义和上述 $\text{Num}(\cdot)$ 算子运算过程，容易证明相交次数不超过2。

评分对应的定性示意图如图4.5所示，其中椭圆示意被包围物体，曲线示意周边物体形成区域（$\in REG^*$）的大致走向。评分为3时，为理想的全包围情况；评分为2时，为理想的半包围情况；评分为1时，为理想的1/4包围情况；评分为0时，则与包围关系无关。

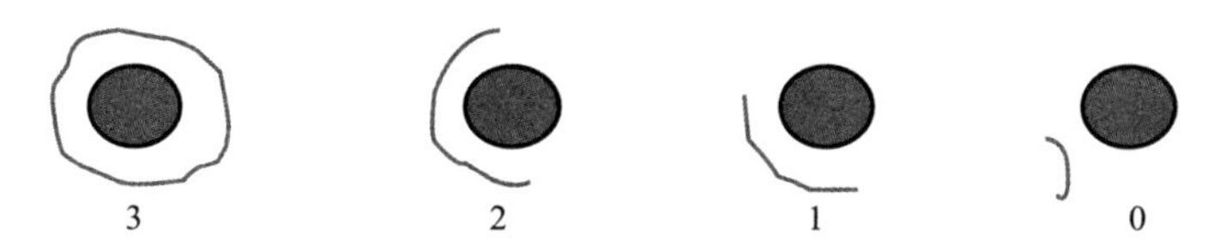

图4.5　评分示意图

由于方向关系矩阵描述与坐标系选择相关，而“round(·,·)”“half-round(·,·)”空间关系考察主语物体包围宾语物体的程度，不应依赖坐标系的选择。因此，对多个不同坐标系下的评分进行综合，作为 $D_{\text{x-round}}(\cdot,\cdot)$ 的评分结果。简单起见，这里可以考虑采用算术平均作为综合方式。

考虑到尺寸上下限，简单起见，$\varepsilon_{\text{x-round}}(\cdot)$ 取算术平均，则有 $ANL_{\text{x-round}}(\cdot,\cdot)$：

$$\begin{aligned}
&ANL_{\text{x-round}}(O_1,O_2)\\
&\quad=\varepsilon_{\text{x-round}}(D_{\text{x-round}}(O_{1\perp},O_{2\perp}),D_{\text{x-round}}(O_{1\perp},O_{2\top}),\\
&\qquad D_{\text{x-round}}(O_{1\top},O_{2\perp}),D_{\text{x-round}}(O_{1\top},O_{2\top}))\\
&\quad=\frac{D_{\text{x-round}}(O_{1\perp},O_{2\perp})}{4}+\frac{D_{\text{x-round}}(O_{1\perp},O_{2\top})}{4}+\\
&\qquad\frac{D_{\text{x-round}}(O_{1\top},O_{2\perp})}{4}+\frac{D_{\text{x-round}}(O_{1\top},O_{2\top})}{4}
\end{aligned}\tag{4.7}$$

谓词“round(· , ·)”“half - round(· , ·)”的区别在于包围程度不同,因此,区分两者仅需要设定不同评分接受范围。值得注意的是,这两种空间关系间并不存在明确界限,因此接受范围允许出现重叠。

2) 对谓词“in - front - of(· , ·)”与“face - to - face(· , ·)”的评分

设 A、B 为机器人内部存储的具有确切尺寸信息的两种物品对象,其中,A 具有正面部分,其正面法向量为 $\boldsymbol{\lambda}$ 且 A 的参照区域(图 4.6)以 $\boldsymbol{\lambda}$ 所制方向为 A 的正北方向,做 A 的 MBR 并形成 9 方向子区域划分,则有,当 A,B 间方向关系矩阵满足 $R(B,A) \in \delta(NW_A, N_A, NE_A)$ 时,对应 $D_{\text{in-front-of}}(B,A)$ 评分为 1,其中,$\delta(\cdot)$ 表示括号中方向关系的所有可能可实现组合。考虑尺寸上下限,简单起见,函数 $\varepsilon_{\text{in-front-of}}(\cdot)$ 取算术平均。

如图 4.6 所示,若 in - front - of(A,B) 和 in - front - of(B,A) 同时成立,则 face - to - face(A,B) 关系成立。

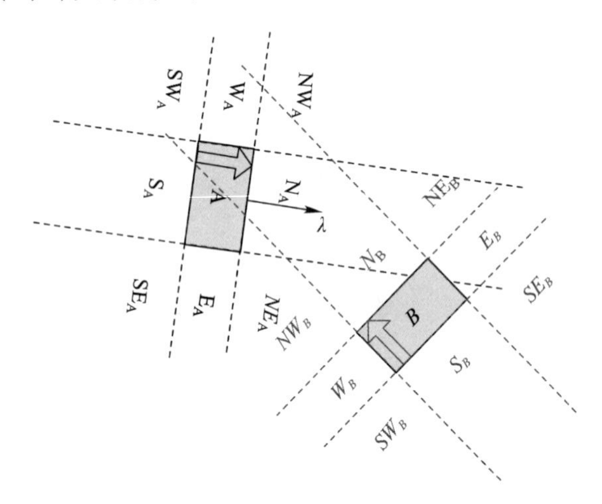

图 4.6　face - to - face(· , ·)关系

4.2.2.3　场所区域感知及区域交叠情况

前述算法实现了场所概念感知,本节则讨论场所区域感知,对此这里关注于某场所概念的最确定区域生成。根据得到的最确定区域可判断多区域交叠现象,进一步避免场所概念错误感知。

设由前述感知算法得到某场所概念对应的下限尺寸物品集合为 $\{<O_{i\perp}, (x_{o_i}, y_{o_i}), \theta_{o_i}, Size_{o_{i\perp}} \mid i = 1,2,\cdots,n, n \in \mathbf{Z}^+\}$,容易得到物品的边界顶点集合 P。假设通常人们感知到的室内场所是凸的,则可以使顶点集合 P 的凸壳作为该场所概念对应凸区域的边界。这里采用经典的 Graham 算法求凸壳。

对于摆放过于混乱的室内环境,人们通常并不会感知出有明确意义的场所

区域,即使在这种混乱场景中出现某场所概念原型中足够多的特征物品且物品间摆放关系足够典型。产生这种情况的原因在于本应生成场所概念的区域间过分交叠,这种交叠造成可能的场所概念间冲突、矛盾,人们潜意识中取消对这种混乱摆放场所概念的感知,或者以其他笼统概念来解释该场所,如“杂货间”等。

基于上述想法,本节介绍一种处理区域交叠的初步方法。设有场所概念 M、N,分别对应环境中物品集合 $O_M=\{O_{Mi}\mid i=1,2,\cdots,m\}$ 和 $O_N=\{O_{Ni}\mid i=1,2,\cdots,n\}$,两场所对应的凸区域分别为 A_M、A_N,其中 A_M 中有 O_N 的元素个数为 n_{A_M},A_N 中有 O_M 的元素个数为 m_{A_N},则当 $\frac{n_{\mathrm{A}_M}}{n}\geqslant p_1$ 或 $\frac{m_{\mathrm{A}_N}}{m}\geqslant p_2$ 时(阈值 $p_1,p_2\in[0,1]$),认为两场所区域发生过分交叠不应输出场所概念。

4.2.3 实验

4.2.3.1 实验平台设计

基于“原型”的场所感知算法建立在较为高层的定性、语义和符号信息上,从而使得算法本身与底层传感器类型、数据形式和实现形式解耦,原型知识构建和扩充过程亦不需要底层数据参与,场所感知过程甚至不要求底层传感器提供精确信息(如只需粗略估计物体位姿)。基于该算法的上述特点,对任意机器人平台,倘若能够从底层传感器的现有数据中提取所需信息,便可为之增加开放式场所感知功能。

尽管实验手段存在非唯一性,但这里以常见双目立体相机作为环境信息采集传感器,以带有里程计及方位传感器的机器人作为载体构建的实验平台,具有一定的通用性与代表性。其中,双目视觉传感器及相应软件服务提供场所感知算法所需的环境类别和位姿信息,场所感知软件服务进一步根据物品信息以感知算法分析机器人当前所处环境蕴含的场所概念。

1) 硬件系统及实验装置设计

这里所用机器人(硬件系统构成见图4.7)本体具有带编码器的差动驱动单元、方位传感器、蓝牙通信模块、机器人控制器、双目摄像机和两组独立无线射频发射机,而其本身不具备复杂算法处理能力,相关算法由机器人服务器处理完成。机器人服务器通过蓝牙模块和两组无线视频接收机与机器人本体交换信息。模拟视频信号经由两路 PCI 视频采集卡转换为数字信息号,进一步由 CPU - GPU协同计算单元处理。CPU - GPU 协同计算架构保证复杂信息处理过程的实时性。其中,CPU 主要负责多种服务任务调度、GPU 任务调度、低运算律数值运算(场所感知运算、物品位姿估计等)、复杂逻辑运算和用户界面显示等,GPU 用以并行实现基于图像 ASIFT 特征的特征提取和匹配运算。场所感知过程得到的物品和场所概念以音频方式告知用户。

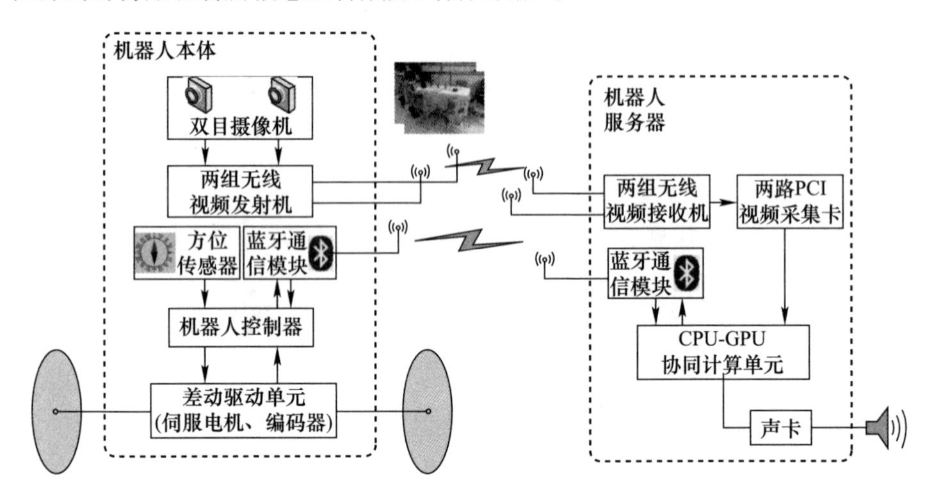

图 4.7　硬件系统框图

机器人实物图见图 4.8,使用 Mindstorms NXT 2.0 系列套装,由乐高公司同麻省理工学院共同研发,能够提供小型、可定制机器人搭建平台。机器人控制器(整合蓝牙通信模块)和差动驱动单元分别采用 9797 教育套装中的 NXT 模块和

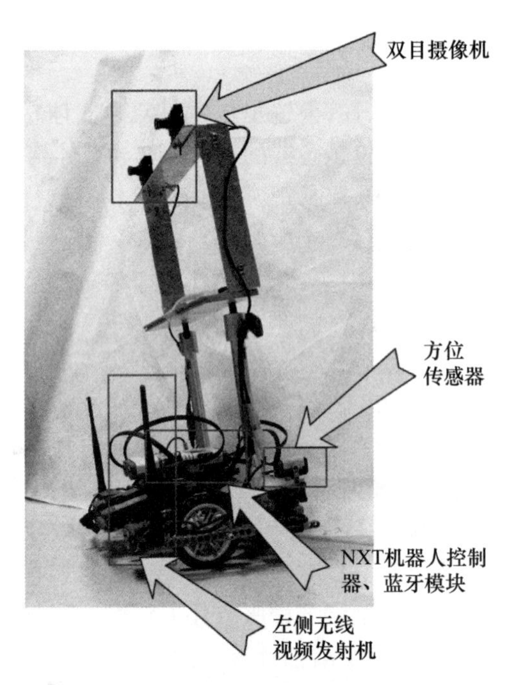

图 4.8　机器人实物图

伺服电机模块。9797 套装的部分配件搭配 9695 配件库构建机器人底盘及其它结构框架。方位传感器采用 HiTechnic NMC1034 模块。双目摄像机及无线视频发射机采用航模领域常见的第一人称视角(First Person View,FPV)摄像机及视频发射装置。为使机器人从合适高度观察室内环境,采用纯铝支架支撑双目摄像机,使之离地高度约 0.56m。

机器人服务器实物图见图 4.9。两组无线视频接收机与发射端一一对应,使用不同频道。蓝牙模块带有 USB2.0 接口,蓝牙版本为 2.0,PCI 视频采集卡为微视 V221 双路采集卡,直接获取 RGB24 格式、640×480 分辨率数字图像。服务器主机中 CPU 为 Intel i5-2320(4 核,3.0GHz),内存容量为 4GB(DDR3-1333),GPU 为 NVIDIA GTX560Ti(1.64GHz/2.004GHz,2GB,GDDR5 显存)。

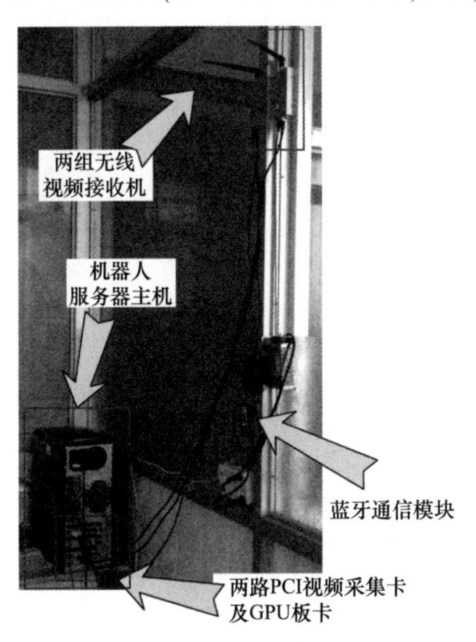

图 4.9　机器人服务器实物图

2)软件系统设计

本节的软件系统是基于微软 Robotics Developer Studio(MSRDS)机器人开发平台构建的。分散式软件服务(Decentralized Software Service,DSS)是 MSRDS 中重要编程模型,提供了轻量级、面向状态的服务模型。DSS 机制有助于以模块化形式实现各种功能,它所实现的机器人应用程序具有健壮、高性能、松耦合等优点。通常采用多个 DSS 实现多个功能模块,再通过软件组态形成应用系统。系统中各功能模块间能够实时传递信息、相互协作完成不同任务以及实现无阻塞异步数据处理等。基于 DSS 服务架构的软件系统结构图如图 4.10 所示。

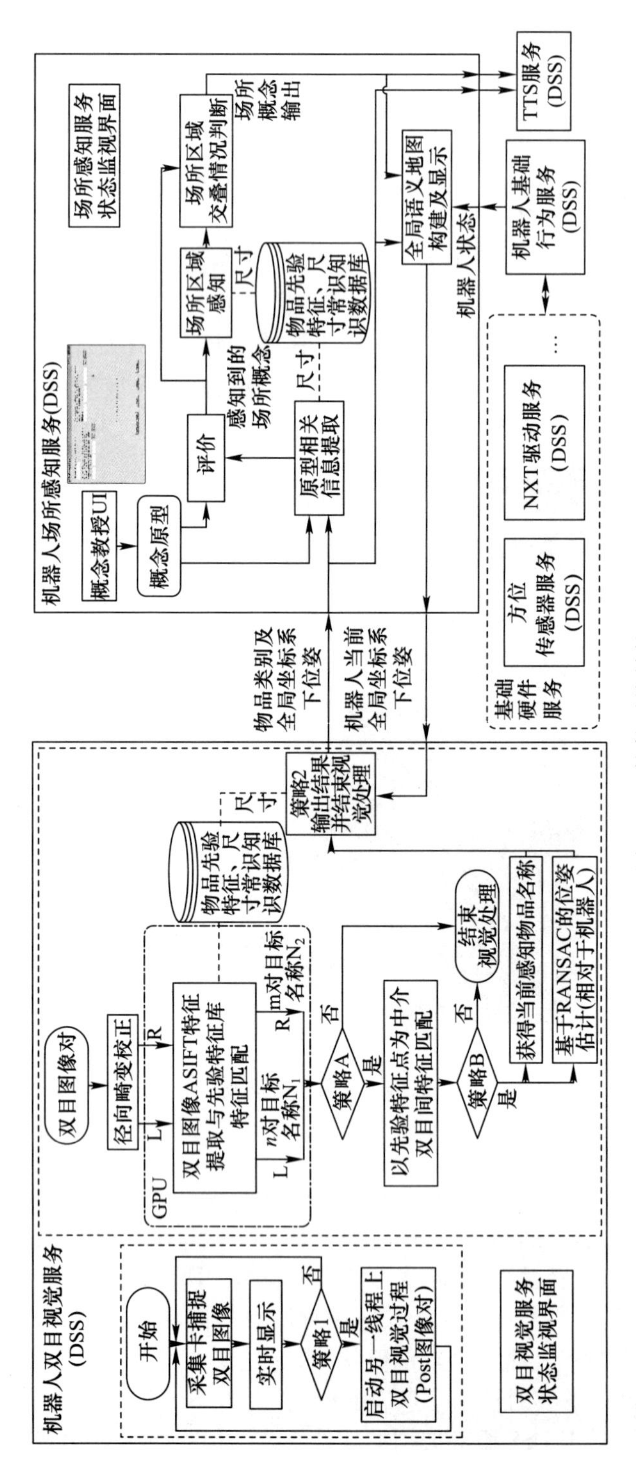

图 4.10 软件系统结构图

软件系统结构图中,多个 DSS 服务松耦合地构成整个机器人场所感知软件系统。方位传感器服务、NXT 驱动服务等对硬件层作了适当抽象,便于上层服务使用。机器人基础行为服务向多个硬件服务传递指令、查询状态、接受通知,进而提供机器人应用层功能,包括手动/自主控制机器人行为、监视机器人运行状态等。这里使用了 Bodurov 提供的基础行为服务包,在其基础上增加了“依规划行动序列运行”行为模式和机器人运行轨迹记录及显示功能。

机器人双目视觉服务和场所感知服务为两大核心服务,前者实现对物品的感知(包括物品类别和位姿),后者在前者的基础上实现完整的场所感知(包括场所类别及对应区域),同时构建环境的 2D 语义地图。两者均使用物品常识知识库,由其提供相关物品必要的先验特征及尺寸知识(来自国家和行业标准)。物品的先验特征为其先验正面图像上的 ASIFT 特征,该特征能够保证在较少先验知识下,机器人从大视角范围内对物品进行识别估计其位姿。机器人每发现新物品或新场所则通过从文本到语音(Text to Speech,TTS)服务以语音形式通知用户。

双目视觉服务包括两个主要部分:双目图像捕捉过程和双目视觉处理过程(图 4.10 双目视觉服务中虚线框所示)。双目图像捕捉过程中,每隔一定时间捕捉并实时显示图像对,当满足策略 1 条件(4.2.3.2)时,图像对被发送至双目视觉处理线程处理。图像对发送过程利用 MSRDS 中另一核心机制——并发协作运行(Concurrency and Coordination Runtime,CCR),该机制具有易于管理异步操作、处理程序并发和使用并行硬件等优势。由于来自 FPV 摄像机的图像具有较大畸变,图像对被发送到另一线程后,首先对其进行径向畸变矫正,以便后续处理过程能够得到相对准确的结果。然后,分别对双目图像提取 ASIFT 特征,并与物品先验特征数据库进行匹配,输出最匹配物品类别名称及匹配点对数目。由于该过程数据密集且计算复杂,使用 CPU 计算相当耗时,不能满足实时性要求,因此采用 GPU 实现。当双目中匹配结果满足策略 2 条件(4.2.3.2 介绍)时,在双目间进行特征点匹配:如果分别来自双目中的特征点以同一先验特征点为匹配点,则这两个特征点匹配,这种双目间匹配方式能够保证匹配点对尽可能落于目标物上。当满足策略 3 条件(4.2.3.2 介绍)时,能够以较高概率确定目标物品的类别名称,并进一步进行位姿估计。当不满足策略 2 或者策略 3 条件时,结束视觉过程。基于 RANSAC 的物品位姿估计过程可得到目标物品在机器人坐标系下的位姿,该过程将在下一节介绍。利用策略 4(4.2.3.2 节介绍)综合视觉处理结果并将结果输出给场所感知服务。

场所感知服务中,主要实现了基于“原型”的开放式场所感知算法。需要指出的是,其中的场所概念教授界面并不唯一,可采用多种方式从用户获取某场所概念描述,例如:采用对话框形式,询问相关描述;也可以采用手绘界面,捕捉用户给出的场所草图中的原型信息;将来甚至可以采用基于自然语言理解的方式捕捉语言中的场所概念信息。另外,为监视服务的运行状态,分别为两个核心服务设计了状态监视界面。

4.2.3.2　相关策略及算法

1）双目视觉服务相关策略

双目视觉服务使用多种策略保证系统可靠、有效运行。当软件系统被移植到其它机器人平台时,可调整相应策略以适应新工况。

策略1:当且仅当机器人停止移动t秒($t>0$)且双目视觉处理程序空闲时,启动新的双目视觉处理过程。

策略2:当且仅当$n>n_{\text{threshold}}$,$m>m_{\text{threshold}}$且$N_1=N_2$时进行双目间匹配。其中各符号含义见图4.10,$(\cdot)_{\text{threshold}}$,为阈值。

策略3:当且仅当双目匹配点数对数量大于阈值(阈值通常大于等于4)时,进行后续位姿估计等过程。

策略4:根据机器人在全局坐标系下的当前位姿将机器人坐标系下物品位姿转换到全局语义地图上,当且仅当全局语义地图上以新识别物品位置为圆心、物品较大先验形状外接圆半径为半径的圆区域范围内没有同类物品时,保留新识别物品。

2）径向畸变校正算法

对于广角FPV摄像机镜头,必须进行径向畸变矫正。设摄像机坐标系下的任意3D空间点为$\boldsymbol{X}_c=[X_c \quad Y_c \quad Z_c]^{\mathrm{T}}$,规范化为$\boldsymbol{x}_n=[x \quad y]^{\mathrm{T}}=[X_c/Z_c \quad Y_c/Z_c]$,其到畸变中心半径为$r(x,y)$,径向畸变模型为$f(r)$。另设已知畸变图像上任意点像素坐标为$\boldsymbol{X}_{\mathrm{p}}$对应的非畸变图像上坐标$\boldsymbol{X}_{\mathrm{p_ud}}$。通常采用迭代法求解径向畸变矫正,本节通过摄像机立体标定容易得到摄像机内参阵$\boldsymbol{K}$,因此无需迭代求解便可快速实现径向畸变矫正。根据下式可以得到$\boldsymbol{X}_{\mathrm{p_ud}}\to\boldsymbol{X}_{\mathrm{p}}$的逆映射:$\boldsymbol{X}_{\mathrm{p}}=\boldsymbol{K}[f(r) \quad f(r) \quad 1]^{\mathrm{T}}\cdot\boldsymbol{K}^{-1}\boldsymbol{X}_{\mathrm{p_ud}}$。其中,$r$由后两项$\boldsymbol{K}^{-1}\boldsymbol{X}_{\mathrm{p_ud}}$结果得到。获得逆映射后利用双线性插值即得到径向畸变矫正结果。

3）基于RANSAC的位姿估计算法

原型描述通常涉及物品间空间关系,这些关系需要基于物品位姿判定。室内大量家具具有“面”结构,而利用双目获取的目标表面深度信息可以重建出一个几何平面,这可作为物理家具“面”结构的拟合模型。通过将该平面的法向量投影到2D地图平面,并对平面模型内点(inlier)求平均,即可获得目标物的2D位姿估计。

基于双目间匹配特征点,利用三角计算容易获得对应空间点的集合$\{P_s\}$。

由于物理家具的“面”结构并非理想平面并且存在传感器噪声和其它不确定因素，因此$\{P_s\}$中大部分点分布于某理想平面周边，少数点远离该平面．这里采用 RANSAC 健壮估计方法求此$\{P_s\}$上拟合平面。算法流程见图 4.11。

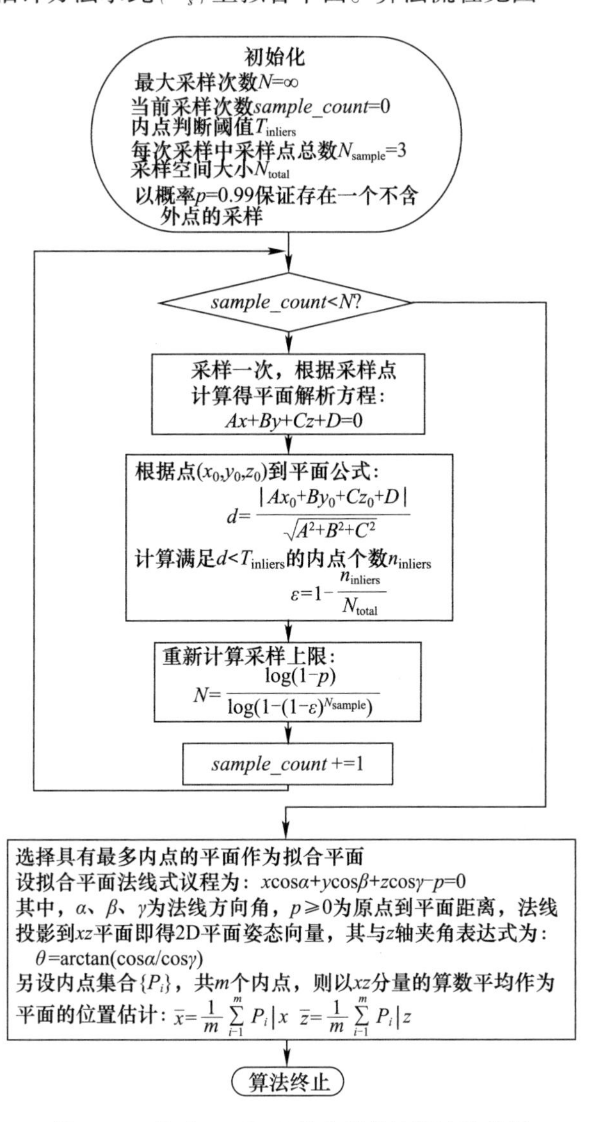

图 4.11　基于 RANSAC 的位姿估计算法流程图

4.3.3.3　实验结果

实验条件如下：

（1）感知算法参数设置：$\alpha=1$；“*round*（·，·）”“*half－round*（·，·）”和

“in－front－of(·,·)”关系的接受范围分别为[1.5,3]、[0.5,2.5]和[0.75,1];区域交叠判断阈值 $p_1=p_2=0.5$。

(2) 由于机器人活动范围较小,底层未采用复杂定位算法,仅依赖里程计和方位传感器信息确定机器人当前姿态。

(3) 机器人可由手动控制或根据已规划动作序列在环境中移动,同时在线进行场所感知。需要指出的是,由于本节视觉算法未考虑同一视野内多目标识别及位姿估计,因此,机器人观察环境时需保证单一目标物尽量占据大部分视野。

(4) 先验知识库中保存各物品正面图像特征和标准尺寸上下限。

(5) 通过人机交互界面获得场所概念原型如下:

$$
\begin{aligned}
&\langle \text{diningroom}, \{\text{f}_0(\text{chair})=4, \text{f}_0(\text{table})=1\},\\
&\{\omega_0(\text{chair})=0.8, \omega_0(\text{table})=0.8\},\\
&\{\text{round}(\text{chair},\text{table})\}\rangle\\
&\langle \text{livingroom}, \{\text{f}_0(\text{tv})=1, \text{f}_0(\text{sofa})=1\},\\
&\{\omega_0(\text{tv})=0.8, \omega_0(\text{sofa})=0.8\},\\
&\{\text{face-to-face}(\text{tv},\text{sofa})\}\rangle
\end{aligned}
\tag{4.8}
$$

上述原型的含义是:“餐厅”通常由4把椅子围绕1张桌子构成,两种物品对生成“餐厅”概念的影响均为0.8;“客厅”通常由沙发和与其相向摆放的电视构成,两种物品对生成“客厅”概念的影响均为0.8。

1) 物品识别及位姿估计

已知原型中,桌椅间定性关系和物品位置有关,而电视与沙发间定性关系与物品位置和姿态均有关,因此本节以电视位姿估计为例展示位姿估计结果。为验证算法健壮性,将电视与电视机柜组合体作为识别目标,其不具有客观物理平面,只具有大致“面”结构。

表4.1给出基于ASIFT特征的双目在线匹配及位姿估计结果。其中,分别从差别较大的3个视角观察目标,目标均被识别且得到位姿估计值,这说明选用ASIFT特征有助于从宽视角范围内识别目标。位姿估计结果均投影到机器人局部坐标系 xz 平面,位置以 (x,z) 表示,直观起见,姿态以平面法向量投影与 z 轴负方向夹角度数表示,物体朝向视野右侧为负,反之为正。表中基准值用于衡量位姿估计结果,对于3D物品,由于难以测量其在某坐标系下真实位姿,简单起见,本节以电视机柜中心到机器人局部坐标系原点距离作为位置评价基准,以机器人底盘纵轴与电视机柜前沿夹角的余角作为姿态向量评价基准。以表4.1

中(a)情况为例具体说明:特征匹配前双目图像已经过径向畸变矫正;左目、右目检测到的 ASIFT 特征点数分别为 5552、5209;左目、右目与先验特征库匹配获得的特征点对数目分别为 185、214;双目间匹配得到的特征点对数目为 63;表中相对误差小于 10%,这在工程中通常可以接受,事实上,由于场所感知算法基于定性空间关系设计,因此相对误差接受范围可进一步放宽。

由实验结果可知,双目视觉服务能够在宽视角范围内同时实现物品类别和位姿识别,可应用于较为拥挤的室内环境。

表 4.1　双目匹配及位姿估计结果

视角情况 (双目特征点数分别为:LF、RF;双目与先验特征库匹配结果:LFMced、RFMced 双目间匹配结果:LRMced)	位姿估计结果	基准值	相对误差
(a) 正视目标 LF = 5552、RF = 5209 LFMced = 18、RFMced = 214、 LRMced = 63	(133mm,1281mm), 0.099°	1330mm,0°	3.17%,-
(b) 右侧观察目标 LF = 4784、RF = 4377 LFMced = 8、RFMced = 63、 LRMced = 18	(287mm,1280mm), 47.289°	1380mm,52°	4.94%,9.06%
(c) 左侧观察目标 LF = 4909、RF = 4944 LFMced = 5、RFMced = 61、 LRMced = 14	(59mm,1423mm),53.676°	1370mm,-55°	3.96%,2.41%

2) 符合原型描述的环境

由多种真实家具构成本节实验环境,其中包括餐桌、餐椅、电视机柜(其上电视由显示器包装纸箱代替)和沙发等,家具上不使用任何人工标识物,各种物品由机器人在线识别。需要指出的是,本节实验所用物品均具有相对丰富的材质表面,市面上同类家具存在另一种情况——家具表面为纯色或者缺乏纹理特征,采用基于 ASIFT 特征的方法对这类物品识别会失效,此时应当采取其它特征(如轮廓特征或直线特征等)对物品进行识别,所选取特征要尽量保证机器人能够在大视角范围下对物品识别并确定位姿。采用其它特征进行物品识别的讨论超出本节范畴,不再赘述,这里基于 ASIFT 特征的识别方法能够处理一类真实家具的识别问题。

图4.12所示为真实室内环境,物品摆放符合开放式餐厅和客厅布局,机器人根据上述原型对开放式客厅与餐厅进行感知。

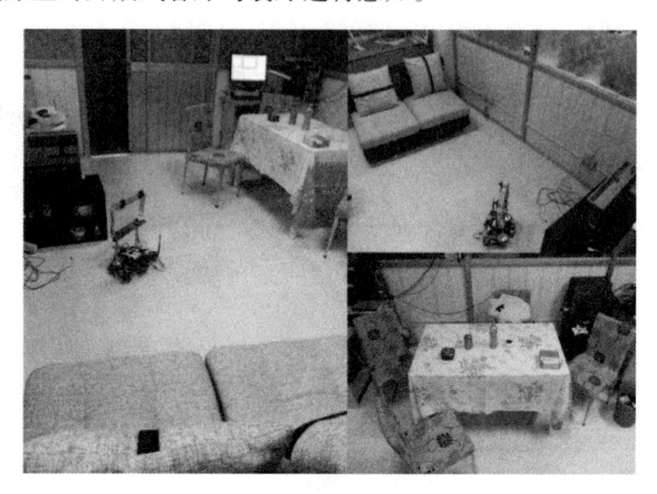

图4.12 开放式餐厅和客厅

图4.13以全局语义地图形式给出感知结果,其中圆圈代表机器人,黑点构成的不规则曲线为机器人的行走路径,物品所占空间范围以国家标准中最小尺寸形成的方框标识,机器人识别出的物品名称和位置分别以字符串及空心圆点标出,物品姿态由代表物品的方框姿态反映出。由语义地图可知,机器人能够在线感知出开放式"餐厅"和"客厅"(实验过程中机器人以语音方式告知用户),两者所占最确定区域由闭合多边形在语义地图上标出。场所感知算法的相关数

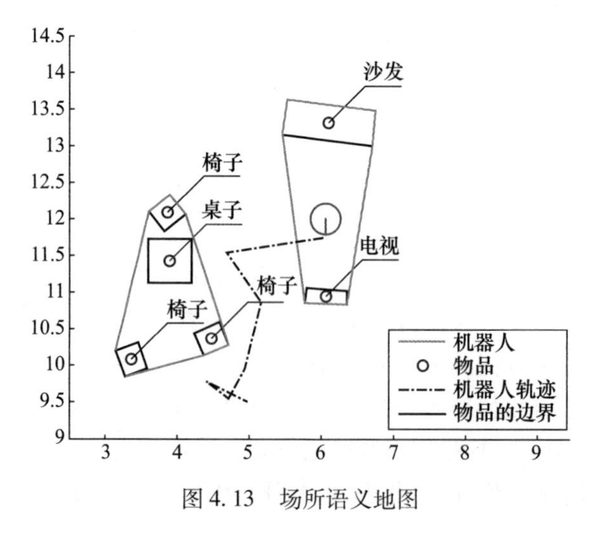

图4.13 场所语义地图

据如下：当前环境与餐厅和客厅原型中特征物品集合的相似度分别为 $s_{\alpha}(\cdot,\cdot)=0.98$ 和 $s_{\alpha}(\cdot,\cdot)=1$，其空间关系评分分别为 $ANL_{x-\text{round}}(\cdot,\cdot)=2.25$ 和 $ANL_{\text{face-to-face}}(\cdot,\cdot)=1$。值得注意的是，尽管餐厅原型中有 4 把椅子而机器人在真实环境中只观察到 3 把，但观察到的环境与原型知识在一定程度上保持一致，不影响场所概念感知结果。

3）不符合原型描述的环境

图 4.14 所示为另一真实室内环境，其中物品摆放较为杂乱。所用原型知识不变，机器人对环境进行感知。同样以全局语义地图给出感知结果（图 4.15）。此时，场所感知算法的相关数据如下：当前环境与餐厅和客厅原型中特征物品集合的相似度分别为 $s_{\alpha}(\cdot,\cdot)=0.98$ 和 $s_{\alpha}(\cdot,\cdot)=1$，其空间关系评分分别为 $ANL_{x-\text{round}}(\cdot,\cdot)=1$ 和 $ANL_{\text{face-to-face}}(\cdot,\cdot)=0$。可见，虽然机器人观察到环境中的物品，但是由于物品间空间关系不符合原型描述，因此机器人未感知出原型知识对应的场所。

图 4.14　杂乱室内环境

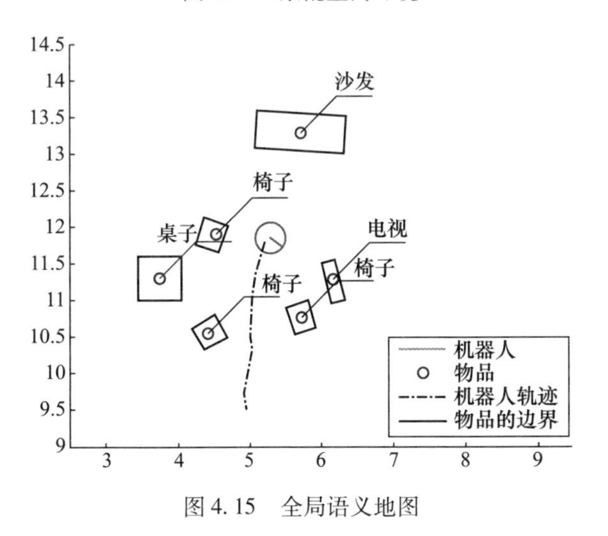

图 4.15　全局语义地图

4.3 基于深度神经网络的室内场所识别

场所识别是语义地图研究领域的关键问题之一,其根本目的是使服务机器人能够通过人类的理解方式来感知环境。一般来说,一个特定的场所可以由内部物品及其发生的一系列相关活动来定义。因此,场所可以通过物品的属性和之间的位置关系,甚至是环境中人的状态来识别。到目前为止,人们已经从不同方面提出了很多解决这一问题的方法。然而,大多数现有方法仅仅关注图像特征本身(如纹理、颜色和几何结构),而没有充分利用图像中丰富的语义内容,所以很难准确地确定场所的类型。另一方面,目前的研究只从单一方面考察物品信息,例如类别、位置关系等,这仍然无法模拟人类对场所的感知过程。上述表征方法都不能像对场所的定义那样描述特定的室内场所。同时,目前还没有有效方法来获得物品的语义特征,并且依然面临着很大的困难。由于语义信息比视觉信息复杂得多,因此提取语义线索仍然是一个场所识别中的开放性问题。

对于物品属性和关系的描述模型,伴随着深度学习在图像标注和图像描述应用领域的快速发展,一些研究人员倾向于通过自然语言模型来表述物品信息。例如有人提出了分层递归网络来为图像生成完整描述段落,也有人关注了图像中物品的逻辑关系并生成了更清晰的语义单词,这为场所感知中的物品表示提供了一种新方法。相似的研究表明,图像中物品的属性、状态以及关系可以用自然语言模型来描述,这为场所感知中的物品表示带来了一种新的途径。

自然语言是信息表示的另外一种形式,它与人类对事物认知的过程相一致,可以忽略冗杂信息,强调物品的本质属性。因此,将图像信息转换为文本表示有利于分类和推理。因此,这里创新性地同时考虑了物品属性与位置关系,与只考虑图像特征的传统方法相比更具有理论上的直觉性。

4.3.1 识别模型框架

场所识别模型分为三部分,如图 4.16 所示。首先,对于包含其分类语义标签 y 的场所图像,通过图像描述方法和/或通过人机接口人工输入,获得物品状态(表示为集合 S)、属性(表示为集合 A)和关系(表示为集合 R)等物品信息。这些信息被称为场所描述符(PDs),可以表示为 $D \subset S \cup A \cup R$,集合 D 中的每个元素都是文本形式。由于 PDs 提供了关于物品状态、属性和与其他物品关系的完整描述,因此可被用于预测一个场所的类别。接着,如图图 4.16(b)所示,集合 D 的 PDs 使用文本数字变换(表示为函数 t),将其数字化为特征向量 $D^* = t(D)$。最后,包含所有场所信息的集合以及它的标签(D^*, y)均被输入设计的基于

LSTM - CNN 的模型中来进行场所分类。

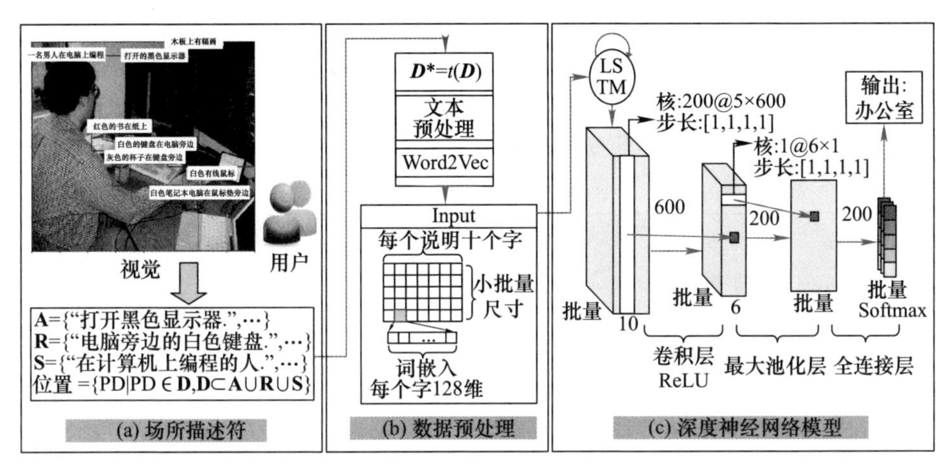

图 4.16　场所识别模型[101]

4.3.2　数据预处理

由于关注的是场所的语义信息,因此假设该模型具有识别学习语义表示的能力。这里利用 Visual Genome 数据集生成描述语料库,即集合 D,其中包含了每张图像中物品、属性和关系的丰富注释。

如图 4.16(a)所示,将卧室及其注释作为一个例子来说明关注的描述符,图像中的物品已经被精确地标记出来并给出了描述性文本。注释包含了 PDs 三个不同的基本概念,即,物品的属性(例如“打开的黑色显示器”,其中“显示器”是物品而“打开的黑色”是属性,属于集合 A);物品间的位置关系(例如“板子上的照片”,其中“板子”和“照片”是物品,“上”是他们的位置信息,属于集合 R)和人类的状态(例如,“正在电脑上编程的人”,其中“编程”是人类状态,属于集合 S)。此外,PDs 可以整合上述基本概念(例如,“计算机旁边的白色键盘”同时包括两个物品的属性和位置关系,所以定义为 $D \subset A \cup R$)。由于人类的行为和状态在位置识别中起着至关重要的作用,因此必须特别地考虑人类在环境中的状态。在大多数情况下,数据集中的 PDs 以混合概念的形式出现。因此,如果一个新的 $PD \in D$ 被该模型处理,则未知场所的可能标签 y 可以被分类为包含了先前学习过的物品场所。

为了保证这些 PDs 可以通过 Word2Vec 方法转换成数字形式,需要使用数据预处理算法对它们进行规范化,如下所示。

根据 wordvec 转换中的 Skip - gram 模型,算法 4.1 中所需的参数 *wordsize* 表

示训练上下文的大小。在算法 4.1 的第 7 行中，PDs 的规范化主要包括以下步骤：

(1) 删除不影响 PDs 原始语义线索的标点符号、额外空格和特殊符号；

(2) 将文中的数字替换为相应的单词；

(3) 删除停用词，而不改变原来的语义线索。

算法 4.1 数据预处理

Input：$[x_i]k = \{w_n \mid w_n \subset \mathbf{T}, n=1,\cdots,length(x_i)\}$ 表示第 k 幅图片中的第 i 个 PD，w_n 是每个 PD 中的第 n 个单词，单词词典 $\mathbf{T}$，*batchsize*，*maxlen*，*wordsize*。

Output：$[x_i^*]k$

1：**while** k 未到结束 **do**

2： $m = \mathrm{mod}(length([x_i]k), batchsize)$；

3： **if** $m > 0$ **then**

4： $[x_i]k = [[x_s]k, [x_i]k]$，$s = \mathrm{random}(1, i)$ 且 $length(s) = batchsize - m$；

5： **end if**

6： **for** $i \to 1; i \leqslant length([x_i]k)$ **do**

7： $[x_i]k = \mathrm{normalize}([x_i]k)$；

8： $[w_n^*]k = \mathrm{Word2Vec}([w_n]k, wordsize, \mathbf{T})$，$[w_n]k \in [x_i]k$；

9：   **if** $\max(n) < maxlen$ **then**

10： $[x_i^*]k = [[w_n^*]k, \mathrm{zeros}(wordsize, maxlen - n)]$；

11：   **else**

12： $[x_n^*]k = [[w_{1:maxlen}^*]k$；

13：   **end if**

14： **end for**

15： **return** $[x_i^*]k$；

16：**end while**

除了规范化，算法 4.1 中的其他步骤也是针对 LSTM - CNN 模型结构设计的。参数 batchsize 用来提高泛化性能。参数 maxlen 表示输入语句的长度。由于 maxlen 受到 LSTM 模型的限制，所以它必须是固定的。如图 4.16(b)所示，在所提出的 LSTM 中使用了小批量策略，它要求输入的数据是一个三维张量。每个维度分别表示单词嵌入的大小、句子的长度和批处理的大小。如果 PDs 具有不同的长度，则会导致输入张量中存在无法处理的空元素。因此，为了避免空元素的存在，语句长度需通过增加零张量(零张量是占位符，不代表任何信息)或分割句子来保持一致。虽然 PDs 不一定必须具有相同的长度，但在不造成信息丢失的条件下，我们在算法 4.1 中对它们进行了规范化，以满足 LSTM 的要求。

4.3.3 模型结构

这里提出的室内场所语义分类器包含两种类型的神经网络，即 LSTM 和 CNN，如图4.16(c)所示。LSTM 是一种改进后的递归神经网络(RNN)结构，用于处理任意长度的序列并捕获长期依赖性，以避免标准 RNN 中的梯度爆炸或消失。这里应用了一个包含两层 LSTM 基本单元的标准体系结构来综合表示一段文本。

在每个时间步中，模块的输出由一组关于过去隐状态 h_{t-1} 和当前时间步的输入 x_t 的函数门来控制。这些门是：遗忘门 f_t，输入门 i_t 以及输出门 o_t，它们分别决定如何更新当前的记忆单元 c_t 以及当前隐状态 h_t。对于 NLP，每一个时间步代表语句中每个单词的位置。由于词向量的维数定义为 d，所以 LSTM 中记忆单元和其它门的维数共享相同的值。LSTM 转移函数定义如下：

$$\begin{cases} i_t = \sigma(W_i \cdot [h_{t-1}, x_t, c_{t-1}] + b_i) \\ f_t = \sigma(W_f \cdot [h_{t-1}, x_t, c_{t-1}] + b_f) \\ o_t = \sigma(W_o \cdot [h_{t-1}, x_t, c_{t-1}] + b_o) \\ q_t = \tanh(W_q \cdot [h_{t-1}, x_t] + b_q) \\ c_t = f_t \odot c_{t-1} + i_t \odot q_t \\ h_t = o_t \odot \tanh(c_t) \end{cases} \tag{4.9}$$

式中：h_t 是预期的结果，σ 是输出在[0,1]的逻辑斯蒂(Logistic)函数，即 sigmoid 函数，$\tanh(\cdot)$是输出在[-1,1]的双曲正切函数，$\odot$表示元素乘法。从本质上讲，我们可以把 f_t 看作是控制从旧记忆单元中被遗忘信息的函数，i_t 是控制新信息被存在记忆单元的函数，o_t 基于记忆单元 c_t 决定输出量。因为 LSTM 可以有效地整合和记忆序列数据的特征，所以逐步地输入语句中的每个单词到 LSTM，并且保持遗忘门 $o_t = 0.5$，最终得到一个语句的综合表达式之后输入至 CNN 中。

CNN 是一种由卷积层、下采样层和全连接层组成的多层前馈神经网络。由于卷积具有捕捉空间或时间结构局部相关性的强大能力，所以成为 CNN 的核心非线性操作。设 k 为滤波器的长度，向量 $\boldsymbol{m} \in \mathbb{R}^{k \times d}$ 表示卷积操作的滤波器。对于句子中的每个位置 j，都存在一个窗口向量 $\boldsymbol{w}_j$ 伴随 k 个连续的词向量，给定为

$$\boldsymbol{W}_j = [\boldsymbol{X}_j, \boldsymbol{X}_{j+1}, \cdots, \boldsymbol{X}_{j+k-1}] \tag{4.10}$$

式中：滤波器 $\boldsymbol{m}$ 以 valid 方式与每个位置的窗口向量进行卷积，以生成特征图 $\boldsymbol{c} \in \mathbb{R}^{L-k+1}$，并且对应窗口向量 $\boldsymbol{w}_j$ 的每个特征图元素 c_j 表示如下：

$$c_j = f(\boldsymbol{W}_j \odot \boldsymbol{m} + b) \tag{4.11}$$

式中：$\odot$ 是元素乘法；$b \in \mathbb{R}$ 是偏置项；f 是非线性 ReLU 变换函数。此外，模型使用多个滤波器生成不同的特征映射，并在卷积后应用最大池化来选择最重要的特征。当我们从最大池化层获得输出时，一个由式(4.12)定义的 softmax 函数将被用于分类。

$$P(y = i|z) = P_i = \frac{\mathrm{e}^{z_i}}{\sum_{j=1}^{C} \mathrm{e}^{z_j}} \tag{4.12}$$

式中：P_i 表示被分类到第 i 类的可能性，C 表示类的数量。$\boldsymbol{z}_i$ 是来自全连接层的输出，即 $\boldsymbol{z} = \boldsymbol{W}\boldsymbol{c} + b$，它包含 PD 的全部信息。最终，式(4.12)的最大输出值相对应的类别即表明物品所属的类别。这里，我们采用了一种基本的体系结构来构造语义分类的分类器。如图 4.16(c)所示，CNN 体系结构连同它们的权重和偏差，包括三个基本层。第一层是以 ReLU 为激活函数的卷积层，获取来自 LSTM 的隐状态数据(h_t)；第二层是最大池化层，对卷积滤波后的数据进行下采样；最后一层是与 softmax 函数连接的全连接层，并与先前的层相连。经过深度神经网络的处理，图像中场所的描述即可用来判别一个特定的场所类别。

此外，式(4.12)的输出不能获得整个图像的场所类别。因此，在获得每个描述的类别后，将添加一个投票机制(VM)用来计算所有描述的类别数，并将图像归类到得票最多的场所类别中。

4.3.4 训练方法

我们通过最小化交叉熵误差来训练整个模型，定义如下：

$$E(x^{(i)}, y^{(i)}) = \sum_{j=1}^{k} 1\{y^{(i)} = j\} \log(\tilde{y}_j^{(i)}) \tag{4.13}$$

式(4.13)中，第 i 个训练数据 $x^{(i)}$ 以及它的真实标签 $y^{(i)} \in \{1,2,\cdots,k\}$ 是用于模型学习的，其中 k 是可能标签的数量，并且需要在实际操作中转化为一个独热(one-hot)码向量。每个标签 $j \in \{1,2,\cdots,k\}$ 的估计概率 $\tilde{y}_j^{(i)} \in [0,1]$ 是 softmax函数的输出值。此外，1{条件}是一个指示器，即 1{条件为真} =1，否则 1{条件为假} =0。我们使用小批量梯度下降来学习模型参数。更具体地说，算法4.2第3行中的小批量参数 m 对应于算法4.1中的 *batchsize*。

算法4.2　基于L2正则化的小批量梯度下降算法

Input:学习率 lr_k,学习衰减率 d,最大衰减周期 τ 正则化因子 λ,初始值 θ;

Output:更新后的参数 θ;

1: $k \leftarrow 1$;

2: **while** 未达到停止条件 **do**

3: Sampling a mini batch of m examples 从训练集 $\{x^{(1)}, x^{(2)}, \cdots, x^{(m)}\}$ 及其对应标签 $y^{(i)}$ 中随机采样 m 个样本组成小批量集合;

4: 计算带有L2正则化的交叉熵均方根误差: $L((x^{(i)};\theta), y^{(i)}) = \frac{1}{m}\sum \| E(x^{(i)}, y^{(i)}) \|^2 + \frac{\lambda}{2m}\sum \| \theta \|^2$;

5: 计算梯度估计: $\hat{g} \leftarrow \nabla_\theta L((x^{(i)};\theta), y^{(i)})$;

6: 执行更新: $\theta \leftarrow \theta - lr_k \times \hat{g}$;

7: **if** $k > \tau$ **then**

8: $lr \leftarrow lr \times d^{k-\tau}$;

9: **end if**

10: $k = k + 1$;

11: **end while**

为了避免过度拟合问题,当超过给定训练周期时,学习速率将逐渐降低。此外,我们还使用L2-正则化方法来确保参数具有合理的值。本节训练算法的基本过程如算法4.2所示。在训练过程中,神经网络中的每个权重和偏置参数(θ)都被更新,直到达到最大迭代步或误差低于阈值。

4.3.5　实验

4.3.5.1　参数设置

在实验中,我们选择了五个室内类别,包括厨房、卧室、客厅、浴室和办公室,且每一个场所都包含来自 Visual Genome 的50张图像。

这些标注内容是模型需要学习的先验知识。表4.2显示了数据集的统计数据,图4.17中给出了每个类别的一些示例。

表4.2　Visual Genome 数据集的统计数据

种类	图片的数量	PDs 的数量	独热码
浴室	50	3149	[1,0,0,0,0]
卧室	50	2597	[0,1,0,0,0]
厨房	50	2929	[0,0,1,0,0]

续表

种类	图片的数量	PDs 的数量	独热码
客厅	50	3081	[0,0,0,1,0]
办公室	50	3978	[0,0,0,0,1]
共计	250	15,734	—

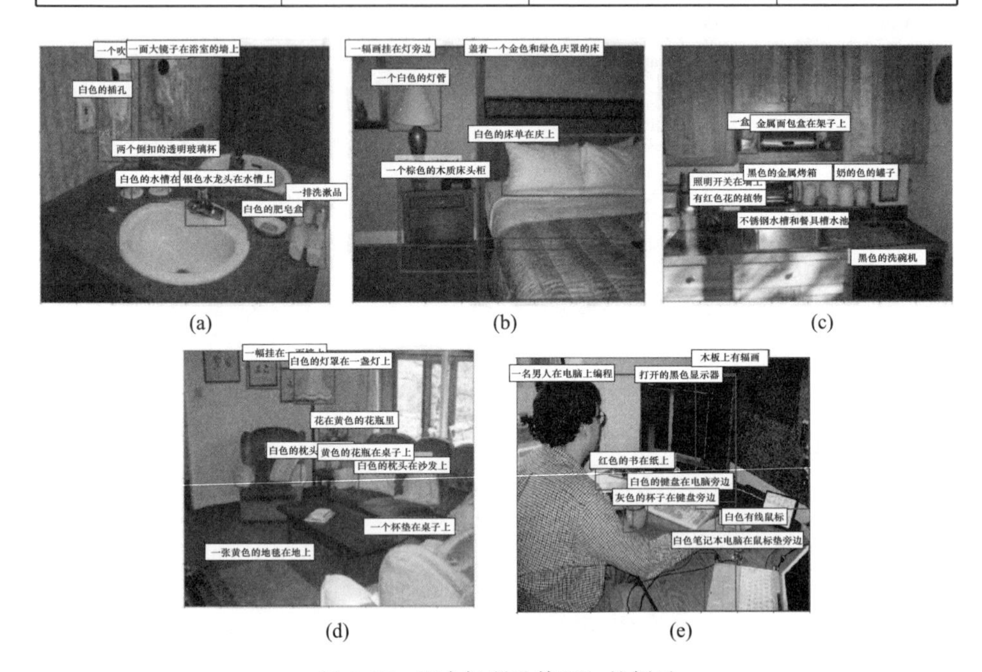

图 4.17 室内场所及其 PDs 的例子

(a)浴室;(b)卧室;(c)厨房;(d)客厅;(e)办公室。

根据 Word2Vec 转换,函数中有四个关键参数,即单词的维数($size=128$),一个语句中当前单词与预测单词间的最大距离($window=5$),忽略所有总频率低于阈值的单词($mincount=1$),语料库的迭代次数(周期)($itera=50$),通过多次实验,我们得到了上述较优的数值。

经过算法 4.1 处理后,数据集中的每个不同单词都可以转换成唯一的 128 维向量,用于表示规范的数字化 PD。最后,将参数 *maxlen* 设置为 10,这意味着每个 PDs 中有 10 个单词长度。此外,为了便于分类器的操作,每个类别都通过独热码编码方法被转换成一个唯一的数字串来表示标签。

当使用 LSTM 进行自然语言处理时,参数 t 表示文本序列中单词的位置。在式(4.9)中,$\boldsymbol{x}_t\in\mathbb{R}^d$其中 $d=128$ 表示上述单词向量的维数。此外,我们在考虑架构的同时将遗忘门的值设置为 0.5。这表明前一步输出的数据中的一半旧信息被遗忘了。输入门和输出门的值设为1。通常,高维词向量可以编码丰富的信息,因此我们让隐藏状态神经元(h_t)的数目是600,每个门(o_t,i_t,f_t)以及状态单元(c_t,q_t)设置为200,以确保文本特征可以提取出尽可能多的语义信息。到目前为止已经设置了LSTM体系结构的所有基本参数。在LSTM处理固定步长(*maxlen*)之后,我们可以得到一个200维向量来表示一个短语的信息。

对于CNN中的参数,更具体地,我们采用最小批处理技巧提高其泛化能力,将批处理大小设置为32,使数据的形状转换为10×600×32。然后,卷积层将输入数据与200个大小为5×600的核进行卷积,每批的步长为1步。随后,200维数据被全连接到最后5个神经元。最终,最后一个全连接层的输出被送到5路Softmax层,产生5个类别标签的分布。

4.3.5.2　实验结果

在本节中,我们验证了模型的性能。首先,将4.3.1节中提到的数据集随机分为两部分,70%作为训练集,其余30%作为测试集。基于算法2,我们对模型进行了多次测试,并选择了模型参数如下:学习率 $lr_k = 0.15$、学习衰减率 $d = 0.95$、最大衰变周期 $\tau = 0.15$。本实验的编程环境是TensorFlow v1.4和Python v3.6,安装在具有8GB内存平台的Intel i5 CPU上。

表4.3从混淆矩阵的角度说明了实验结果,在表4.4中给出了每个类别的精确率、召回率和F1评分以及总体平均准确率。实验结果表明,该算法对单个PDs具有一定的识别精度。基于这一观察,我们考虑联合处理来自同一图像的全部PDs。一旦测试样本的单个PD类别的结果可用,就会添加投票机制(Vote mechanism,VM)来确定该场所的最终类别,这也符合场所识别任务的基本逻辑。表4.5以混淆矩阵的形式列出了总体识别结果。如表4.6所列,我们的方法最终达到了96%的平均准确率。

表4.3　每个PDs的室内场所识别的混淆矩阵(注:标记的对应关系:浴室(Ⅰ)、卧室(Ⅱ)、厨房(Ⅲ)、客厅(Ⅳ)和办公室(Ⅴ))

混淆矩阵		预测类别				
		Ⅰ	Ⅱ	Ⅳ	Ⅳ	Ⅴ
实际类别	Ⅰ	900	48	179	55	34
	Ⅱ	60	653	42	219	50
	Ⅲ	123	28	766	69	38
	Ⅳ	45	170	123	744	166
	Ⅴ	38	43	66	109	1056

表 4.4 精确率、召回率、每类 F1 分数及准确率

种类	精确率/(%)	召回率/(%)	F1 的得分/(%)	准确率/(%)
浴室	77.19	74.01	75.57	—
卧室	69.32	63.77	66.43	—
厨房	65.14	74.80	69.94	—
客厅	62.21	59.62	60.88	—
办公室	78.57	80.49	79.52	—
平均值	70.48	70.54	70.41	70.72
标准差	(±6.46)	(±7.67)	(±6.58)	—

表 4.5 每个图像的室内场所识别的混淆矩阵(注:标记的对应关系:浴室(Ⅰ)、卧室(Ⅱ)、厨房(Ⅲ)、客厅(Ⅳ)和办公室(Ⅴ))

混淆矩阵		预测类别				
		Ⅰ	Ⅱ	Ⅳ	Ⅳ	Ⅴ
实际类别	Ⅰ	14	0	1	0	0
	Ⅱ	0	14	0	1	0
	Ⅲ	0	0	14	1	0
	Ⅳ	0	0	0	15	0
	Ⅴ	0	0	0	0	15

表 4.6 不同比例下的测试集的精确度和训练时间

比例	每个描述的准确率/(%)	每个图像的准确率/(%)	训练时间/s
0.1	69.8	96.0	10,224
0.2	70.1	98.0	7246
0.3	70.7	96.0	6581
0.4	70.6	96.0	5412
0.5	71.4	97.6	4783
0.6	69.7	98.0	3653
0.7	67.7	97.1	2765
0.8	67.7	95.5	1877
0.9	64.5	95.5	1024

4.3.5.3　讨论

除了评估我们算法的有效性外，还验证了算法的泛化性和不确定性。表4.6显示了不同参数设置中的准确率，其中第一列表示测试集在样本总数中的比例。在本实验中，我们逐渐减少了训练样本的数量。可以看到，虽然被正确分类的训练样本数量正在减少，测试样本的整体识别准确率仍保持在较高水平。这表明我们的算法具有一定的容错性。我们认为这主要是由于神经网络的泛化性能，它自动提取 PDs 最具有鉴别性的特征。例如，浴室的室内场所经常包含如“水槽是白色的”的 PDs，这些 PDs 在场所识别中起着重要作用。随着训练样本变少，神经网络学习的室内场所信息也同时减少，因此每个 PDs 的分类准确率略有下降。另一方面，由于一些差异性的特征被神经网络“记住”，这仍然可以保证在投票机制的帮助下对图像进行正确的分类。

此外，该方法还通过 5 折交叉验证方法进行了评价。为了在数据集之间进行公平地比较，所有评估中的交叉验证数都有 10 个测试样本和 40 个训练样本。如图 4.18 所示，场所类别并不是均匀分布在所有部分之间。平均精确率、召回率、准确率、F1 分数、投票机制的准确率以及标准差见表 4.7。由于各部分之间的类别分布的极端变化，实验得到了较高的标准差(图 4.17)。如前所述，在交叉验证方法中，泛化性能是可以接受的。因此，我们在使用文本化的 PDs 方法在一定程度上是健壮的。

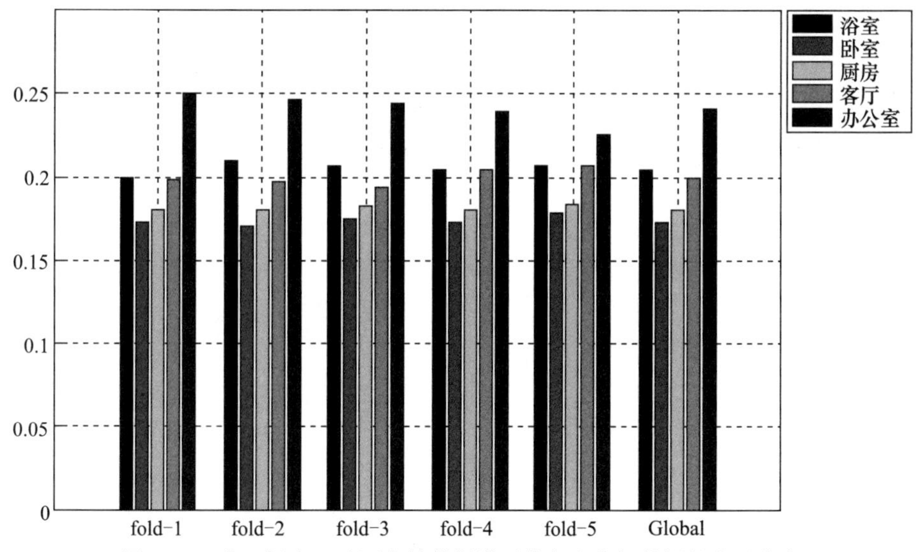

图 4.18　在 5 折交叉验证中的数据类型分布和全部数据的全局分布

表 4.7 表中前四行为每个 PDs 的评价结果，最后一行为每个图片的评价结果。每列显示了 $k=5$ 交叉验证中的平均值和标准差

	fold-1	fold-2	fold-3	fold-4	fold-5	平均值
精确率	72.50 ±6.36	71.16 ±5.39	66.87 ±6.92	72.26 ±8.01	70.08 ±12.95	70.08 ±2.38
召回率	72.61 ±7.31	71.28 ±9.66	67.00 ±9.24	72.02 ±8.11	67.87 ±9.90	70.16 ±2.28
F1 分数	72.36 ±5.55	71.14 ±7.37	66.90 ±8.00	72.10 ±7.86	67.63 ±11.16	70.03 ±2.30
准确率	72.59	71.50	67.21	73.07	69.26	70.73 ±2.19
VM 准确率	98.00	100.00	92.00	96.00	98.00	96.8 ±2.71

同时，我们还分析了被错误识别的有代表性的例子。图 4.19 显示了两个室内场所图像及其 PDs。以图 4.19(a)为例，该图像被人工标记为浴室，但我们的方法计算其标签预测为厨房。实验结果的细节在表 4.8 中给出。我们发现，如果一个室内场所配备了复杂的物体或有共同的属性（例如“水槽是白色的”可能出现在厨房和浴室），这将使我们的方法难以预测正确的类别。

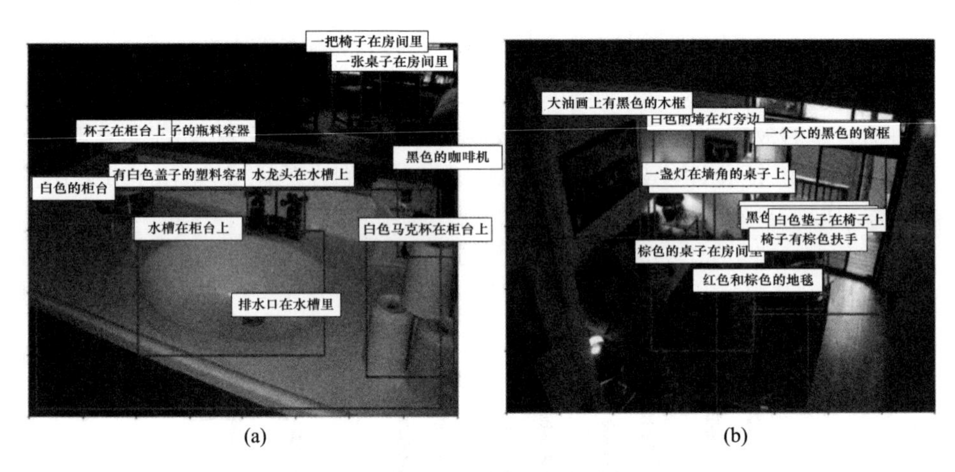

图 4.19 错误识别结果的两个例子

(a)预测标签：厨房。实际标签：浴室。(b)预测标签：办公室。实际标签：客厅。（由于空间限制，部分 PD 被省略）。

表 4.8 实验结果

PDs	每个 PDs 的预测结果	共计
白色瓷盆，银色金属排水塞，白色塑料盖子，水龙头上的把手，柜台是白色的等	浴室	23
房间里的桌子，房间里的椅子，窗户上的垂直迷你百叶窗，椅子靠近窗户，木椅靠近桌子等	卧室	10

续表

PDs	每个PDs的预测结果	共计
黑色咖啡机,柜台上的玻璃瓶,水槽上的水龙头,柜台上的水槽,柜台上的白色杯子等	厨房	24
椅子上的酒红色垫子,柜台上堆放着玻璃,一把靠近桌子的木椅,靠近窗户的桌子,靠近窗户的木制桌子等	客厅	10
一个白色咖啡杯,咖啡杯是白色的,风扇是白色的,一叠咖啡杯的顶部等	办公室	4

我们将所提出的PD描述符与其他不同的信息表示方法进行了比较,表4.9显示了比较结果,其中,96和97分别表示有VM和没有VM的结果。以视觉线索为例,Ranganathan等人的研究中最高的识别准确率为85.5%,六个室内场所类别的平均准确率为46.85%。此外,Swadzba等人结合不同类型的图像特征来确定场所类别,分类率平均为84%。Romero等人在三维空间金字塔基础上添加了深度信息,从点云中生成室内场所描述符。该方法分类准确率达到73.36%。如表4.9所示,我们的方法在识别精度方面大大领先其他方法。

表4.9 不同特征表示方法的比较

方法	$\varphi1$[10]	$\varphi2$[32]	$\varphi3$[33]	$\varphi4$[20]	$\varphi5$[34]	$\varphi6$	$\varphi7$
准确率	85.5%	84%	73.36%	69.43%	81.2%	70.72%	96.8%

与这部分内容相关的近期工作参见文献[101],以前述工作给出的语义线索下的场所定义为基础,提出了一种结合自然语言生成技术与多模态特征融合技术的场所感知方法,有兴趣的读者可进一步参阅。

4.4 基于点云的室内场所识别

基于2D图像的方法在机器人应用中有两个局限。首先,它损失了周围环境的三维信息,这导致难以确定目标位置。其次,它不能在极端照明情形下正常工作,如在捕获的图像中有很亮或很暗的区域。例如,对于视觉障碍辅助机器人,用户一般不会专门为机器人提供照明条件,这些限制促使寻找替代方法来执行场所感知,相关工作可以提高机器人的光适应能力。

一些研究人员将RGB-D传感器捕获的视图称为3D图像,该图像同时保持颜色和深度信息,用于场所感知。Romero-González等人使用三维空间金字塔来划分空间,并构造新的全局三维描述符来进行场所分类。Martínez-Gómez等人提出了一个框架,它使用BoW词袋模型从局部3D描述符构造全局描述符。

笔者认为局部3D描述符具有相当细的粒度,这对于相对粗糙的位置分类问题是不必要的。

本节提出了一种原生表示来捕获场所布局进而实现分类。术语“原生”意味着该表示不依赖于任何一般描述符或来自物体识别和其他任务的描述符,而是专门为场所分类设计的。最初的想法来源于儿童的积木游戏。虽然一个积木只有一个主要的几何属性(长方体、三角形等),并且具有非常粗糙的几何外观,但是一堆积木可以用来构造各种有意义的场景。在所提出的方法中,空间首先被划分为类似积木块的若干三维体素。第二,在每个体素中提取表面法线分布。第三,每个体素都用一些主要方向表示,以得到其大致几何描述。第四,使用定性空间描述技术处理几何体素的分布情况,计算得到一个场所的整体表示。最后,注意到最终描述具有稀疏性,考虑了稀疏学习问题。所提出方法在3D IKEA数据库和大型NYU2数据集上进行了验证,与目前的纯3D几何方法及其混合方法进行了比较。

4.4.1 场所描述与学习系统

场所描述系统如图4.20所示。共分为4步,如图中虚线框所示。

第一步是空间划分和点云信息提取。环境点云可以由多种3D传感器捕捉,例如:3D激光雷达、RGB-D传感器、双目传感器等。由Kinect传感器捕捉的场所实例见图4.20(a)虚线框所示。尽管使用了带颜色的点云,事实上本节提出的方法仅仅使用几何信息,而不使用颜色信息,使用带颜色点云仅仅为了显示直观。为了维持精确的几何信息,建议使用标定过的传感器。基于捕获的点云,在其上提取法线。由于期望所提取的法线对噪声不敏感,在平面上一致性好,且在曲面上过渡平滑,因此提取法线前,对点云进行平滑。本节采用的是Moving Least Squares表面平滑方法,即采用了PCL表面模块中提供的算法实现,且所提取法线进一步规范化到单位长度。为去除过近或过远的离散点,使得在合理范围内实现场所分类,原始点集中仅落入某一空间盒子中的点才被用于场所描述,对应的属于这些点的法线才被使用。将这种盒子称为“鉴别盒”,它是空间中的一个立方体,其边平行于坐标轴。在鉴别盒中,空间被划分成等尺寸的体素。下面给出形式化定义。假设坐标原点位于传感器中心,Z轴指向传感器朝向,设X轴指向传感器的水平方向,且沿Z正方向看时,X轴正方向指向右侧,Y轴设为垂直向下,三个轴满足右手螺旋规则。进一步,假设鉴别盒尺寸为$L_x \times L_y \times L_z$,覆盖空间范围$x \in [x_{\min}, x_{\min}+L_x]$,$y \in [y_{\min}, y_{\min}+L_y]$,$z \in [z_{\min}, z_{\min}+L_z]$。设鉴别盒被划分成$n_x$、$n_y$、$n_z$个体素,则体素边长见式(4.14)。

$$l_x \times l_y \times l_z = L_x/n_x \times L_y/n_y \times L_z/n_z \tag{4.14}$$

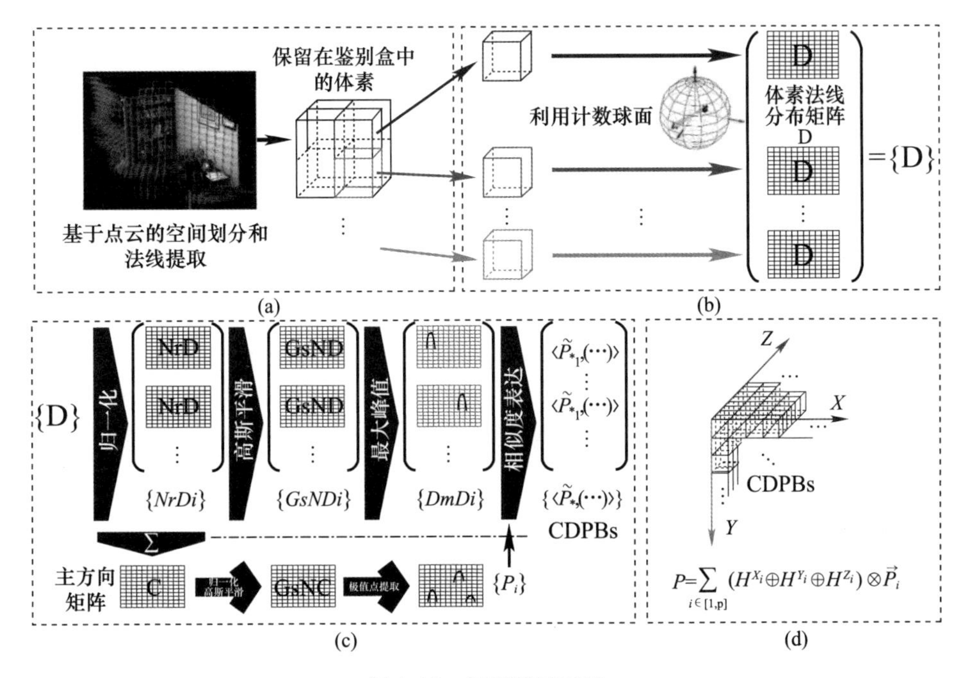

图4.20 场所描述系统

(a)划分和法线提取;(b)体素法线分布计算;(c)基于主方向的体系描述;(d)场所描述。

对场所感知来说,建议上述边长取值不小于0.1m,小于该值时,体素太小而不能保证捕捉合适尺度的几何信息,并且会造成更多的计算消耗。

第二步,在体素中计算法线分布,由法线分布表达每个体素的几何属性,见图4.20(b)。其原理在于,当关注三维空间中的一个局部区域时,人们通常仅注意到其中主导表面的相对朝向,而在这样小的空间里并不会格外注意表面的相对位置。想象一下,在积木游戏中,小孩通常通过观察积木的表面朝向便能轻易地区分出不同积木块形状,按面堆砌。事实上,法线向量在形状表达研究中是一种常用的线索。因此,提取体素上的法线分布足够反映出体素的几何属性,同时,该方式易于实现。类比于积木游戏中的积木块并考虑到维持主要几何属性的能力,将包含有法线分布描述的体素称为“几何块”。一种称为“统计球”的结构被用于离散化空间方位,进而对法线分布进行量化。

下一步,基于主方向对体素进行描述,见图4.20(c)。假设场所具有一系列支持主要功能的表面,这些表面反映并实现了场所的基本功能。例如,餐厅通常有桌面、椅面和椅背等表面,这些表面共同来提供餐厅服务。将这些主要表面的主导法线称为主方向$\{P_i, i=1,2,3,\cdots\}$,对某一场所来说显然存在许多主方向。前述几何块直接对主方向形成起到贡献作用。如果使用主要贡献的方向来表达体素，则体素表达可以得到简化，并且仅使用一个主方向来表达一个体素，可以避免表达模糊性。实现上述表达，需要定义相似性度量。这个过程也解释了为什么称被表达的几何块为“主方向原型化块”（Cardinal - Direction Prototyping Blocks，CDPBs）。

当每个块被分别表达出后，它们的空间位置也需要被进一步描述，从而得到一个场所完整的定性描述，见图 4.20（d）。这同样可以类比于积木游戏中所用到的摆放规则，即当识别出积木块的几何属性后，需要考虑它们的空间摆放位置来构建想象中的建筑物。与此相应，建筑物可以以积木块的位置进行描述。在如今定性技术中，空间实体的相对距离通常由距离划分上的定性函数进行描述。本节采用同样的处理范式，所不同的是，此处面对的是三维空间，有许多空间块需要被同时描述，而不是一对一描述。本节提出使用 3D 空间直方图来描述完整的场所。

前述过程中的 3D 空间信息直接由环境的 3D 点保持。显然，并非所有的空间区域都被填充上空间点，这使得场所描述形式上是高维且稀疏的。对于此类描述，本节提出使用稀疏版本的随机森林作为学习器。一方面，这样做可以避免特征采样步骤中特征向量出现全零列，维持足够的特征容量；另一方面，为达到满意性能，稀疏版随机森林不需要复杂的超参数选择过程，这样便于实际应用。

4.4.2 体素法线分布计算

对应于每个体素，用两个同心统计球划分空间方向，统计球心设为 O_s。假设小球面半径为 $r_{\min} \in (0,1)$，较大球面半径为 $r_{\max} \in (1, +\infty)$。两个统计球的北极轴 Z_s 重合，指向传感器坐标系 Y 轴负方向，而 X_s 和 Y_s 轴均重合，其水平面平行于 XZ 平面。X_s 轴随机生成，代表 0 方位角。根据右手定则确定 Y_s 轴。随机性的引入有利于选择主方向，因为在提取主方向前希望体素尽可能具有随机性并满足独立同分布条件。在统计球上均匀划分出 L 个方位角分块，K 个仰角分块，则方位角分辨率为 $2\pi/L$，俯仰角分辨率为 π/K。这样，由两个球面和划分面可以得到封闭的 $K \times L$ 个小分隔。从 $+X_sZ_s$ 仰角切面展开球面，则可以得到 $K \times L$ 个分隔盒，它们可以用相应维数的矩阵描述，矩阵元素由 $\langle k,l \rangle$ 索引，其中 $k \in [1,K]$，$l \in [1,L]$ 且为整数。设该矩阵为 $\boldsymbol{D}$，称为体素法线分布矩阵（Voxel Normal Distribution Matrix，VNDM）。该矩阵中每个元素为实数，定义为落入相应盒子的权重化法线个数。

基于上述建立的划分和数据结构，将一个体素中的法线向量起始点移至 O_s，统计法线末端落入相应分隔盒的情况。注意到，随仰角变化分隔盒大小会发生变化。为避免该变化对统计结果产生影响，法线数量并不直接计入

VNDM,而是根据分隔盒体积对落入数值进行规范化。另外,希望法线能够尽可能以同一密度来表达局部信息,因此局部密度被用作罚项,从而避免法线密度对计算的影响。本节用参考文献[104]方法对一个体素中的法线进行规范化。

一个体素内$\langle k,l\rangle$分隔盒中权重化法线数量见式(4.15)。

$$d_{\text{cell}} = \sum_{i \in \langle k,l\rangle} \frac{1}{\rho_i \times \sqrt[3]{V(k)}} \tag{4.15}$$

式中:ρ_i 是法线 i 相关的密度,由邻域法线数量计算;$V(k)$ 是法线落入的分隔盒的体积,表达式见式(4.16)。

$$V(k) = \frac{1}{3}(r_{\max}^3 - r_{\min}^3)(\cos(\theta_{k-1}) - \cos(\theta_k))(\varphi_k - \varphi_{k-1}) \tag{4.16}$$

式中:θ 为仰角;φ 为方位角。

这样,对于一个体素得到其 VNDM 矩阵 $D = \{d_{\text{cell}}\}$。对于一个鉴别盒,得到 VNDM 矩阵集合$\{\boldsymbol{D}\}$。

4.4.3　主方向原型化块

这一节,主要工作是提取主方向,然后在此基础上定义体素描述。

首先,定义主方向,并给出分离方法。使用矩阵的模对$\{D\}$每个元素进行规范化,得到$\{NrD_i\}$。其中,为方便起见增加下标,通项见式(4.17)。

$$NrD_i = \frac{D_i}{\| D_i \|} \tag{4.17}$$

对$\{NrD_i\}$所有元素求和得到主方向矩阵,见式(4.18)。

$$\boldsymbol{C} = \sum_i NrD_i \tag{4.18}$$

对具体一个场所时,中心极限定理保证 $\hat{C}$ 为主要方向的最大似然估计。对 $\boldsymbol{C}$ 进行规范化,并对其进行高斯平滑(使用 3×3 高斯核),得到 $GsNC$。对$\{NrD_i\}$进行高斯平滑得到$\{GsND\}$。

对 $GsNC$ 分离出它的极限方向,这些极限方向实际上代表了一个场所中的主要方向,称为主方向(Cardinal Directions)。将这些方向构成$\{P_i\}$,称为分离主方向矩阵集合,设其势为 p。P_i 被称为主方向簇,其元素仍为 $\boldsymbol{K} \times \boldsymbol{L}$ 矩阵,表达式见式(4.19)。

$$P_i = [p_{r,s}]K \times L,当\begin{cases} p_{r,s} = GsNC 在(r,s)上的值 \\ \quad r \in [k_i - d_n, k_i + d_n] \Lambda \\ \quad s \in [l_i - d_n, l_i + d_n], \\ p_{r,s} = 0,其他 \end{cases} \tag{4.19}$$

式中:(k_i, l_i)是 *GsNC* 中极限方向 i 的位置,邻域边长为 $2d_n$。

接下来,为利用主方向重新表达体素,设计一种相似度度量来衡量体素块对极限方向的贡献程度,找出每个体素的最大贡献主方向。在 *GsND* 与 $\{P_i\}$ 包含的主方向之间计算相似性度量。设 *GsND* 具有一个主导法线方向(k_d, l_d),定义为 *GsND* 中最大值所在位置。相应的,主导法线方向集合表达为$\{DmD\}$,其元素为 $DmD_i = [GsND_i(k_{di}, l_{di})]$。考虑到生成 *GsND* 和 *GsNC* 的分隔盒来自于具有周期性的球面,所设计的相似性度量需要在首末行处和行方向上考虑周期性,其伪代码见算法 4.3。

算法 4.3　相似性度量

```
1: procedure SIMMEASURE((k_i,l_i),(k_d,l_d))
2:   d = +∞
3:   d_temp1, d_temp2 = +∞
4:   if k_i,k_d = 1 或 k_i,k_d = K then
5:     return d = 1
6:   else
7:     d_temp1 = ⌊ √((k_i − k_d)² + (l_i − l_d)²) ⌋ ▷ 向下取整
8:     d_temp2 = ⌊ √((k_i − k_d)² + (l_d − l_i + L)²) ⌋
9:   end if
10:  return min(d_temp1, d_temp2)
11: end procedure
```

遍历整个$\{P_i\}$,计算其与某个 *DmD* 的相似度。如果存在满足阈值的最近主方向,则以它作为 *DmD* 的最相似表达,并用其重新表达出相应的 *GsND*。遍历整个$\{DmD\}$,重复上述过程,最终,$\{GsND\}$将被重新表达为$\{\langle \tilde{P}_*, (x_v, y_v, z_v) \rangle\}$,其中,$* \in [0, num.\ of\ voxels]$,$\tilde{P}_* \in \{P_i\}$与$\{GsND\}$元素一一对应,体素块中心坐标被显式表达为$(x_v, y_v, z_v)$。特别地,当 $* = 0$ 时,P_0 设为 0 矩阵,含义为当前体素无显著贡献的主方向。另外,注意到对于某些 *GsND*,其主导法线方向可能不唯一。简单起见,随机选取一个主导方向进行处理。

上述体素重表达过程事实上完成了一种受限的 1 – NN 分类,即由少量本原的主方向对体素进行分类。这也是为何称之为原型化(Prototyping),将{⟨ $\widetilde{P}_*$,(x_v,y_v,z_v)⟩}称作主方向原型化块(Cardinal - Direction Prototyping Blocks,CDPBs)。

4.4.4 场所描述

在每个 *GsND* 由 CDPB 重新表达后,首先分别沿 X,Y,Z 轴统计他们的分布情况,然后整合得到整个场所的完整表达。

$$H^{X_i}_{n_x*1}=\left\{h^{X_i}_j=\sum_{\substack{\text{for any }\widetilde{P}\in\{\langle\widetilde{P}_*,(x_v,y_v,z_v)\rangle\},\\ \hat{P}.\widetilde{P}_*=P_i,\\ \hat{P}.x_v\in[(j-1)*l_x,j*l_x],\\ j\in[1,n_x]}}1\right\} \tag{4.20}$$

对于某一 P_i,沿 X 轴每隔一个 l_x 长度统计一次对应 CDPB 的出现次数,以此形成 X 方向的直方图记为 $H^{X_i}_{n_x*1}$,其中 i 对应于 P_i,具体形式化表达见式(4.20)。注意,在每个间隔中,出现在 $Y-Z$ 平行平面上的有关块都要被计算。

沿 Y 轴和 Z 轴,重复上述过程得到 $H^{Y_i}_{n_y*1}$ 和 $H^{Z_i}_{n_z*1}$。遍历{P_i},则得到 p 组{$H^{X_i}_{n_x*1}$,$H^{Y_i}_{n_y*1}$,$H^{Z_i}_{n_z*1}$}。对场所的整体描述见式(4.21)。

$$P=\sum_{i\in[1,p]}(H^{X_i}\oplus H^{Y_i}\oplus H^{Z_i})\otimes\vec{P}_i \tag{4.21}$$

式中:$\oplus$为向量连接算子;$\otimes$为 Kronecker 积;$\vec{\cdot}$ 向量化拉直算子,求和算子是常规向量求和。P 被称为场所描述向量。

4.4.5 基于稀疏随机森林的场所模型学习

与 2D 场景感知中常见描述子不同,3D 场所描述向量是稀疏的。原因在于,来自三维空间的体素并不会都被填充上实体。此外,主方向个数是有限的,且相应的贡献体素并不总是沿坐标轴连续出现。形式上看,{$H^{X_i}_{n_x*1}$,$H^{Y_i}_{n_y*1}$,$H^{Z_i}_{n_z*1}$}和 $\boldsymbol{P}_i$ 是稀疏的,导致场所描述向量稀疏。特别需要注意,$\boldsymbol{P}_i$ 中有连续的 0 元素。综上,$\boldsymbol{P}^{\mathrm{T}}$ 构成的学习矩阵具有很多 0 列。这使得传统的随机森林不适合稀疏情况,采样到 0 特征列会造成算法失效。本节使用稀疏版本的随机森林(Sparse RF,SRF,见算法 4.4),它主要在特征选择步进行了改进,见算法第 14 行。SRF 带来的另一好处是参数选择简单,并不需要使用某种参数选择网格进行参数遍历。SRF 的超参设置为使用 100 棵树,每棵树的最大深度为 1000。算法实现基于 FEST[103]。

算法 4.4 稀疏随机森林算法

Input：训练集 $S=\{(x_m,y_m),m=1,2,\cdots,M\}$ 及其对应的特征索引集 $\boldsymbol{F}$（N 个元素），SRF 中森林的数量 T，树的最大深度 d_{max}

Output：$\boldsymbol{H}$

1：**procedure** SRFLEARN($\boldsymbol{S}$, $\boldsymbol{F}$)

2：　**$\boldsymbol{H}\leftarrow\emptyset$**

3：　**for** $i=1,2,\cdots,T$ **do**

4：　　重复抽样 $\boldsymbol{S}\rightarrow\boldsymbol{S}^{(i)}$

5：　　$S_{\text{SparseRandomTreelearn}}(\boldsymbol{S}^{(i)},\boldsymbol{F})\rightarrow h_i$

6：　　$\boldsymbol{H}\cup\{h_i\}\rightarrow\boldsymbol{H}$

7：　**end for**

8：　**return** $\boldsymbol{H}$

9：**end procedure**

10：**function** $S_{\text{SparseRandomTreelearn}}(\boldsymbol{S}',\boldsymbol{F})$

11：　　$n_f\leftarrow n(n\ll N)$

12：　　$depth=0$

13：　　从 $\boldsymbol{F}$ 中随机无放回抽样 n_f 次→子集 $\boldsymbol{f}=\{f_j\mid\boldsymbol{F}$中的特征索引，$j=1,2,\cdots,n_f\}$

14：　　**for** $j=1,2,\cdots,n_f$ **do** ▷处理稀疏引起的零元素列

15：　　　**if** 全部的 $x_m(f_j)=0,m=1,2,\cdots,M$ **then**

16：　　　　寻找最近的 $f_{j,nrst}$ 且 $\exists\, m$ 使得 $x(f_{j,nrst})\neq 0$

17：　　　　$f_j\leftarrow f_{j,nrst}$

18：　　　**end if**

19：　　**end for**

20：　　**repeat**

21：　　　基于熵准则，在 f 中寻找最佳特征及其作为分割点的对应阈值

22：　　　标记使用过的特征且 $f\leftarrow f/f_{used}$

23：　　　生成一个树节点和分割后的数据集

24：　　　准备生成下一个子节点

25：　　　$depth++$

26：　　**until** $depth=dmax\vee$ 节点足够完全

27：　　**return** 学习完成的树 h

28：**end function**

4.4.6 帧间融合规则

由于传感器视场和分辨率有限，一个视点只能携带非常有限的信息，因此单视图识别方法并不适用于实际机器人运行。为使用完整信息综合进行场所感

知,需要在连续帧上使用融合规则。本节提出一种两步方法。

首先,考虑每帧上的SRF结果是否被接受。设共有 n 个场景模型,对于第 i 帧,对应的标签和信度向量分别为 $\boldsymbol{L} = [l_1, l_2, \cdots, l_{pl}, \cdots, l_n]^{\mathrm{T}}$ 和 $\boldsymbol{B}_i = [b_1^i, b_2^i, \cdots, b_{pl}^i, \cdots, b_n^i]^{\mathrm{T}}$。则最大信度项的索引为

$$pl_{\max}^i = \underset{pl}{\operatorname{argmax}} b_{pl}^i,$$

次大信度项索引为

$$pl_{\text{sub-max}}^i = \underset{pl \backslash pl_{\max}^l}{\operatorname{argmax}} b_{pl}^i。$$

该帧上的决策函数见式(4.22)。

$$K(\boldsymbol{B}_i) = \begin{cases} \boldsymbol{B}_i & \dfrac{b_{pl_{\max}}^i - b_{pl_{\text{sub-max}}}^i}{b_{pl_{\max}}^i} > \theta_{rej1} \\ \text{拒绝} & \text{其它} \end{cases} \tag{4.22}$$

第二步,在某一区间上做帧融合。设区间中包括 m 帧,信度和向量见式(4.23)。

$$\boldsymbol{B} = [b_1, b_2, \cdots, b_{pl}, \cdots, b_m]^{\mathrm{T}} = \left[b_{pl} = \sum_{\substack{i, B_i \in \{B_i\}_m \\ K(B) \neq \text{rejected}}} f(b_{pl}^i) \right]^{\mathrm{T}} \tag{4.23}$$

式中:$f(x) = \dfrac{1}{1 + \mathrm{e}^{-x}}$。该向量的最大项索引为

$$pl_{\max} = \underset{pl}{\operatorname{argmax}} b_{pl}$$

次大项索引为

$$pl_{\text{sub-max}} = \underset{pl \backslash pl_{\max}^l}{\operatorname{argmax}} b_{pl}$$

决策函数见式(4.24)。

$$E(B) = \begin{cases} \langle l_{pl_{\max}}, b_{pl_{\max}} \rangle & \dfrac{b_{pl_{\max}} - b_{pl_{sub-\max}}}{b_{pl_{\max}}} > \theta_{rej2} \\ \text{拒绝} & \text{其它} \end{cases} \tag{4.24}$$

对于小于 m 的初始帧,同样使用上述方法进行融合,所不同的是 m 以实际连续帧数替换。

4.4.7　3D IKEA 数据库上的实验评价

本节主要将我们提出的方法与现有最好的纯3D空间几何方法及其混合方法[106]进行比较评价,简化起见,分别称作 $\boldsymbol{x}^{3D}$ 方法和($\boldsymbol{x}^{3D}, \boldsymbol{x}^{Gist}$)方法。其中,后

者同时使用了 $\boldsymbol{x}^{3D}$ 特征和2D Gist 特征，被报告具有最好的性能。为客观比较性能，所用数据集与实验设置基本与前述方法保持一致，一些不同之处在相关内容处明确说明。

4.4.7.1　数据集

本节在3D IKEA 数据集上评价算法。该数据集的优点在于获取的数据来自于模拟移动机器人的视角，这使得算法验证结果更加真实、可信。该数据集中原始数据由 SwissRanger SR3100 camera 收集，平均采样帧率达到10帧/s，涵盖6类房间类型，共28个房间实例，同时随数据集提供了点云转换工具。

4.4.7.2　实验设置

本节采用与文献[104]相同的训练策略：使用 one - to - all 方式训练学习器，对某目标类别房间，从其实例中选出一个作为测试集，所有剩下的作为训练正例。所有属于其它类别房间的帧数据视为采样空间，在其上做均匀采样，从而得到负例，并且使负例集合中数据容量同正例一致。正负例生成算法见算法4.5。设测试列表集合为 $\{T\}_{10}$，其中，$T_i, i \in [1,10]$ 为第 i 次运行时的实例列表，即 $T_i = \{t_{bath,i}, t_{bedroom,i}, t_{eating,i}, t_{kitchen,i}, t_{livingroom,i}, t_{office,i}\}$。该表集合与参考文献[104]中相同，均匀地处理了每个房间实例，并且运行了10次。完整的3D IKEA 数据集设为 $C = \{C_{bath}, C_{bedroom}, C_{eating}, C_{kitchen}, C_{livingroom}, C_{office}\}$，其中，每个场所类 $C_{(\cdot)}$ 包含一系列场所实例。设正负例数量比例为 $1:q$。

算法4.5　3D IKEA 数据库上采样算法

Input：测试列表 $\{\boldsymbol{T}\}_{10}$，场所集合 $\boldsymbol{C}$，正负比例 $1:q$

Output：正样本集 $\{\boldsymbol{P}\}_{10}$，负样本集 $\{\boldsymbol{N}\}_{10}$

1：**procedure** $G_{\text{GeneratePN}}(\{\boldsymbol{T}\}_{10}, \boldsymbol{C}, q)$

2：　**for** $i=1$ 到 10 **do**

3：　　**for** 每个 $j \in$ {浴室、卧室、餐厅、厨房、客厅、办公室} **do**

4：　　　$\boldsymbol{P}_j, i \leftarrow \boldsymbol{C}_j / t_{j,i}$ 中的片段

5：　　　$\boldsymbol{s} = S_{\text{sizeof}}(\boldsymbol{P}_{j,i})$

6：　　　在 $\boldsymbol{C}/\boldsymbol{C}_j$ 的每一个集合上均匀采样 **s**/5 × q 次且采样片段 $\rightarrow \boldsymbol{N}_{j,i}$

7：　　**end for**

8：　**end for**

9：　**return** 集合 $\{\boldsymbol{P}\}_{10}, \{\boldsymbol{N}\}_{10}$

10：**end procedure**

11：**function** $S_{\text{sizeof}}(\boldsymbol{A})$

12：　**return** 集合 $\boldsymbol{A}$ 的大小

13：**end function**

在[1,300]融合窗口区间上做出分类曲线,以此来评价整体性能(其中步长取为 5 帧,在 10 次运行上取平均分类率)。另外,当融合帧为 70 时,计算混淆矩阵,评估混淆性能。在不引起训练数据不平衡的前提下,通过增加负例数量测试算法的性能变化。此外,还比较了稀疏随机森林和其他常见学习器的性能。在整体评价后,本节还进行了细节评价,发现此类算法的性能瓶颈和细节表现。实时性问题也一并予以讨论。

4.4.7.3　整体性能测试

1）分类率比较

实验中设置拒绝率 $\theta_{rej1}=0.05$, $\theta_{rej2}=0.003$,使得被拒绝的帧数不超过 14% 。整体分类性能见图 4.21。

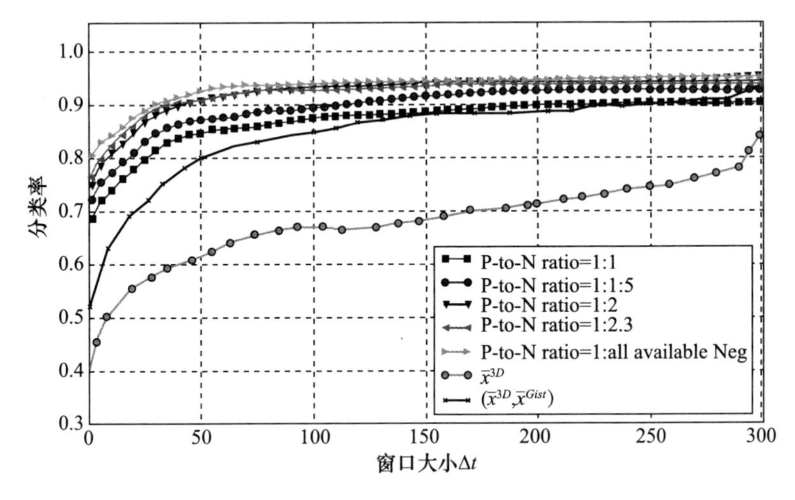

图 4.21　分类曲线

本节算法(如 P－to－N ratio＝1∶1 图例所示,此时正负例数量相等)性能显著优于 3D 空间特征向量 $\boldsymbol{x}^{3D}$。这得益于场所描述向量具有更好的 3D 信息维持能力,可以维持空间边缘或者表面信息,而不是像 $\boldsymbol{x}^{3D}$一样仅仅维持空间面片间的信息。这也使得本节算法几乎在所有融合窗口上优于混合方法(以($\boldsymbol{x}^{3D}$, $\boldsymbol{x}^{Gist}$)所示,该混合方法同时使用了 3D 信息和 2D Gist 图像信息。也就是说,本节使用基于纯 3D 信息统一描述的方式实现了对场所的感知,并且在该描述上获得了更好的性能。

2）融合窗口比较

由图 4.21 可见,达到合适分类率时,本节算法需要更少的融合帧数,在实际应用中占用的采样时间将更少,能够带来实时性能的提升。例如,为了达到 85% 的分类率,我们的方法需要 50 帧进行融合,但是($\boldsymbol{x}^{3D}$, $\boldsymbol{x}^{Gist}$)方法需要大约

100 帧。考虑到图像采集过程中 SR3100 相机的平均帧速率为 10 帧/s,我们将采样时间从 10s 缩短到 5s,这对实际机器人应用具有重要意义。在机器人应用背景下考虑问题,尽管有时能在较大的融合窗口中获得很好的分类率,但考虑到实时性能,这并没有多大意义,因为机器人必须消耗过多的采样时间来感知环境,这通常是不可接受的。

在实际应用中,应把关注点放在小融合窗口的性能上。然而,为了在统一的前提下与参考文献[106]方法比较,我们仍然如它一样给出[1,300]上的所有性能。

3）增加训练数据后的性能

为了与同类文献工作相比较,前述过程使用了相同规模的训练数据。考虑到通常情况下随机森林需要更多数据进行训练,因此本节还考虑了增加训练样本的情况。此外,随着训练数据增加,算法稳定性也值得关注,这对实际应用非常重要。

如前所述,为了形成训练数据,所有属于目标类的帧都已被用作正样本(见算法 4.5 的第 4 行),因此只能通过增加负样本增加训练数据。当构建负样本时,算法 4.5 强制每个负类都有相同数量实例,避免得到的多个分类器中出现学习程度不平衡(见算法 4.5 的第 6 行)。受 3D IKEA 数据库结构的限制,在各类使用同一 q 值情况下,最大正负比只能近似达到 1∶2.3。这是因为某些场所类的实例数很小,较大的 q 值会导致采样时,负例集合中出现重复帧。这不仅不能带来新的信息,还可能会导致对其它场所类的偏好。

如图 4.21 所示,增加负例数量使分类率得到了有效且平稳的提高(负例样本从正例样本的 1 倍增加到 2.3 倍)。这一性质具有实用意义,因为在添加更多数据时,不会造成性能的突然下降。我们还测试了一个极端情况:所有可用的帧都被用作负样本,即取消用于形成负例集合的采样操作。在这种情况下,某一模型的最大正负比可以达到 1∶25.8,这可能会引起严重偏差和样本不平衡问题,并对某些分类器的性能产生负面影响。图 4.21 表明,这次总体分类率没有显著提高。

4）区分性能

区分性能由图 4.22 和图 4.23 中 $\Delta t=70$ 时的混淆矩阵表示,正负比分别为 1:1 和 1:2.3。各类的精度比较见表 4.10。当正负比为 1:1 时,一方面浴室、餐厅、厨房、客厅上的算法表现几乎相同(变化≤10%),其中最坏的情况发生在客厅类。另一方面,卧室和办公室上的性能有显著的提高。注意到性能可以通过添加训练数据来提高。

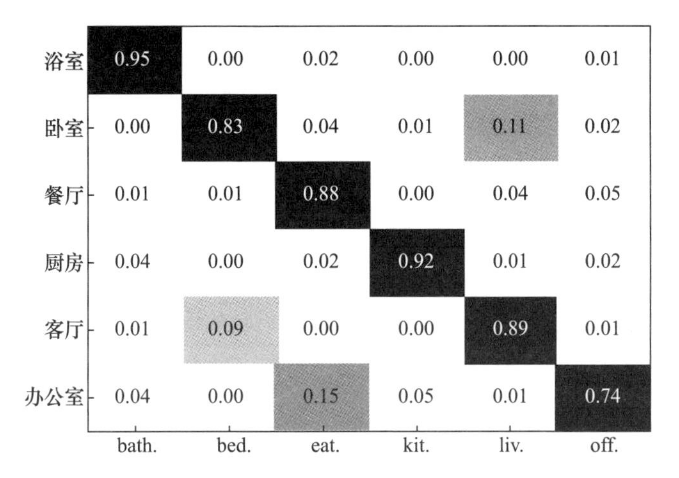

图 4.22　混淆矩阵(P－to－N ratio = 1∶1, Δt = 70)

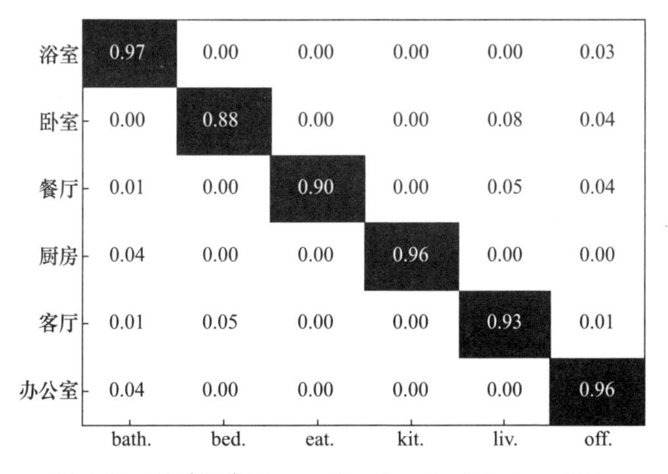

图 4.23　混淆矩阵(P－to－N ratio = 1∶2.3, Δt = 70)

表 4.10　精度比较

场所名称	$(\boldsymbol{x}^{3D}, \boldsymbol{x}^{Gist})$	基于 CDPB 的方法(1:1*vs.* 1:2.3)	性能变化
浴室	0.99	0.95	↓4.0%
		0.97	↓2.0%
卧室	0.73	0.83	↑13.7%
		0.88	↑20.6%
餐厅	0.80	0.88	↑10.0%
		0.90	↑12.5%

续表

场所名称	$(\boldsymbol{x}^{3D},\boldsymbol{x}^{Gist})$	基于 CDPB 的方法(1:1*vs*. 1:2. 3)	性能变化
厨房	0. 93	0. 92	↓1. 1%
		0. 96	↑3. 23%
客厅	0. 97	0. 89	↓8. 3%
		0. 93	↓4. 1%
办公室	0. 45	0. 74	↑64. 4%
		0. 96	↑113. 3%

5）分类器比较

在相同的训练数据(正负例比为 1∶1)下,将 SRF 与 SVM 和 NN 进行比较,说明 SRF 在性能和参数选择方面的优势。采用网格搜索法对 SVM 和 NN 的超参数进行优选。对于 SVM,用 $\gamma \in \{2^{-6},\cdots,2^{2}\}$,$C \in \{2^{-6},\cdots,2^{2}\}$ 和 $kernel \in \{'linear','rbf'\}$ 构成一个网格。众所周知,神经网络的训练是相当耗时的。因此,神经网络的大小和隐藏层的层数很难用网格搜索方式来确定。我们选择了两种代表性的隐藏层结构,它们都有两个隐藏层。其中一个隐层神经元设置为 1000×100,另一个隐层神经元设置为 100×100。网格搜索应用于每个结构的正则化项 $\alpha \in \{0.001,0.01,0.1,1,10\}$。此外,在网格搜索过程中使用了 3 倍交叉验证。这样,对于每一个场所类,都可以得到一个最优分类器。

分类率如图 4.24 所示。显然,最优 SVM 和结构不当的神经网络(1000×100)比 SRF 差。与 100×100 的 NN 相比,SRF 在小窗口(≤45)上的性能最好,

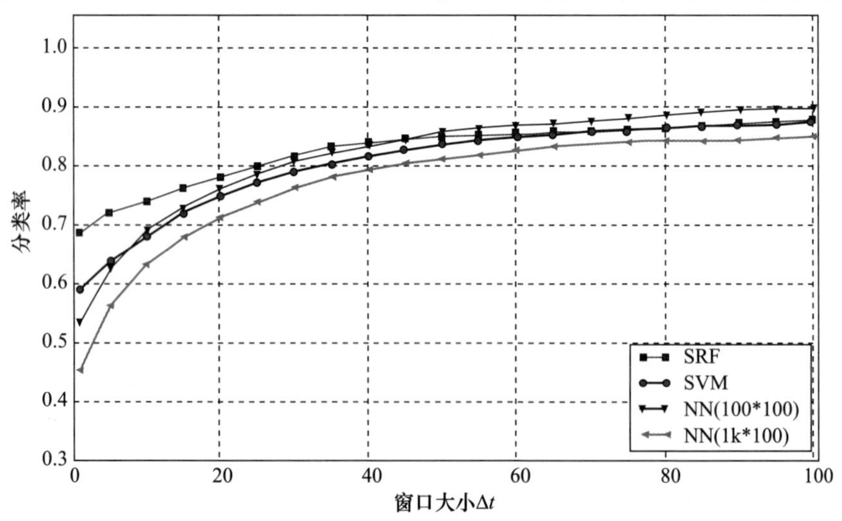

图 4.24　不同分类器下分类曲线

但对于大于50的窗口上,100×100的NN性能更好。如前所述,较小的融合窗口将有利于实时性能。因此,SRF更适合机器人应用。此外,注意找到最优的SVM和NN通常需要大量时间。相比较而言,获得合适的性能训练SRF更加容易。也就是说,每类场所的SRF分类器可以简单地设置为同一结构,不需要复杂网格搜索确定超参数。综合考虑,我们建议使用SRF分类器。

4.4.7.4　时间性能测试

我们测试了CDPB特征的时间,并将其与局部特征FPFH和SHOT进行了比较。在一些文献中(如参考文献[107]和[108]),这些特征经常作为形成全局特征的基础。由于这三个特征都要使用具有法线的点云,因此我们采用相同方法生成法线,然后将带有法线的点云传递给这三种方法,测试时间性能。需要注意的是,对于FPFH和SHOT,测试时间只包括生成局部特征的过程,这样,基于它们获得完整全局描述的方法还需要消耗更多的时间。然而,对于CDPB特征,记录的时间是进行完整场所描述所用的总时间。从3D IKEA数据集中随机抽取200帧进行测试,结果如图4.25所示。计算设备配置为Intel Xeon E5－2620,2.1GHz CPU和16GB内存。

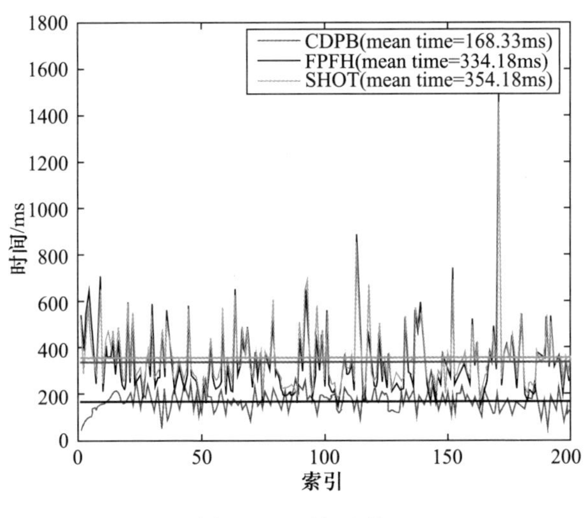

图4.25　时间比较

CDPB方法的平均时间几乎是FPFH和SHOT的一半。这是因为CDPB方法不需要逐点进行邻域计算,只需要计算每个体素上的法向分布。此外,虽然在我们的实验中,体素的数目看起来非常大($32\times32\times32=32768$),但在三维空间上非常稀疏,仅仅少数体素参与计算。计算耗时主要花费在体素法线分布计算上,因为需要在"统计球"上进行密集计算。接下来,在一系列11×12矩阵上的计算不需要花费太多时间。

4.4.7.5　3D IKEA 数据库测试小结

综上,基于 CDPB 的方法以一种真正的纯 3D 描述方式、以统一的方式描述一个场所,并且不需要任何 2D 特征的协助。由于保留了更多的三维几何信息,因此基于 CDPB 的方法优于部分 3D 信息和 2D 信息的组合方法。

4.4.8　NYU2 数据库上的实验评价

此处,在更大型的室内数据集 NYU2 上评估前述方法。

4.4.8.1　数据集

由于本节算法以机器人应用为背景,所以选择的数据集应当来自某个机器人平台,或者至少应该来自近似机器人的视角。NYU2 数据集符合这样的要求,它由手持 Kinect 系统设备在多种日常室内环境中连续采集的数据构成,包括从任意角度连续采集的 RGB 和深度图像序列。这其中涵盖 26 种场景类型,数据容量接近 500GB,远大于 3D IKEA 数据集。每一个数据序列都包含在一个文件夹中,并且具有一个显式的场所名称。该数据集是对机器人视角的良好模拟。虽然 NYU2 未直接给出点云数据,但可以通过其给出的工具转换得到点云数据。此数据集的一个缺点是某些文件夹名称存在歧义,导致分类困难。尽管如此,总体上看,此数据集用于算法评价较为合适。

4.4.8.2　实验设置

我们首先使用 NYU2 提供的工具基于 RGB - D 数据生成点云,并重新组织数据,如图 4.26 所示。

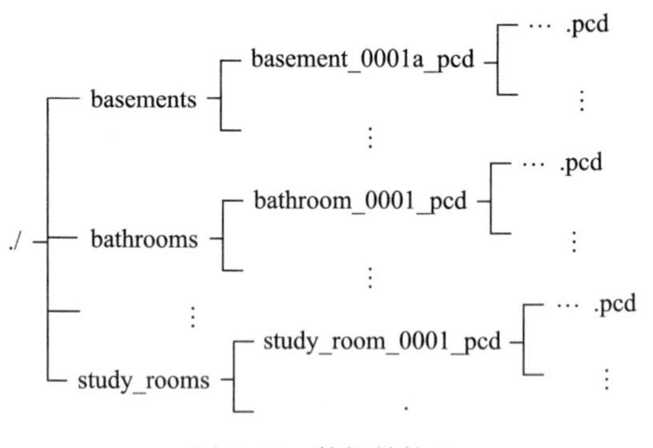

图 4.26　数据结构 S

数据被重新组织成 3 个层次。第 1 层是场所类层,它包含 N_{pls} 个类。第 2 层场所实例层,其中每个场所类都包含多个实例。第 3 层是实例帧层,其中每个场所实例保存从原始 RGB - D 数据转换而来的连续点云帧。注意,原数据库中两个 misc 文件夹混合了几个不同的场所,并且所有包含的场所类只有一个或两个实例。因此,misc 中数据不适合形成训练集和测试集,将其排除在外,剩下 18 个场所类用于分类。接下来,将采样过程应用于重新组织的数据。采样算法如算法 4.6 所示,其中仍然使用了 one - to - all 方案和均匀采样策略。由于数据量巨大,基于采样算法的实验只进行了 3 次。最后,采用与之前实验相同的方法(包括参数网格、超参数等)对 SRF、SVM 和 NN 分类器进行训练,比较它们的性能。仍然与目前基于三维几何的方法进行了比较。

算法 4.6 NYU2 数据库上采集算法

Input:场所类别集合 $\{\boldsymbol{Pls}\}_{N_{pls}}$ 及其对应的数据结构 $\boldsymbol{S}$

Output:测试集 $\{\boldsymbol{T}\}_{N_{pls}}$,正样本集 $\{\boldsymbol{P}\}_{N_{pls}}$,负样本集 $\{\boldsymbol{N}\}_{N_{pls}}$

1: **procedure** GENERATETPN($\{\boldsymbol{Pls}\}_{N_{pls}}$)
2: **for** 每个 $\boldsymbol{Pls}_i \in \{\boldsymbol{Pls}\}_{N_{pls}}, i = 1, \cdots, N_{pls}$ **do**
3: $\boldsymbol{T}_i \leftarrow \varnothing$
4: 在 $\boldsymbol{S}$ 的实例层中随机采样一个 与 $\boldsymbol{Pls}_i$ 相关的实例 p 且大小为 N_p
5: $\boldsymbol{T}_i \leftarrow p$ 的片段
6: $\{\boldsymbol{T}\} \leftarrow \boldsymbol{T}_i$
7: 在 $\boldsymbol{S}$ 的片段层中随机采样一些与 $\boldsymbol{Pls}_i/p$ 相关的片段 N_p,并组成 $\boldsymbol{P}_i$
8: $\{\boldsymbol{P}\} \leftarrow \boldsymbol{P}_i$
9: 在 $\boldsymbol{S}$ 的片段层中随机采样一些与 $\{\boldsymbol{Pls}\}_{N_{pls}}/\boldsymbol{Pls}_i$ 相关的片段 N_p,并组成 $\boldsymbol{N}_i$
10: $\{\boldsymbol{N}\} \leftarrow \boldsymbol{N}_i$
11: **end for**
12: **return** 集合 $\{\boldsymbol{T}\}_{N_{pls}}, \{\boldsymbol{P}\}_{N_{pls}}, \{\boldsymbol{N}\}_{N_{pls}}$
13: **end procedure**

4.4.8.3 分类结果与讨论

在融合窗口 $\Delta t \in [1,100]$ 的区间上测试分类曲线,进行总体性能评估(如图 4.27所示),当 $\Delta t = 70$ 时计算混淆矩阵(如图 4.28 所示),分类率为 3 次测试的平均。

1) 分类器比较

使用相同的 CDPB 特征,SRF 明显优于其他分类器。SVM 和 NN 仍然采用了网格搜索的方法进行训练,但性能较差。可能的原因在于 SVM 和 NN 没有更多地考虑随机性,并且对数据集中出现的干扰(如:歧义标签和许多场所过渡区等)不够健壮。扩大网格搜索范围应该可以得到更好的 SVM 和 NN 分类器,但这需要更多的训练时间。因此,我们仍然建议在一般情况下使用 SRF。

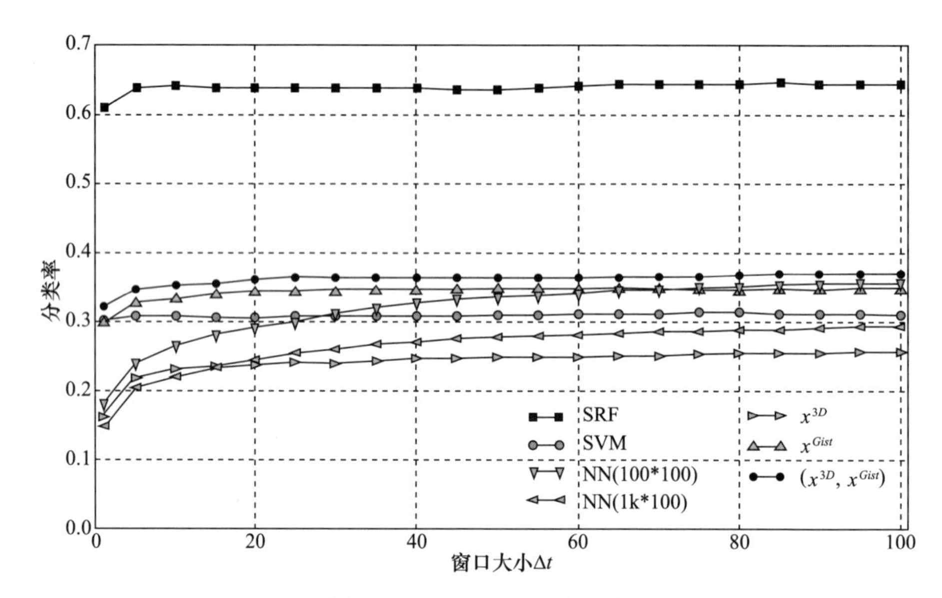

图 4.27　NYU2 上的分类曲线

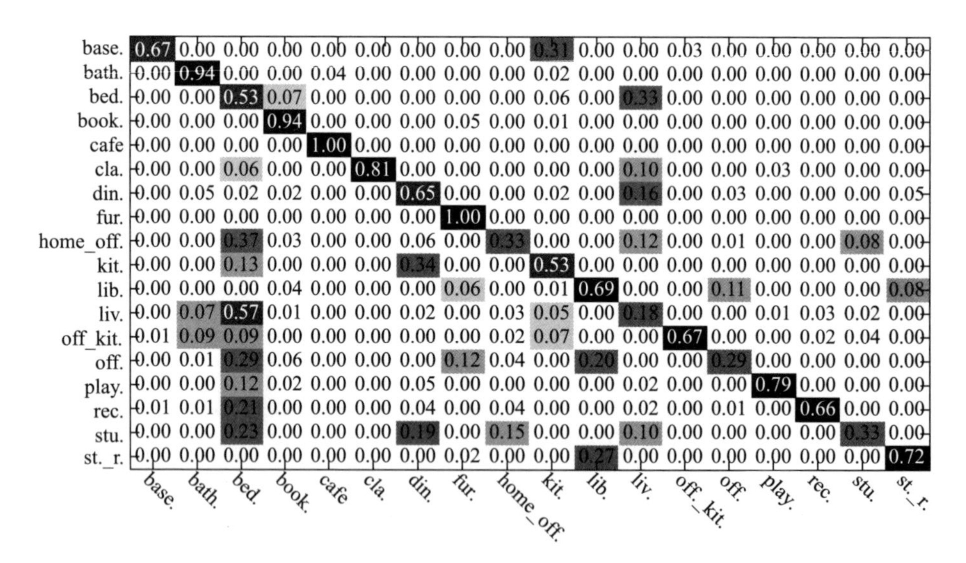

图 4.28　NYU2 上的混淆矩阵

2）分类率比较

显然，使用 SRF 作为分类器的 CDPB 方法比之前基于三维几何的方法（$\boldsymbol{x}^{3D}$，$\boldsymbol{x}^{Gist}$）和 $\boldsymbol{x}^{3D}$ 有更好的性能。此外，如果使用相同的 SVM 分类器，CDPB 的性能仍然优于之前的纯三维模型 $\boldsymbol{x}^{3D}$。但是，在这种情况下，它比基于三维几何的（$\boldsymbol{x}^{3D}$，

$\boldsymbol{x}^{Gist}$)方法和 $\boldsymbol{x}^{Gist}$ 方法差。这是因为,一般情况下,SVM 不适合处理长且稀疏的向量,它难以选择到较好的核和超参数,特别是在这么大的数据集上。

3) 影响因素分析

影响分类率的因素除了几何形状相似、出现异常物体、观察距离太近、初始帧出错、训练数据缺失因素外(细节分析见文献[109]),还有下列因素值得注意。

(1) 一些测试实例与正例样本完全不同(例如,测试例 study_0004,如图 4.29所示)。因此,测试实例的所有帧都被错误地分类,总体分类率大大降低。丰富数据集有助于解决这个问题。

图 4.29　study_0004

(2) 一些源于文件夹名称的场所标签存在歧义。例如,如图 4.30 所示,厨房附近的测试场所被放置在 kitchen_0034b 中,显然将其放置在 ding room 类中更加准确。这直接导致了学习概念时的模糊和分类评价的错误,两方面均影响了分类的成功率。今后,对每个场所的标签都要重新核对和整理。使用标记准确的标签对获得良好的学习器有好处。

图 4.30　NYU2 的一个厨房

（3）许多场所非常大且复杂，一些场所包括许多不同功能区和过渡区（例如，大型图书馆和家庭办公室）。此外，有些不同场所中的某些区域具有相似的场景几何。这些因素都会引起分类上的困难。在未来，一个可行的解决方案是通过 CDPB 对功能区进行分类，然后综合中间结果来得到最终的场所标签。这是涉及大范围场所的描述策略，超出了本节研究范围。

（4）场所中的过渡区对融合策略来说是一个挑战，因为合并区域结果不能带来更好的分类结果。因此，分类曲线非常平缓，融合效果并不显著。融合策略应该在同一区域中使用。

本节方法在一定程度上对周围的变化和遮挡具有健壮性。这是因为我们的方法是基于整个场所的场景几何。只要变化和遮挡没有严重破坏全局的场景几何，算法就具有很好的表现。图 4.31 给出一个例子：在教室中，孩子们并没有遮掩太多的视野，因此使用本节方法仍然可以取得令人满意的结果。

图 4.31　NYU2 的一个教室

4.4.8.4　NYU2 数据库测试小结

在大型 NYU2 数据库上的性能测试结果，反映出基于 CDPB 的方法表现出更好性能，这归因于其以一种原生纯 3D 的描述方式，保留了更多关于场所的三维几何信息。未来，还需要进一步丰富和规范化 NYU2 数据库，并在改造后的数据库上进行更加全面的性能测试，以发现算法瓶颈并予以改进。对于含有不同功能区和过渡区的大型场所，应当进一步研究感知策略和适时的切换机制。

4.4.9 结论

本节提出了一种原生的纯三维几何描述来捕捉场所表观结构，进而实现场所分类。它只依赖于三维几何信息，不依赖于任何二维图像特征，因此该方法对颜色、光线变化健壮性好，特别是能够应用于极端光照条件。其性能显著优于当前纯3D几何方法，并且优于3D与2D信息结合的方法。

基于CDPB的方法在3D IKEA数据集上进行了测试，测试性能优于当前报告最好的纯三维几何方法及其混合方法，并具有融合窗口更小、实时性更好、不出现完全失败情况的特点，方法的超参数选择也比较简单。此外，所提出方法也在一个更大数据集（NYU2）上进行了进一步的比较测试，它仍然具备最好性能。

本节也发现了此类基于纯3D几何方法的原生问题。首先，难以区分具有非常相似几何布局的场所。这一问题难以借助方法自身解决。一些基于物品的分类方法应当整合进系统，加入物品检测器并执行“场所－物品”关系交叉验证策略有助于提高分类率。其次，只捕捉场所某个局部角落的近景视图，如大的平坦表面、家具的某些部分视图或单个物体等，会影响方法性能。检测靠近的体素，排除这些情况，或者进行“场所－物品”关系交叉验证可以避免该问题。SSD物体检测方法[108]和基于点云的Pointnet方法[109]可以用作检测工具。

我们设计CDPB的过程忽略了一些次要因素，比如只考虑了*GsND*的最大峰值。忽略的因素可能在某些场所描述中起重要作用。在未来，我们将引入一些自动深度结构来保留更多的细节。

第5章　移动机器人交互导航

5.1　基于手绘地图的视觉导航

环境地图是导航系统的组成部分，机器人要完成导航过程，必须依靠相应的环境地图。本章介绍在未知运行环境精确地图的情形下，仅仅根据人实时绘制的大致环境地图对机器人进行的导航行为，将此地图称为手绘地图。本章根据这种地图中关键目标的不同表示形式，设计了三种形式的手绘地图，并详细介绍了它们的设计理念、绘制方法、手绘地图与实际环境地图的映射关系以及路径中信息的提取过程。

5.1.1　手绘地图的定义

为了考虑手工绘制的地图中应该包括哪些基本元素，我们首先从人类在陌生环境中的问路导航过程进行分析。假如当别人向我们问路时，我们通常会这样说：从这里沿着某条路往前走，走大概多远或到达某个目标前，转向某个方向，继续往某个地方走，绕过某个目标，再走多远就到达了目的地，从这儿到那儿大概有多远等。

按照上述思想进行同样的分析，则可以在导航环境中绘制出类似的地图来指导机器人运行。在该地图中需要绘制环境中的关键目标、导航机器人的初始位置及方向、导航路径以及起始点至终点的距离等。这里描述的手绘地图可以看成一幅环境草图，因此图中的位置、路径及方向等相关信息都是不精确的，但是目标以及路径之间的相对位置关系应该要符合真实环境。

可以通过一个实际的环境来考虑手绘地图的描述及绘制方法。如图5.1表示一个普通的实验室环境，图中用黑色箭头表示环境的方向（北方）。为了方便比较，这里给出了图5.1所示环境的精确平面图，如图5.2所示。从图5.1中可以看出，环境中存在着沙发、大柜子、实验桌、饮水机等主要目标，其中导航用的机器人位于图中的左下角，其方向大致朝南。此时，如果希望机器人运行到图中右上角的壁柜处，则需要考虑一条合理的路径；从图中可以看出，机器人若运行到目标,首先应该从南边绕过“L”型的大柜子,到达沙发的前方,而后往北运行,并从北边绕过另一个长柜子,最后直接朝壁柜方向运行即可。

图5.1 普通的实验室环境

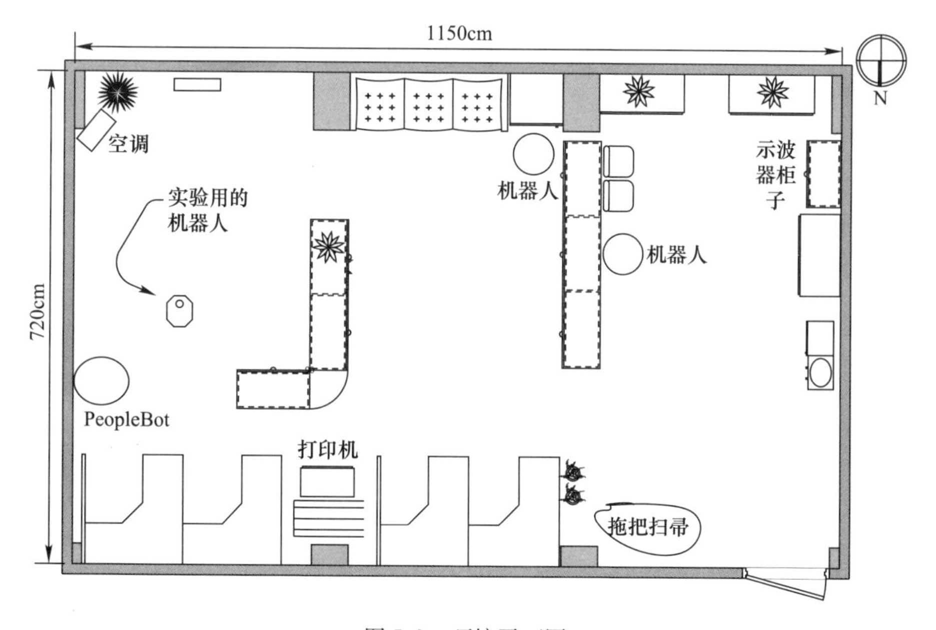

图5.2 环境平面图

5.1.1.1 实体目标地图

基于Windows Forms窗体应用程序,我们开发了如图5.3所示的地图绘制程序。在这种手绘地图中,环境中的关键目标是用真实的环境目标图像表示的,我们称这种手绘地图为实体目标地图(Entity Object Map,EOM)。这种手绘地图需要提前将环境中主要目标的图像信息拍摄下来(这里假设所有的环境目标图像都需要在统一的距离拍摄),而后才能利用此界面开发导航程序。

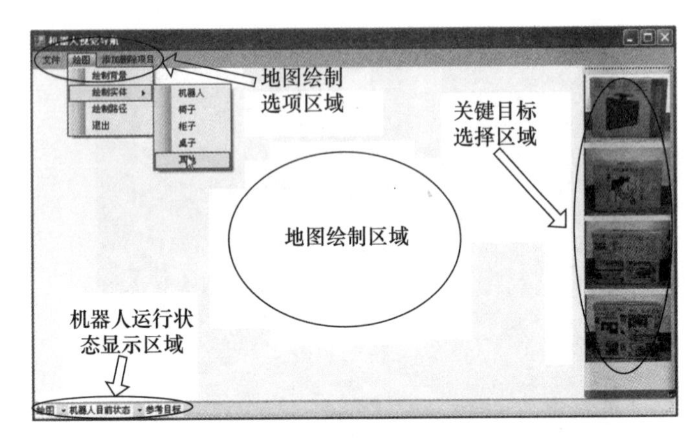

图 5.3　实体目标地图绘制界面

EOM 的绘制过程如下:打开交互绘制界面,由于预先在系统中保存了环境中关键目标的图像信息,可以用鼠标浏览图像库找到它们,并根据它们在实际环境中所处的大体位置,随意拖至地图绘制区域中对应的大致位置,并可随意改变目标的大小;根据机器人在实际地图中的概略位置和方向,在手绘地图中对应位置绘制它,并同时确定路径的起点,然后绘制路径和目标点;所有信息绘制完成之后,设置起点至终点的大致距离即可。

在图 5.1 所示的实验室环境中,对于本章前面提出的导航任务,按照上述介绍的绘制过程,可以绘制出如图 5.4 所示的 EOM。图中,各个图像表示环境中关键目标的实际图像,矩形框表示各个关键目标所占的大致区域,曲线表示机器人所要运行的大致路线,曲线一端连接的大圆圈表示机器人,圆圈中的线段表示机器人的方向(规定水平向右的方向为 0°方向),线段处的阴影区域表示机器人上摄像机的大致视场区域,曲线另一端的小圆圈表示机器人所要运行的终点。

5.1.1.2　实体语义地图

在 EOM 中,每一个环境关键目标都是用一幅实际目标图像表示的,这种环境地图表示方法比较简单。然而,对于这种地图,在机器人运行过程中,如果车载摄像机离环境目标的距离与方位和初始拍摄时摄像机的位置相差较大,环境目标的识别效果就会受到一定的影响。为消除这种影响,我们考虑用多幅图像表示每一个环境关键目标,这些图像均是摄像机在相对环境目标的不同位置处拍摄的。

由此,我们设计了第二种手绘地图,这种地图与 EOM 的表示形式大致相同,

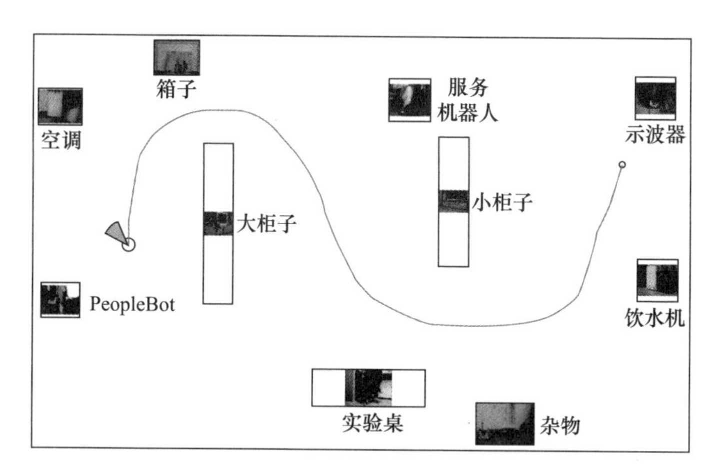

图 5.4　EOM

不同之处在于它是用语义符号表示环境中的关键目标，每个语义符号是与数据库中该目标的多幅图像相对应的。因此，可以称这种手绘地图为实体语义地图(Entity Semantic Map,ESM)。按照这种设计方法，在图5.2所示的环境中，若希望机器人能够从当前位置导航到门口处的位置，则可以绘制如图5.5所示的手绘地图。

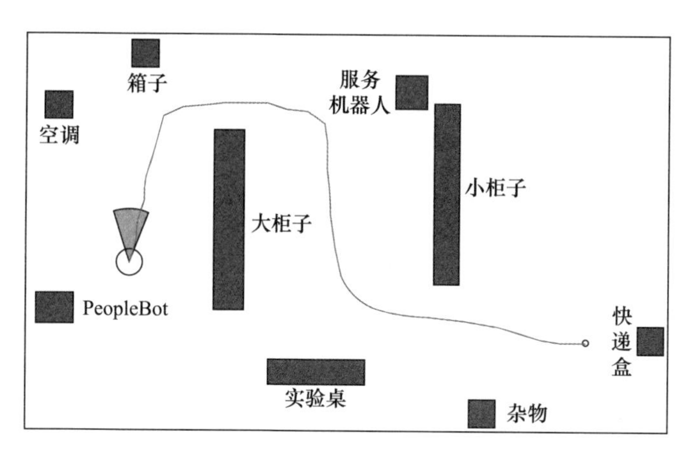

图 5.5　ESM

在ESM中，各个语义符号信息与该目标多幅图像的具体关联过程可以从图5.6中得到。可以看出，ESM中所有的语义符号信息都对应着一个统一的数据库，库中保存了机器人要运行的环境中各种主要目标的实际图像信息，通过从图像库中文件的命名入手，我们可以建立语义符号与实际图像的关系，文件名的命名方式如下：

$$\underbrace{\times\times\times}_{1}-\underbrace{\times\times\times}_{2}-\underbrace{\times\times\times}_{3}\cdot\underbrace{\times\times\times}_{4} \tag{5.1}$$

其中:1 表示语义符号的名称;2 表示图像的拍摄距离(单位是 mm);3 用于区分在同一距离拍摄的同一个类别的图像,可以用 a、b、c 等小写字母表示,1、2、3 之间用下划线进行连接;4 表示图像文件的扩展名。可以为图像设置一个默认的拍摄距离(本节中的默认距离为 1000mm),这样 2、3 部分可以在适当的情形下省略其中的一个或者全部省略,以减小文件名的复杂度。通过上述方式可以很容易从文件名中得到所需的信息,例如“箱子_1100_a. jpg”表示该图像代表箱子,其拍摄距离是 1100mm;“柜子_b. bmp”表示该图像代表柜子,其拍摄距离为默认的 1000mm;“空调_800. png”表示该图像代表空调,其拍摄距离是 800mm。因此,对于地图中的某个目标,在图像库中的所有图像中,第 1 部分与该目标的语义符号相同的图像都是该目标对应的实际图像。

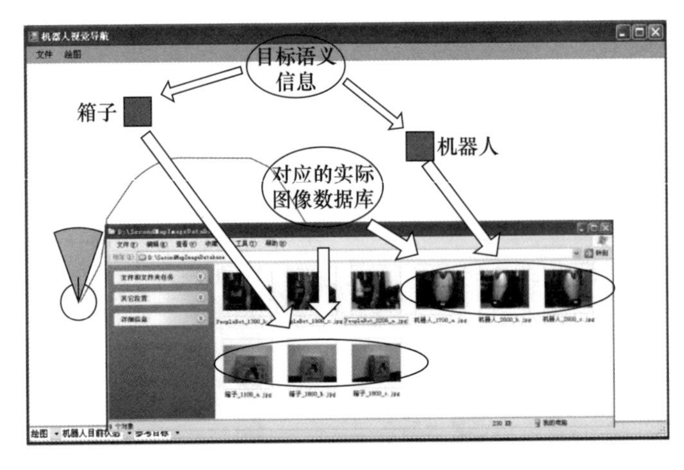

图 5.6 ESM 中语义信息与数据库图像的关联示意图

根据上述介绍,ESM 是将手工绘制信息与图像数据库信息结合在一起为机器人导航提供指导作用的。

5.1.1.3 轮廓语义地图

在前面介绍的 EOM 和 ESM 中,环境中的关键目标在表示时都必须与它们的实际图像建立联系。这就意味着要使得机器人能够在某个房间中进行有效地导航,必须首先要对该房间内的关键目标拍摄部分图像,并将其存入导航系统数据库。可以看出,这种方法具有很大的不便性。因此,本小节考虑如何在不知道环境目标实际图像信息的前提下,依靠这些关键目标与路径信息指导机器人进行导航,这就是本章所设计的第三种手绘地图的出发点。

当指导某人在一个对于我们熟悉而对于他们陌生的环境中进行导航时，我们对于环境中关键目标的描述总是从下面几个方面出发：颜色、形状、纹理、大小等。可以看出这几个性能指标是描述物体的关键因素，因此，可以考虑从这几个方面出发来描述第三种手绘地图中的环境关键目标。通过分析，在手绘地图中对目标图像的颜色和纹理进行描述是非常困难的；对于目标的大小信息，仅仅可以利用手绘地图描述其高度和宽度等，因此从大小因素出发，无法得到目标的细节信息；而形状信息描述了目标的整体轮廓，它比大小信息更加全面，并且可以在绘图面板上容易地绘制出来，克服了颜色、纹理等信息实现上的复杂性，所以可以作为目标的描述形式。综上所述，我们对环境关键目标利用轮廓信息进行描述并附带相关的语义信息，而后采用与 EOM 和 ESM 相同的路径与机器人表示形式，构成了一种新的手绘地图，我们称之为轮廓语义地图（Contour Semantic Map，CSM）。

如图 5.7 所示的圆角餐盘，若以其作为环境中的关键目标，则可以利用“餐盘”作为其目标语义信息，实时绘制如图 5.8 所示的图像作为其目标轮廓信息，那么，机器人在导航过程中就可以通过对实时图像与该轮廓信息匹配，来得到机器人与该目标的相对位置关系。然而，由于手绘轮廓是实时绘制出来的不精确信息，不同的人对同一个目标的绘制结果很可能会有所不同，因此，若以此手绘轮廓作为匹配依据就可能会影响到定位效果。有鉴于此，我们考虑在导航系统中加入轮廓数据库，其中包含有各种目标的大致轮廓信息。匹配过程中首先利用手绘轮廓与数据库中的轮廓进行比较，得到与其相似的轮廓图像，然后再用这些图像的总体特征与实时图像进行比较，就可以消除单个手绘轮廓的不精确性，从而使匹配效果更有效。图 5.9 描述了手绘地图与轮廓数据库中的信息对应关系，图 5.10 描述了从轮廓数据库中获得图 5.7 所示餐盘目标的对应轮廓的信息流向图。

图 5.7　圆角餐盘

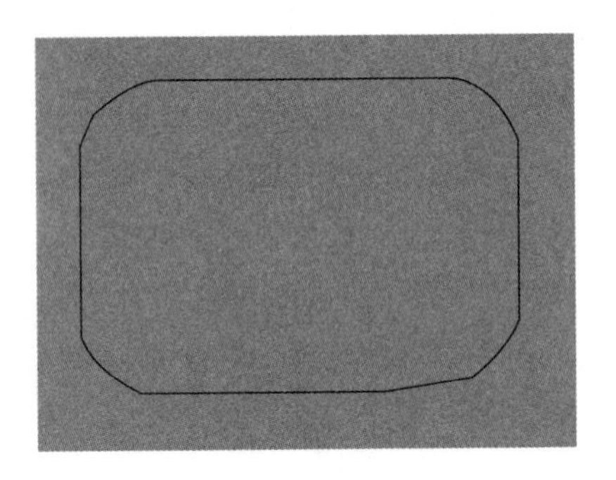

图 5.8　餐盘轮廓图

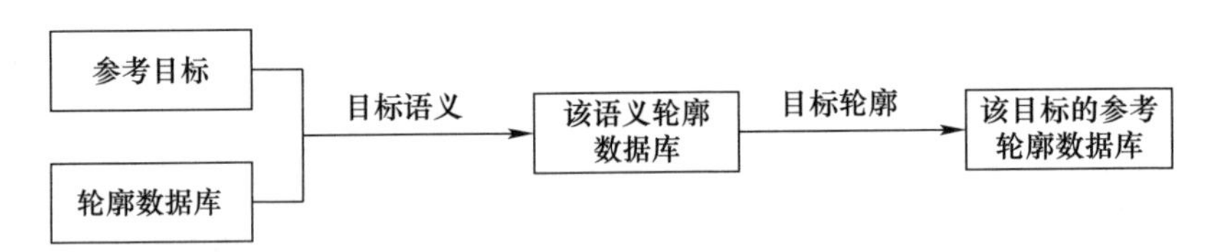

图 5.9　参考目标与轮廓数据库中目标的对应关系

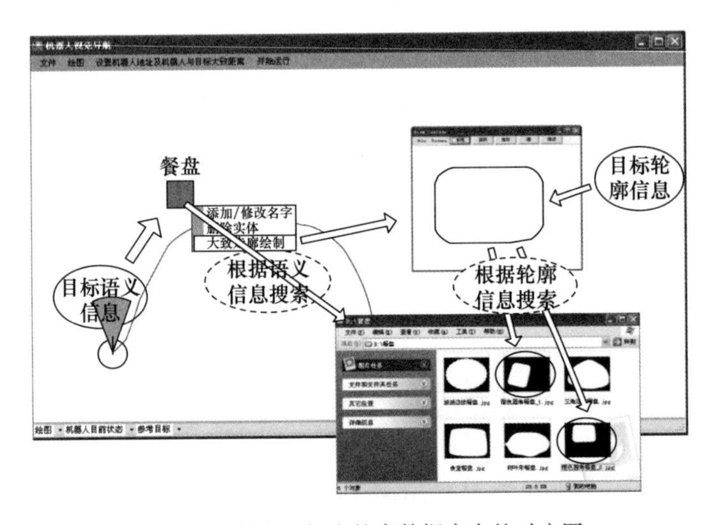

图 5.10　餐盘目标在轮廓数据库中的对应图

可以看出，CSM 与 ESM 相似，也是由手工绘制信息与图像数据库组成，但是 CSM 的数据库中包含的不是真实的图像信息，而是图像的轮廓信息，这些信息在不用拍摄实际图像的情形下也是可以得到的。若在图 5.2 所示的环境中放置一些关键目标（如餐盘、抱枕等），并同样希望机器人可以从图中位置运动到门口位置，则可以绘制出如图 5.11 所示的 CSM。

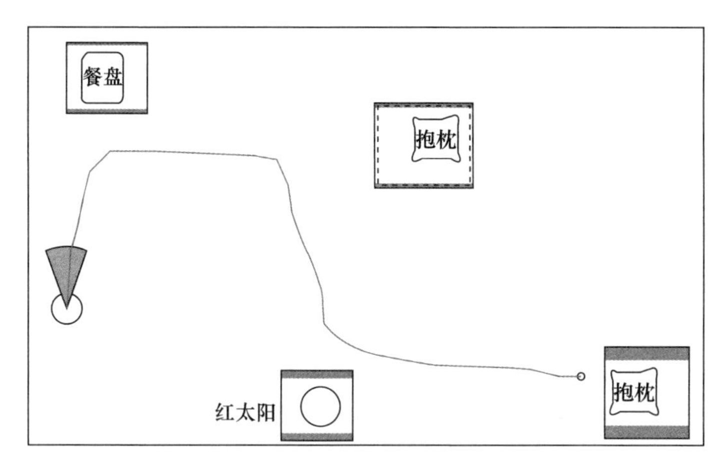

图 5. 11　CSM

5.1.2　手绘地图与实际地图的关联

将图 5.4、图 5.5、图 5.11 分别与图 5.2 进行比较，则可以分析得到手绘地图与实际地图的映射关系。可以将图 5.2 所示的实际环境地图表示成 M_{real}：

$$M_{real}=\begin{Bmatrix} L(size,position),S(size,position),D(size,position) \\ T(goal,postion,range),R(position,direction) \end{Bmatrix} \tag{5.2}$$

式中：$L(\cdot)$表示导航过程中设置的关键目标；$S(\cdot)$表示在较长的时间段内静止不动的物体，由于其特征不是很明显，因此不能作为导航环境中的关键目标，但机器人在行进过程中，考虑到避障，则必须要避开这些静态障碍；$D(\cdot)$表示在机器人行进的过程中，环境中位置在不停变动的物体；$T(\cdot)$表示目标或者任务作业区域；$R(\cdot)$表示机器人的初始位姿。

图 5.4、图 5.5、图 5.11 的手绘地图可以表示为

$$M_{sketch}=\{\tilde{L},\tilde{P},\tilde{R}\} \tag{5.3}$$

式中：$\tilde{L}$ 表示 $L(\cdot)$在手绘地图中的概略位置，即存在映射关系 $L(\cdot)\mapsto\tilde{L}$；$\tilde{P}$ 表示路径线路图，该路径图并不是机器人走的实际或者真实路径，且该路径具有随意性、灵活性、不精确性，它仅仅表示指引移动机器人沿该路径的大致趋势行走；$\tilde{R}$ 表示机器人的初始概略位姿，同样存在 $R(\cdot)\mapsto\tilde{R}$。

可以看出 M_{sketch}与 M_{real}之间并不存在精确的对应关系，这是因为人本身的绘制过程具有很大的不确定性，人对环境大小的估计也具有很大的不确定性（本课题的研究前提：只知环境大致大小而不知环境精确大小，因此在实际绘制

过程中需要估计环境),这些不确定性叠加在一起使得手绘地图和实际地图不可能保持一一对应,所以,我们只能称这种关系为“松散”映射关系。然而,也正是由于这种映射关系的“松散”性,才能使得地图的绘制过程更加方便随意,使得人机交互方式更加简单快捷。

5.1.3 基于预测估计的视觉导航算法

在5.1.2节中介绍了利用手工方式实时绘制出的机器人导航地图,本节将利用上面提供的信息完成机器人的导航过程。由于初始给机器人提供的地图信息及其他相关信息都是不精确的,因而这里的导航过程也是不精确的;导航的目的是使机器人到达地图中所指示的大致目标区域,而不是某个精确的位置,因此机器人是否成功地完成导航,是由运行结果中机器人与环境的相对位置决定的。本节基于三种形式的手绘地图,设计了相应的导航算法,使得机器人可以快速安全地到达目标区域。

5.1.3.1 预测估计方法的提出

实时控制性能对机器人的导航效果具有很大的影响。在本导航系统中,图像处理部分是影响机器人实时控制的最主要因素,图像处理具体可以分为两个过程:①图像的特征提取;②实时图像与相应的数据库信息的匹配。

基于EOM和ESM,对于图5.13所示的实时图像,在计算机上(Intel Core2 Duo 2.93GHz,2GB内存)对SURF特征进行提取的时间为106ms,将其与图5.12的SURF特征进行匹配并求得投影变换矩阵的时间为29ms,可以看出这两个过程的消耗时间巨大;对于过程①,消耗的时间与具体的实时图像有关,对于过程②,所耗时间与待匹配图像的数目大致呈正比。

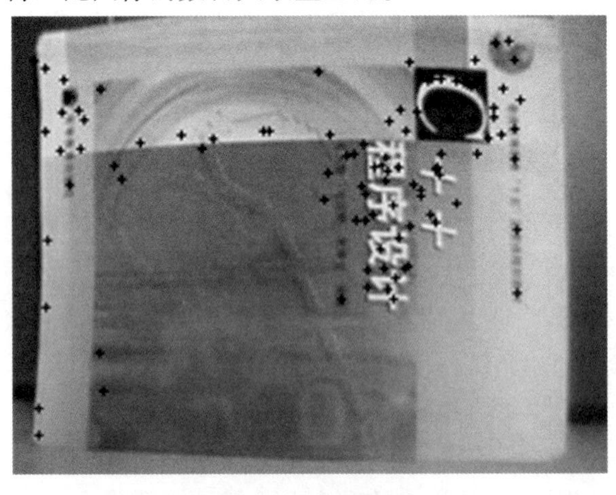

图5.12 原始图像

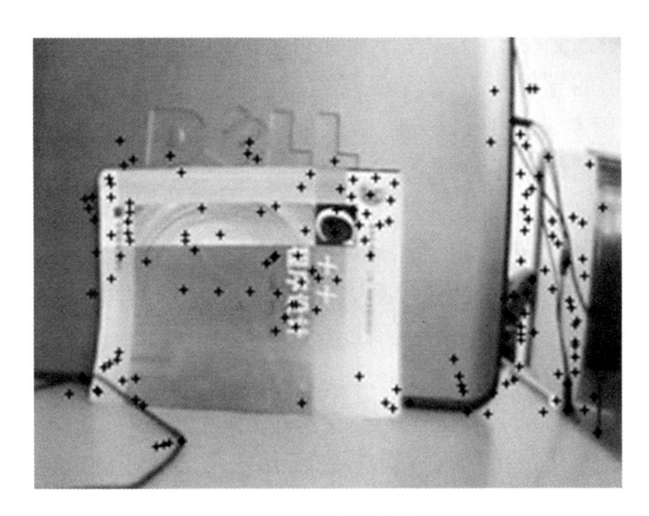

图5.13　实时图像

基于上面的分析,我们提出了一种预测估计的方法,该方法具体表现在两个方面:

(1) 预测摄像机视野内的图像是否需要处理;

(2) 当摄像机视野内出现需要处理的图像时,预测它最可能是哪类图像。

对于(1),若当前视野内的图像不需要处理,则可以省略图像处理的过程①和过程②;对于(2),若预测到实时图像属于何种图像,则可以缩小待匹配图像的范围,减小待匹配图像的数目,从而可以缩短图像处理过程②的运算时间。因此,这种预测估计的方法在基于EOM和ESM的导航系统中能够非常有效地提高机器人的实时控制性能。

对于CSM,在上述PC机上对图像轮廓的Pseudo－Zernike矩和NMI特征进行提取的时间为188ms;图像特征匹配的时间小于1ms,可以忽略不计。若这里引入预测估计的方法,则同样可以减少图像处理过程①的次数,从而缩短整体的图像处理时间。因此,这种预测估计的方法同样可以提高基于CSM的导航系统的实时性能。

根据以上介绍可以看出,这种方法在探测目标时具有主动性,而不是被动的。它在图像处理前就明确自己要检测的目标,所以这种预测估计的方法也可以允许地图中出现两个或两个以上的相同目标,这是因为它能够事先预测出要处理的是哪一个目标。在下一节实际的导航算法中,我们将会对这种方法进行详细地介绍。

5.1.3.2　无约束导航算法

我们先介绍环境中不存在障碍物时,机器人的导航方式——无约束导航。

对于导航过程中遇到障碍物的情形，我们将在下一节进行具体讨论。

本节所提出的导航算法，对于机器人的传感器要求是：带有里程计设备、声纳设备及车载 PTZ(Pan/Tilt/Zoom)摄像机。在导航过程中，里程计信息用于大致控制机器人的运行趋势，图像信息用于相对准确地描述机器人与环境关键目标的相对位置，从而有效地纠正当里程计信息不准确时机器人的运动趋势。

在手绘地图中，已经给出了各个目标的像素位置，以及起点至终点的大致直线距离，再根据起点至终点的像素距离，就可以得到手绘地图与实际环境的初始比例尺；机器人运动到关键引导点附近要基于周围的目标图像进行定位，根据定位前后机器人在地图中位置的变化，则可以更新地图的比例尺。因此，机器人的导航过程可以归纳为以下步骤：

(1) 按照地图初始比例尺计算本关键引导点与下一个关键引导点间的距离，并据此确定在这两个关键引导点之间的运行模式。

(2) 按照(1)中的模式进行运行，并按照预测估计的方法在必要的时候调整摄像机的水平旋转角度，寻找或跟踪参考目标。

(3) 机器人运行到下一个关键引导点附近后，根据图像信息或里程计信息进行定位，而后更新此关键引导点的位置以及地图比例尺，最后返回到(1)中继续下一阶段的运行，直至运行到最后一个关键引导点。

根据上面的步骤，可以将机器人的控制方式看成是分段进行的，即每个阶段的运行都是从当前的关键引导点开始，到下一个关键引导点结束；在结束之前，对机器人信息与地图信息进行更新，来为下一个阶段的运行做准备。机器人无约束导航的流程图如图 5.14 所示。

图 5.14 中 N_{this} 表示当前的关键引导点；N_{next} 表示下一个关键引导点；N_{last} 表示最后一个关键引导点；$Dist(N_{\text{this}}, N_{\text{next}})$ 表示 N_{this} 和 N_{next} 的距离；D_T 用于表示判别机器人在两个关键引导点间运行模式的距离阈值；Ruler 表示关于手绘地图中的像素距离与实际距离的比例尺，ImageFlag 用于保存当前需要检测的图像类别，D_{R-O} 表示该参考关键引导点与其参考目标之间的距离。根据图中的标号，下面对各个模块具体说明：

(1) 这是每段运行的开始，这里需明确机器人的位置(也就是 N_{this})、方向 R_θ，以及 N_{next}，这一步就是要使 R_θ 转向 $\overrightarrow{N_{\text{this}}N_{\text{next}}}$ 的方向，为下面的机器人直行做准备。

(2) 这个模块确定运行的模式，$Dist(N_{\text{this}}, N_{\text{next}})$ 是根据两关键引导点的像素位置及比例尺计算出来的；D_T 可以根据运行环境的大小适当选取，这里我们将其设置为 1m，即当这两个关键引导点的距离小于 1m 时，直接按照里程计信息控制机器人直行，而不需要依靠视觉信息进行控制，增强了机器人的实时控制

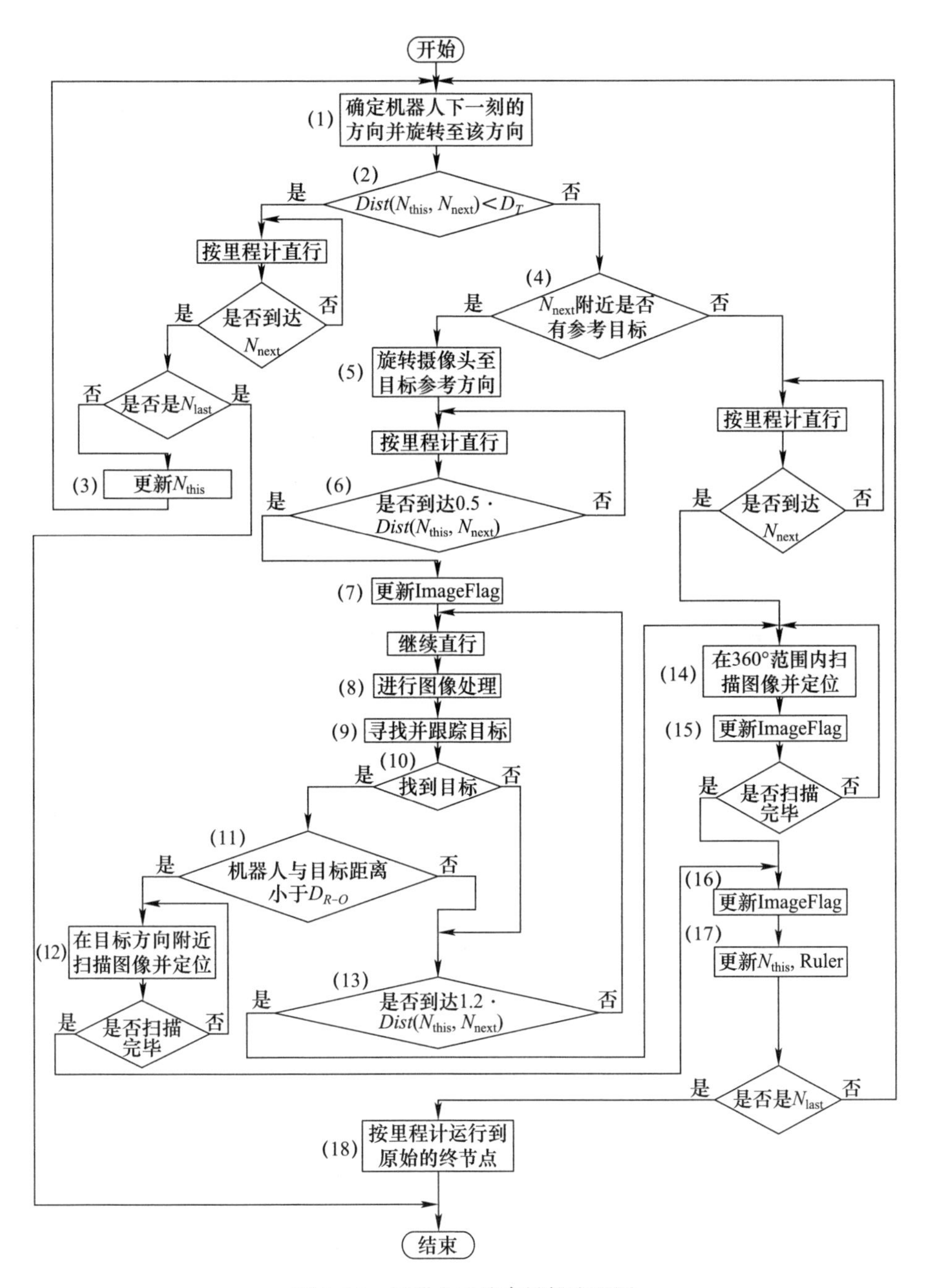

图 5.14　机器人无约束导航流程图

性能。

(3) 这里是按照里程计信息到达这个关键引导点的,若在前面的运行中一直是直行,则不需要更新;但是需要考虑环境中存在障碍物的情形,在这种情况下,若机器人没有一直直行,则需要更新 N_{this}的相关位置信息。

(4) 这一模块是预测估计方法的一部分,即是选择合适的参考目标,使得机器人在下一个运行阶段仅仅寻找此类别的图像,减少了匹配图像的数目。如图 5.15表示计算机器人参考目标的示意图。

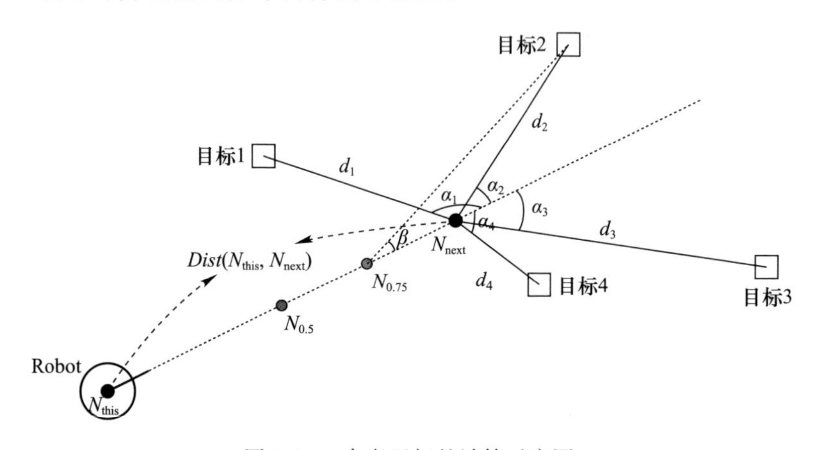

图 5.15　参考目标的计算示意图

图 5.15 中,两个黑色节点表示此时的关键引导点和下一个关键引导点,通过模块(1),现在机器人(Robot)已经处在 N_{this} 并且朝向$\overrightarrow{N_{\text{this}}N_{\text{next}}}$的方向,两个灰色节点 $N_{0.5}$ 和 $N_{0.75}$ 分别表示向量$\overrightarrow{N_{\text{this}}N_{\text{next}}}$上与 N_{this} 相距在 $0.5 \cdot Dist(N_{\text{this}}, N_{\text{next}})$ 和 $0.75 \cdot Dist(N_{\text{this}}, N_{\text{next}})$ 的位置。目标 1 至目标 4 是 N_{next}周围与其相距在一定摄像机视野范围内的环境中的目标,d_1 至 d_4 以及 α_1 至 α_4 分别表示各个目标与 N_{next}的距离(通过像素距离以及地图比例尺可以计算得出)以及各个目标与机器人运行方向($\overrightarrow{N_{\text{this}}N_{\text{next}}}$)的夹角。寻找参考目标的过程就是解决在机器人运行到 N_{next}附近处,以哪个环境目标作为参考物的问题。经过分析,我们认为某个目标能否作为参考目标与两个因素有关:该目标与关键引导点的距离,该目标与机器人运动方向的偏离程度。距离太近或太远,受困于图像的识别能力,均不宜对图像进行识别;方向偏离太多,也不便于机器人控制摄像机来识别图像。基于这种考虑,我们提出了两种可能性函数 $f_1(d)$ 和 $f_2(\alpha)$,它们表示目标的距离与方向偏离对其能否作为参考目标的影响,它们的函数关系如图 5.16 所示。

图 5.16 中 D 表示原始图像的平均拍摄距离。对于图 5.15 中的每个目标 i,其可以作为参考目标的综合可能性程度 F 可以通过下式计算:

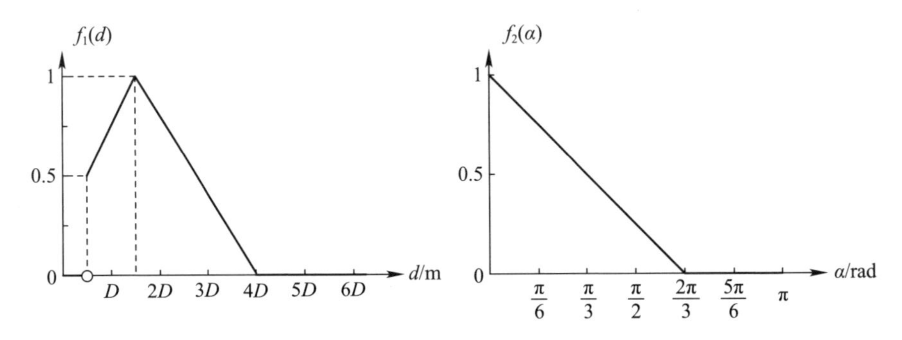

图5.16 关于距离和偏离方向的可能性函数

$$F(i)=f_1(d_i)\cdot f_2(\alpha_i) \tag{5.4}$$

若$\max\limits_i\{F(i)\}<0.2$,则认为$N_{\text{next}}$附近不存在参考目标。否则,使$F(i)$取得最大值的目标$i$可以作为参考目标,若存在多个目标都能使$F(i)$取得最大值,则选择这些目标中$\alpha$最小的作为参考目标。例如,在图5.15中,通过计算可得出目标2可以作为参考目标。

(5)为了便于(8)、(9)中对参考目标进行搜索跟踪,首先应将摄像机水平方向旋转至适当的位置,然后以此位置为基准进行目标搜索。如图5.15中的角度β,即可以作为摄像机相对于机器人运行方向的基准角度。

(6)基于预测估计的方法,当机器人运行的距离小于$0.5\cdot Dist(N_{\text{this}},N_{\text{next}})$时,也即机器人运行到图5.15中的$N_{0.5}$之前时,对环境进行识别处理对于整个机器人的控制决策没有太大影响。因此在这一段可以只对机器人进行直行控制,而不进行图像处理,当机器人运行到$N_{0.5}$之后时再进行图像搜索与跟踪。

(7)这一模块在ImageFlag中保存模块(4)中所得到的参考目标的图像类别,而环境中的其他图像种类则不包含在内。

(8)这里的图像处理过程,即是基于相应的特征进行的图像匹配过程,它的功能在于对实时图像与手绘地图中相应的参考目标图像或轮廓进行匹配定位。如果没有匹配成功,则说明实时图像没有可用信息,在第(9)步应进行目标的搜寻工作;如果匹配成功,则根据参考目标的图像或轮廓在实时图像中的位置信息,于下一步调整摄像机旋转方向,以跟踪参考目标。

(9)目标的寻找过程,在这里就是以(5)中所计算出的角度β为基准,在一定的角度范围η内搜索目标的过程,即不停地水平旋转机器人上的摄像机,使其方向与机器人相对方向保持在$[\beta-0.5\cdot\eta,\beta+0.5\cdot\eta]$内,直到找到目标为止。

目标的跟踪过程是在找到参考目标之后进行的,跟踪的目的是使检测到的目标尽量保持在实时图像的中部位置,这样才能有利于稳定地计算出机器人与目标的大致距离,为后面的决策做准备。

在基于 EOM 和 CSM 的导航系统中,图 5.17 描述了某一时刻实时图像与当前参考目标的原始数据库图像的位置关系图。

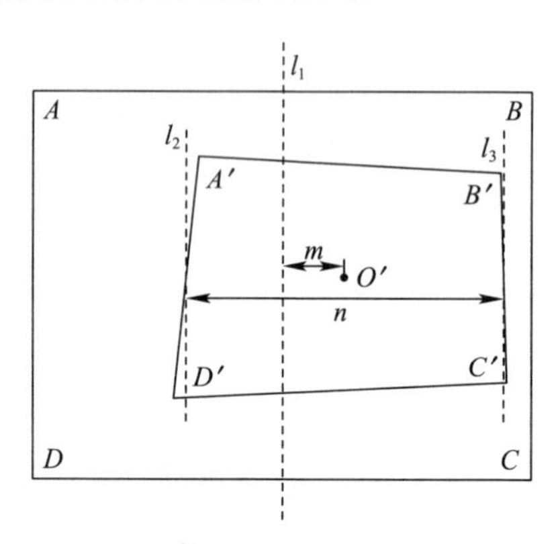

图 5.17 实时图像与参考目标数据库图像的位置关系

图 5.17 中,大矩形 $ABCD$ 表示目前的实时图像,四边形 $A'B'C'D'$ 表示实时图像中参考图像的位置,l_1 表示实时图像的中轴线,l_2、l_3 表示 $A'B'C'D'$ 的左右等效边界,O' 表示 $A'B'C'D'$ 的中心点,m、n 表示图中相应点线间的像素距离。可以根据下面的函数关系式计算摄像机的水平旋转速度来控制跟踪过程:

$$RotVel_{\text{camera}} = \begin{cases} 0, & m/n < 0.2 \\ 1, & m/n \geqslant 0.2 \text{ 且 } O' \text{ 在 } l_1 \text{ 的右侧} \\ -1, & m/n \geqslant 0.2 \text{ 且 } O' \text{ 在 } l_1 \text{ 的左侧} \end{cases} \tag{5.5}$$

式中:函数值为正,表示摄像机水平右转;函数值为负,表示摄像机水平左转,单位是°/s。

在基于 CSM 的导航系统中,需要根据标签在实时图像中的位置来控制摄像机的水平旋转速度。假设标签在相距摄像机 1m 处的平均像素边长为 L,标签在实时图像中的平均像素边长为 L',实时图像的像素宽度为 L_w;若令 m 表示标签的中心点距实时图像中轴线的像素距离,令 n 为 $L_w \cdot L'/L$,则机器人仍然可以利用式(5.5)完成基于 CSM 的目标跟踪过程。

在跟踪过程中如果长时间检测不到图像,则继续转入前面的寻找过程,以快速地搜索到参考目标。

(10) 这一步是对前两个模块的处理结果进行分析的过程。如果(8)、(9)

给出的结果是实时图像中没有参考目标图像或轮廓的匹配结果,则说明没有找到目标,则程序转到(13)步进行处理;反之,若(8)、(9)计算得出合理的匹配结果,则也不一定说明找到了目标,这是由于环境的复杂性对图像的检测可能存在干扰,例如,在基于EOM的导航系统中,假设某个环境与参考目标图像具有相似的SURF特征,则当摄像机面对这个环境时也有可能计算出合理的投影变换矩阵H,进而在实时图像中得到参考目标相应的位置,干扰了我们的决策。因此,为了避免这种情况的出现,我们决定对前n次合理的检测结果不作分析,而只是将结果(如参考目标在实时图像中的高度或标签平均像素边长)保存在一个队列中,当第$n+1$次检测到匹配图像时,则认为找到了目标,并同样将结果保存在队列中,以用于(11)步的处理。

(11) 这个模块是判断机器人是否到达本阶段的后一个关键引导点。D_{R-O}表示参考距离,例如在图5.15中,D_{R-O}等于d_2。由于在前一步中已经找到了目标,并且将相应的结果保存在队列中,因此,可以根据队列中保存的结果计算机器人与目标的距离。

如前所述,队列中保存的信息并不完全是正确的信息,因此必须要对信息进行滤波,才能得到相对可靠的数据,这里我们采用中值滤波。即当找到目标后,每个运行周期都会有一个新的高度信息或标签边长信息被保存进队列中,我们并不用这个新的信息,而是对这个队列中的前n个信息进行中值滤波,求取中位数作为实时的高度信息或标签边长信息,然后根据这个信息计算机器人与目标的距离,以进行本模块的决策。

当机器人找到目标并靠近目标的过程中,也可以根据前面已经计算出的机器人与目标的距离预测还需直行多少距离才能达到目标,这种方法用于机器人将要到达目标,突然遇到强烈的干扰使其无法识别环境时,临时利用里程计信息辅助运行到目标的情形。

(12) 此时,机器人已经到达参考目标附近。这里需要在参考目标方向附近水平旋转摄像机,多次多方位扫描参考目标信息,以得到更精确的目标距离和方向。

假设刚开始扫描时,摄像机相对于机器人的方向为ϕ,则可以将扫描角度范围限制在$[\phi-30°,\phi+30°]$内,让摄像机在此区间内扫描两次,并将检测到参考目标时的相对高度或标签边长信息以及角度信息保存下来。当扫描完成后,通过中值滤波,将高度信息或标签边长以及角度信息计算出来,并计算机器人当前的位置,完成了机器人的概略定位。

(13) 该模块是判别是否有必要继续直行来寻找该阶段的后一个关键引导点的过程。在$Dist(N_{\text{this}},N_{\text{next}})$前面存在一个系数1.2,这是为了增加目标检测的时间,这是根据地图的不精确性而给予的补偿处理。

(14) 此时,机器人的视野范围内所存在的信息不足以确定机器人的位置,需要在机器人周围360°范围内搜索信息来完成机器人的定位。同(12)中的过程相似,我们将扫描范围设定在[-180°,180°],并在此范围内只扫描一次。在扫描过程中,记录所扫描到的相应参考目标的高度信息或标签边长信息以及角度信息。扫描完成后,根据所扫描到的每个参考目标,利用中值滤波计算机器人的位置,而后,将各个参考目标所计算出来的机器人位置求取均值,以得到最终的机器人位置。

(15) 这一步利用预测估计的方法为(14)中的扫描过程提供参考目标。当机器人开始360°扫描时,周围与其相距在一定摄像机视野范围内的环境中假设存在 k 个目标,第 i 个目标中心相对于机器人当前位置的角度为 α_i。考虑到地图的不精确性,我们将第 i 个目标可能出现的方向设定在集合 Ψ_i 内,其中 $\Psi_i = \{x \mid \alpha_i - 60° < x < \alpha_i + 60°, x \in \mathbf{Z}\}$。则在扫描过程中,对于每个扫描周期,首先清空 ImageFlag,然后检测当前摄像机的方向 ϕ 与每个 Ψ_i 的关系,当 $\phi \in \Psi_i$ 时,将第 i 个目标所表示的图像类别保存入 ImageFlag 中,最后根据 ImageFlag 中的信息进行扫描过程。

(16) 这一步是更新 ImageFlag 的过程,实际上是清空 ImageFlag 中保存的信息的过程,为下一个阶段的运行提前做好初始化。

(17) 这一步是每段运行的终点。根据(12)或者(14)中所定位出的机器人位置信息,更新机器人在地图上的位置,并将此点更新为下一阶段的初始关键引导点。

若更新后机器人在地图上的位置有了变化,则可以通过该变化更新地图的比例尺。设更新前地图的比例尺是 $Ruler_{old}$,该段运行开始的关键引导点位置为 L_1,地图更新前后机器人在地图上的位置为 L_2 和 L_3,如图 5.18 所示。

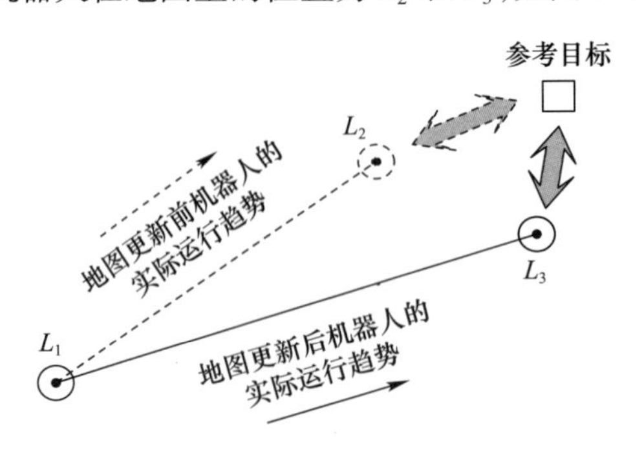

图 5.18　地图比例尺更新示意图

更新后的比例尺 $Ruler_{new}$ 可以利用下面的函数关系式进行计算：

$$Ruler_{new} = \begin{cases} \dfrac{Dist(L_1, L_2)}{Dist(L_1, L_2)} \cdot Ruler_{old}, & 0.33 < Dist(L_1, L_2)/Dist(L_1, L_3) < 3 \\ Ruler_{old}, & \text{其它} \end{cases} \tag{5.6}$$

式中：$Dist(\cdot)$ 表示两点间的距离。

（18）此时，机器人已经到达最后一个关键引导点附近。由于在（17）中可能更新了最后一个关键引导点的位置，因此，为了到达原始的最后一个关键引导点，需要在这一步根据更新前后的位置做补偿运行，使机器人到达原始终点。

5.1.3.3　动态避障导航算法

利用上一节的导航方法，机器人完全可以在理想的无障碍的室内环境中完成导航过程。然而，对于普通的室内环境，由于其本质上的复杂性，机器人在其中导航时不可避免的会遇到多种障碍物，因此，我们设计了相应的动态避障算法，使得机器人可以克服种种“阻碍”顺利到达目标区域。

图5.19描述了动态避障导航算法的整体设计流程图。利用此算法，机器人能够有效地避开环境中的静态或动态障碍物，并能在避障的过程中同时进行基于视觉的定位导航过程；避障之后，机器人会返回到避障前的状态继续运行或者是进入一个新的状态。

从图5.19可以看出，避障过程是在上一节中介绍的无约束导航的直行模块中（包括按里程计直行和继续直行等过程）分离出来的。因为在机器人直行的过程中，前方或左右方向可能存在障碍物，因此就需要在这里分离出避障模块来绕开障碍物。具体方法是，避障前记录原始的运行方向，避障旋转过程中实时检测原始运行方向是否还存在障碍物，若不存在，则转回原来的方向，退出避障过程；否则，在避障过程内部进行图像处理等一系列操作，并检测是否到达下一个关键引导点，并基于此分析避障后的运行模式。

将此动态避障导航模块加入无约束导航过程中，机器人就可以在复杂的环境中顺利完成导航过程。

5.1.4　小结

本节主要介绍了基于三种手绘地图所设计的导航算法，使得机器人可以充分结合里程计信息和视觉信息并按照此算法完成导航过程。首先，从机器人的实时控制性能出发，本节提出了一种预测估计的方法，使得机器人的图像处理过程具有更多的主动性，有效地提高了系统的实时性；然后，对于环境中不存在障

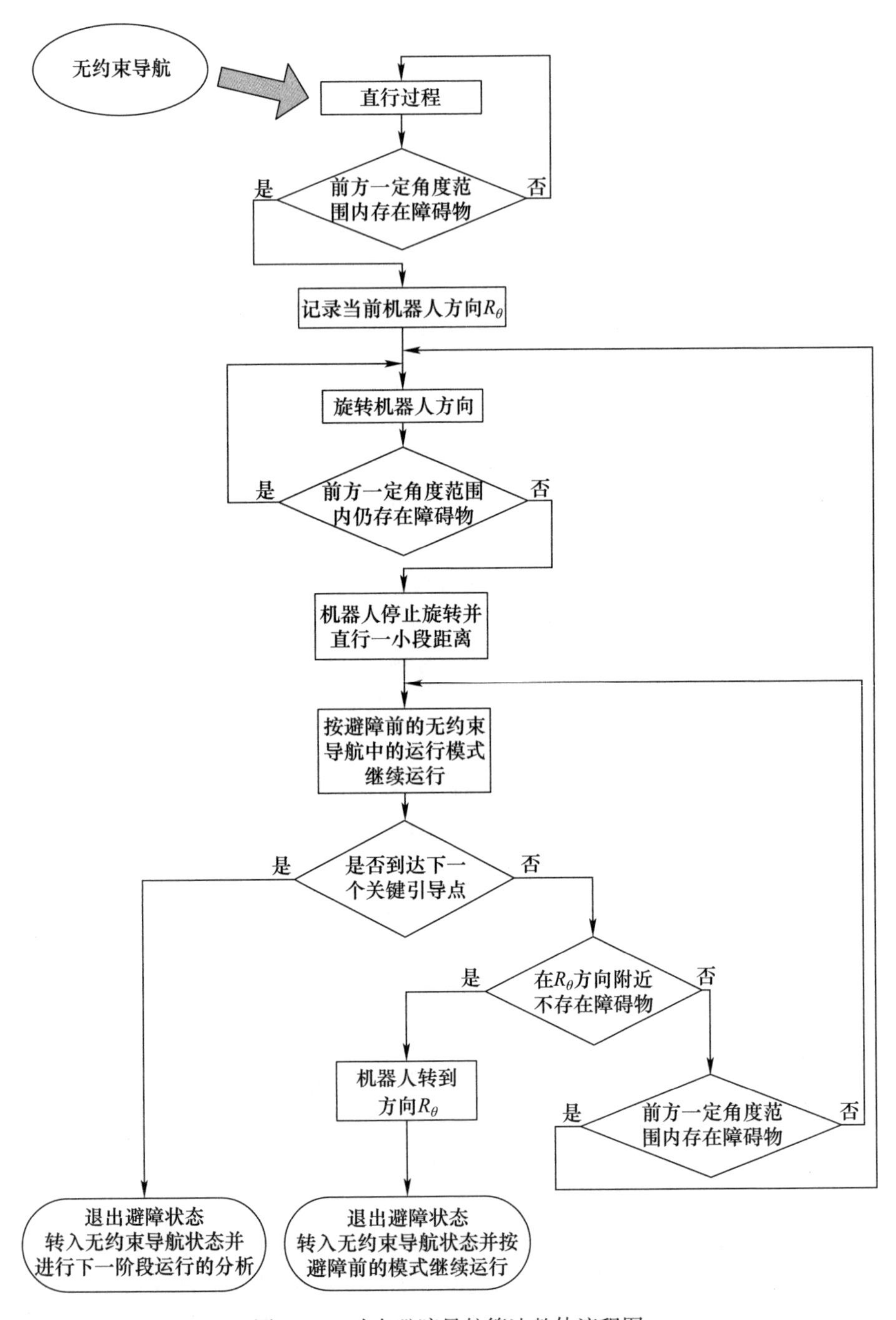

图 5.19　动态避障导航算法整体流程图

碍物的情形，本节设计了无约束导航算法，描述了导航系统中机器人的整体运行机制。最后，我们设计了动态避障导航算法，将其与无约束导航方法结合在一起，就可以完成机器人在动态复杂环境下的导航过程。

5.2　基于语义地图的视觉导航

5.2.1　语义地图的定义

这种地图用处于不同方位的语义符号表示环境中的关键目标，每个语义符号代表了实际环境中自然路标所属的物体类别。为了尽可能简单高效地描述环境，语义地图中的物体用矩形图标表示，并注明了该图标代表物体的类别名称以及大致位置。而一些不重要的环境因素则不需要绘制，极大地提高了手绘地图的操作性和便利性。

5.2.2　SBoW 模型自然路标识别算法

SBoW(Spatial Bag of words)模型是一种改进的 BoW 模型。按照如图 5.20 方式建立物体识别模型，其中(4)～(7)是 SBoW 与经典方法的不同之处。

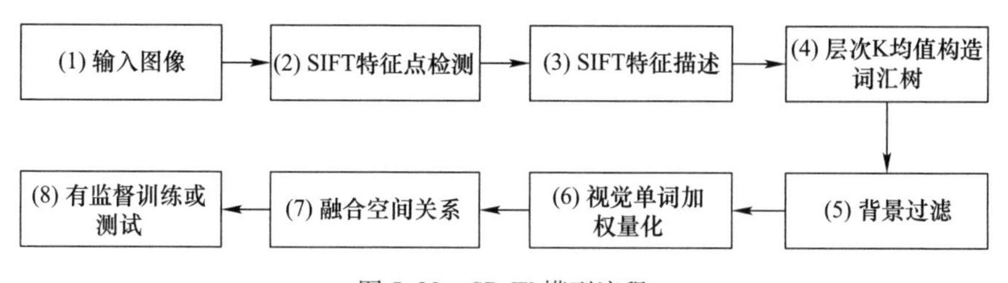

图 5.20　SBoW 模型流程

5.2.2.1　背景过滤特征采样法

经典 BoW 模型中第一步即特征采样，从图像中获取目标物体的局部特征，然后对这些局部特征进行视觉单词量化。经典方法 BoW 模型在特征量化过程中具有如下两方面的局限性：经典方法量化过程仅仅对每幅图像中的局部特征寻找视觉词汇表中的最近邻描述。尽管每个局部特征向量都能够用词汇表中的某个视觉单词作为最近邻代表，但是并没有对最近邻单词的相似度进行评估。因此一些相似性较差的量化单词，往往混杂在量化后的图像视觉单词集合中。量化不好的单词引入了人为的误差，在一定程度上干扰了有监督分类器的训练。

如图 5.21 所示，在真实环境中，目标物体附近往往会有一些背景干扰物。这些干扰物对于识别目标没有益处，往往会造成分类器的分类能力下降。为了更为确切地描述物体特性,需要一定程度上削弱背景的影响。

因此本节提出了一种背景过滤特征采样法,以便从单词量化中剔除部分干扰。算法的主要过程如下:按照经典 BoW 模型中的视觉单词构造方法,对大量图像经过特征采样、聚类后建立视觉词汇表;描述一幅待识别的图像之前,先将待识别图像中的每一个特征点与词汇表中的每一个视觉单词进行相似性计算,在满足一定阈值的情况下,认为该特征点是构成目标物体的有效特征点。

假设经过聚类后的视觉词汇表 $Q = \{Q_j, j = 1,2,\cdots,k\}$,$Q_j$ 为视觉词汇表中第 j 个视觉单词,某一幅待检测图片有 M 个特征点,其中 $\boldsymbol{P}_i$ 为待检测图片中第 i 个特征点的 128 维 SIFT 特征向量。定义视觉单词 Q_j 与 $\boldsymbol{P}_i$ 之间的相似性程度如以下公式所示:

$$s(P_i, Q_j) = \frac{|P_i - Q_j|}{|P_i| \times |Q_j|} \tag{5.7}$$

$$s'(P_i) = \min_{j=1,2,\cdots,k} (s(P_i, Q_j)) \tag{5.8}$$

将其中 $s'(\boldsymbol{P}_i) < T_s$ 的点滤除,T_s 表示相似性阈值。经过以上处理,待检测图片保留下来的特征点被认为是组成目标物体的有效特征点,但是背景上还会有一些特征点被保留下来认为是目标物体的特征点。为了进一步将这些干扰点也去掉,采用如下方法来做进一步的处理:经过相似性过滤,目标物体上检测出来的有效特征点的个数远远大于在背景上检测出来的有效特征点的个数。通常,目标物体上的特征点分布密度远远大于背景上的特征点分布密度,因此可以根据特征点密度分布情况进一步减少背景干扰点。

假设经过相似性运算,图片上特征点个缩减至 T 个,示意图如图 5.21 所示。

图 5.21　背景过滤示意图

很明显，边框内部的点与主体目标关系紧密，而外部的干扰点几乎全部来自于背景。为了降低这些干扰点对后续图像描述的负面影响，利用特征点分布的密度特征，运用随机抽样一致性算法（RANSAC）来处理。为简便和通用性起见，用一个圆形区域来覆盖特征点分布密集的那部分区域，而将圆外部分视为背景。然后过滤掉圆外特征点，具体流程图如图 5.22 所示，其中 times 表示迭代次数，一般取 50。

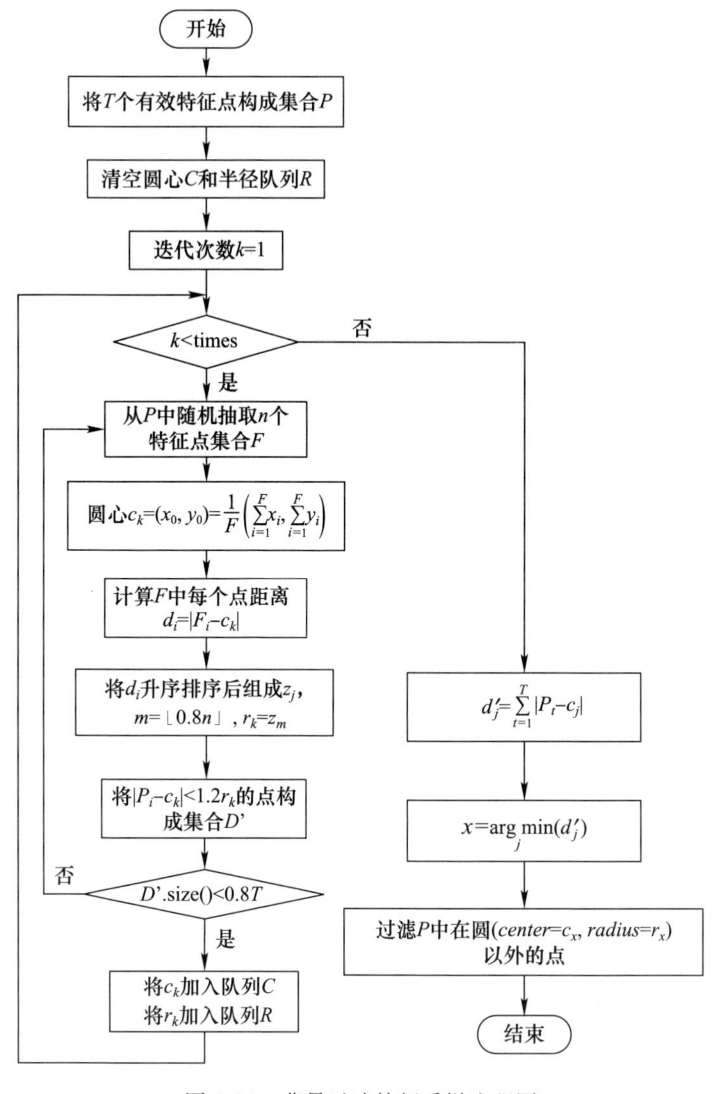

图 5.22　背景过滤特征采样流程图

经过以上的背景过滤特征采样法与经典 BoW 的特征采样法对比,得到如图 5.23结果。

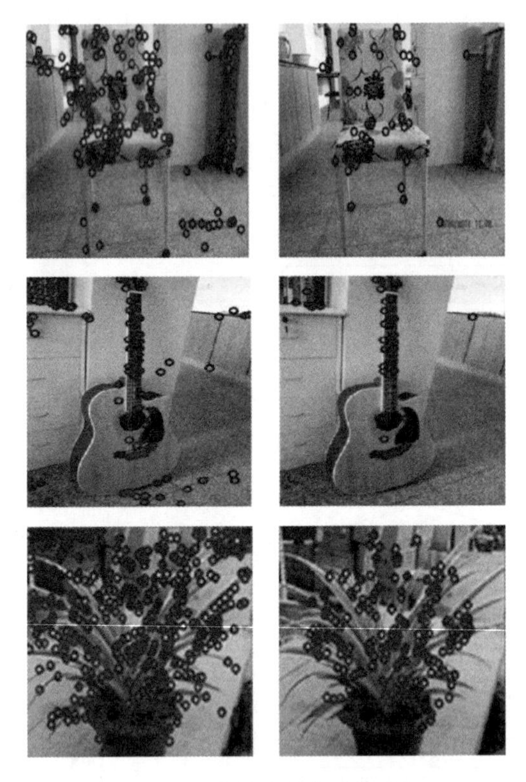

图 5.23　背景过滤前后的对比

图 5.23 左侧图像为用 SIFT 算法检测的特征点,右侧为经过上述处理后的图片。由实验结果可见,经过背景过滤后的特征点大部分都集中在物体上,更能贴近实际的物体描述,为后续的物体识别做了很好的准备工作。

5.2.2.2　融合空间关系的 BoW 模型

视觉领域的 BoW 模型本身是源自于文档检索,因此没有考虑视觉单词之间的顺序性。词袋模型只关注“袋子”中有些什么物体,而不考虑这些物体的位置。这种简洁的方法在带来高效性的同时,也带来了一个严重的问题。如图 5.24所示,右图仅仅是改变了左图中图像块的位置,实际上与左图表示的意义有着明显差别。然而,通过 BoW 模型描述之后,这两幅图像实际上等同于同一幅图像。因为右图仅仅是视觉单词的空间位置发生了变化,而空间关系却被经典 BoW 模型所忽略。实际上,空间位置关系对于描述图像中的物体也是十分重要的,不同的位置关系,反映出来的物体类别以及场景信息是完全不同的。

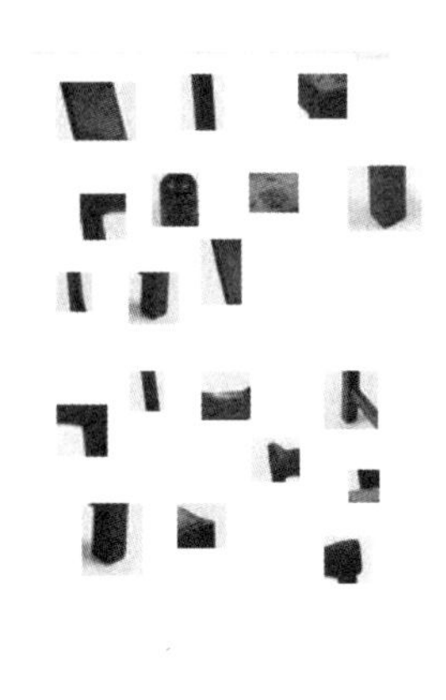

图5.24　空间位置差异示意图

考虑到空间位置对物体识别的重要性,本节在经典 BoW 模型中融合了视觉单词的空间位置关系,以改善经典 BoW 模型的性能。借鉴经典 BoW 模型对图片特征的描述方式,每幅图像仍然用一个固定长度的向量来描述。但向量元素的性质分为两类,一类是对视觉单词数量的统计描述,一类是对单词的空间关系的描述。

对单词统计特征的描述:视觉词汇表中每个视觉单词在图像中的出现次数。例如在实验中,词汇表有 P 个单词,则每幅图像的视觉单词直方图维数为 P 维,记为 $X=(x_0,x_1,\cdots,x_{P-1})$,其中每一维数字的大小代表的是该单词出现的次数。

视觉单词空间关系的描述:每个视觉单词的位置描述可以用每个视觉单词相对于物体几何中心的距离与角度两个特征来描述。具体描述如下:

假设经过处理,特征点新的几何中心为

$$O=(x_0,y_0)=\frac{1}{m}\left(\sum_{i=1}^{m}x_i,\sum_{i=1}^{m}y_i\right) \tag{5.9}$$

式中:m 为经过背景过滤后的特征点个数,几何中心如图5.25中的圆心所示。圆心周围的标志为图像中量化后的视觉单词,相同形状的标志物表示同一个视觉单词在不同位置出现多次。为了反映出视觉单词之间的空间位置关系,每个视觉单词都赋予了距离和角度度量。

为了简化量化模型,并且使空间位置关系具有一定的健壮性,本节采用量化直方图的方法来表示一幅图片中所有特征点的空间关系。

对于距离:计算每一个特征点与几何中心 (x_0,y_0) 的欧氏距离 $(L_1,L_2,\cdots,L_m)$,取中值作为单位长度 L,其他长度按照各自长度与 L 的比值划分为 $0\sim0.5L$,$0.5L\sim L$,$L\sim1.5L$,$1.5L\sim$MAX 四个区间。如此,每个特征点的距离量

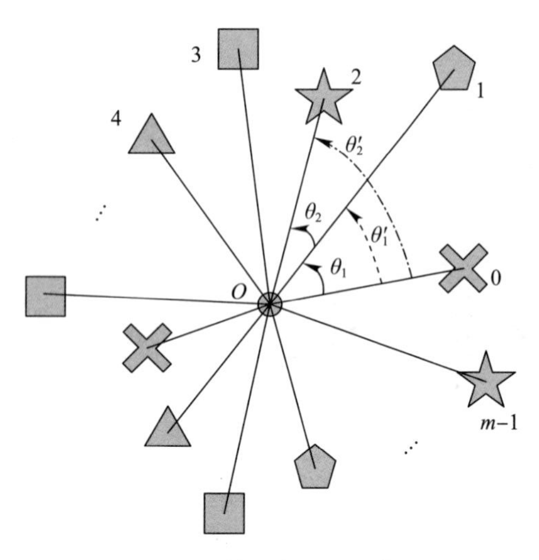

图 5.25　特征点的空间信息

化为距离直方图的某个分量。

对于角度：如图 5.25 所示，以每个特征点和其逆时针方向的最近邻点构成夹角 θ。任意选择一个特征点作为起始点 F_0，计算其他点与 F_0 之间相对几何中心 O 的夹角。将各个夹角按升序排序后得到夹角序列 θ_i'，$i=1,2,\cdots,m-1$。对应的各个点编号为 F_i，通过式(5.10)简单的数学变换，得到 OF_i 与 OF_{i-1} 的夹角 θ_i：

$$\theta_i=\begin{cases}\theta_i'-\theta_{i-1}', & i=1,2,\cdots,m-1\\ 360-\theta_{m-1}', & i=m\end{cases} \tag{5.10}$$

考虑到一般每幅图像都可以提取到上百个 SIFT 特征点，而且特征点在主体目标上的分布相对比较集中，每两个点之间的角度 θ 不会很大，因此将特征点的分布角 θ 量化为如下所示的 5 个区间：

$$0^\circ\sim30^\circ, 30^\circ\sim60^\circ, 60^\circ\sim90^\circ, 90^\circ\sim120^\circ, 120^\circ\sim\text{MAX}$$

由于在计算长度时采用了相对长度，角度也是相对角度，因此特征点空间特征具有较好的旋转、缩放不变性。最后将该向量进行归一化处理，参与到分类识别过程中。

至此，任何一幅图像都有如下的向量描述：

$$\{P_i\}_{i=0}^{P-1}+\{Q_i\}_{i=0}^{Q-1}=\{H_i\}_{i=0}^{P+Q-1} \tag{5.11}$$

式中：前 P 维向量代表的是视觉词汇表中的单词统计构成的视觉单词直方图，后 Q 维向量代表的是每个视觉单词相对于几何中心的空间关系直方图。向量上每一维的数字大小表示对应分量上的统计特征。

5.2.2.3　基于层次 K 均值聚类的词汇树

词汇树的概念是麻省理工学院(MIT)计算机科学与人工智能实验室的学者 John. J. Lee 等人在 ICCV'07 会议上首次提出的。词汇树是一种基于视觉关键词检索图像的数据结构,是一种比其他结构检索更高效的数据结构。当视觉词汇表中的单词数目很大时,一个树状结构不是通过扫描全体关键词去寻找匹配的图像,而是允许在次线性的关键词中进行查询。另外,在一个动态的环境中,不断的有新图像加入到数据库中,利用词汇树只需要添加叶子节点即可方便地实现扩展。

传统的 K 均值聚类,聚类数目 k 难以提前确定,而且受少数外围点干扰大的固有缺陷影响。而层次聚类则不必提前确定聚类数目,因此结合层次聚类和 K 均值聚类的优点,本节采用了一种基于层次 K 均值聚类的词汇树,以树中的叶子节点表示视觉单词。

采用层次 K 均值聚类,只需要确定层次聚类的层数 L。层数 L 决定了层次划分的深度,通常与数据规模相关。将所有的数据点集合看作一个聚簇 C_1,采用聚簇分裂的方式,不断进行层次划分,将父类进一步分裂为更多的小聚簇,每一次分裂过程采用 K 均值聚类划分为 k 份,该过程如图 5.26 所示。

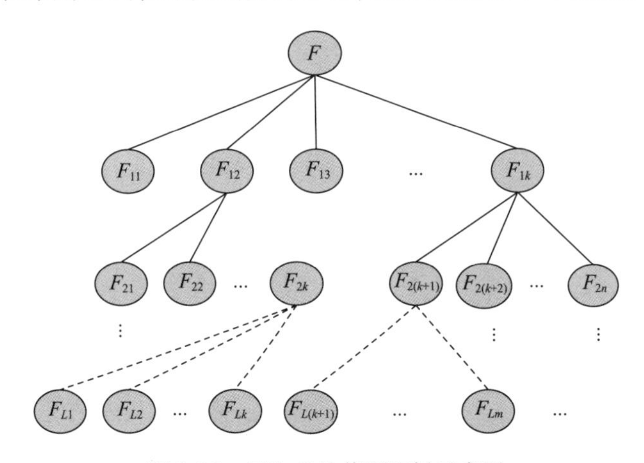

图 5.26　层次 K 均值词汇树示意图

步骤如下:

对每幅图像 $p_i, i=1,2,\cdots,n$ 分别提取 SIFT 特征,得到一个特征集合 $F=\{\boldsymbol{f}_i\}$。其中 $\boldsymbol{f}_i$ 表示一个 $m_i \times 128$ 的特征向量。m_i 表示图片 p_i 中提取到的 SIFT 特征点数目。对特征集合 F 构造一颗词汇树,以特征集合整体作为一个聚簇,构造词汇树 T 的根节点。在 T 的第 1 层上对特征集合 F 进行 K 均值聚类,把特征

集合 F 分成 k 份 $\{F_i \mid 1 \leqslant i \leqslant k\}$，计算出每个簇集 F_i 的中心向量 $\boldsymbol{C}_i$，并以 $\boldsymbol{C}_i$ 和簇集 F_i 构造 T 的第二层节点。类似地，对每个新节点上的簇集 F_i 利用 K - Means 再分成 k 个簇集，不断地重复上述操作直到树的深度达到预先设定的 L 值。若树中某个簇集内的向量个数小于 k，则这个节点就不再分裂。

树中除根节点外的总节点数目 $s = \sum_{l=1}^{L} k^l = \frac{k^{L+1} - k}{k - 1}$，它们都是对特征向量聚类而产生的簇集 $\{F_{li} \mid 1 \leqslant l \leqslant L, 1 \leqslant i \leqslant k^l\}$。树中的叶子节点即为词汇树中的视觉单词，最多有 k^L 个视觉单词。然而，在有些节点上，由于树中某个簇集内的向量个数小于 k，则会停止分裂。因此实际聚类数目可能比最大数目要少。

建立词汇树的过程实际上是一个无监督的训练过程，它为特征的量化提前做好准备。词汇树是一种有效的对输入特征向量与树节点进行相似度对比的检索算法。层次 K 均值聚类实际上是将样本空间进行了 Voronoi 划分，如图 5.27(a) 所示。特征空间被分层划分为无数不相交的子集，因此每个特征点都能够在词汇树中找到对应的一个节点，如图 5.27(b) 所示。层级 k 均值聚类每多一级，则有新的 k 个子划分产生。量化过程与创建基于 K 均值聚类的词汇树相同，从树的根结点开始查询。在树的每一层将查询图像的每个特征向量与该层上的聚类中心一一比较，将其归属到与聚类中心最近似的簇中，并继续在树的下一层继续搜索，直到最终到达某个叶子结点。该叶子结点即成为与该特征向量最相似的视觉单词，从而完成对输入图像局部特征的量化过程。

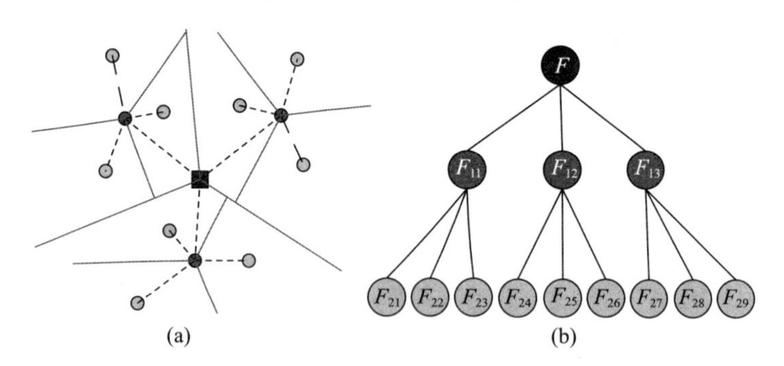

图 5.27　层次 K 均值查找过程

采用层次 K 均值词汇树的优点是具有较快的聚类速度、较好的可伸缩性，可以满足缩短响应时间的要求。此外，相比经典算法量化阶段中采用 KD - tree 近似最近邻加速特征量化过程，采用层次聚类在构造词汇树的同时即建立了类似的检索机制。从而，减少操作步骤，提高了效率。

5.2.2.4　视觉单词直方图加权量化

经典 BoW 在进行直方图量化时，通常采用图像中视觉单词频数或者归一化的频率来表示权值 W，然而仅仅统计单幅图像中视觉单词频数，不足以突出图像之间的本质区别。比如，有一些背景相同的图像，如果背景信息在每一幅图像中都占较大比重时，那么背景就不能很好地用来区分两类图像。因此有必要削弱一些区分力度不大的视觉单词。

TF－IDF(Term Frequency－Inverse Document Frequency)关键字加权方案是文本信息检索中广泛应用的加权方案。TF－IDF 加权方案的权重由两部分组成：TF 词频，可以简单衡量用一个词描述某篇文档的好坏程度。如果一个词在某个文档中出现频率很高，则该词对本节档的分类具有较大贡献。IDF 逆文献频率，衡量了某个词在整个训练集中的区分度。如果某个词在文档集合中大部分文档中都出现过，则该词的区分度较低。

对于一个文档集合 $D=\{d_j\}$ 中抽取出关键字集合 $K=\{k_i\}, i=1,2,\cdots,t$。对每一个关键字可以定义一个权重 w_{ij} 描述关键字 k_i 相对文档 d_j 的相关程度。对于没有在文档 d_j 中出现的关键字，其权值 $w_{ij}=0$。否则，定义词频 F_{ij} 如式(5.12)：

$$F_{ij}=\frac{n_{ij}}{N_j} \tag{5.12}$$

式中：n_{ij} 表示关键字 k_i 在文档 d_j 中的出现次数；N_j 则表示文档 d_j 中的关键字个数。

定义逆文献频率 $F_{逆i}$ 如式(5.13)所示：

$$F_{逆i}=\log\left(\frac{|D|}{n_i'}\right) \tag{5.13}$$

式中：n_i' 表示关键字 k_i 在文档集合 D 中的出现次数。$|D|$ 是常量，表示文档个数。可见，如果关键字 k_i 在大多数文档中都出现过，则 $F_{逆ij}$ 很小。

定义权重 w_{ij} 如式(5.14)所示：

$$w_{ij}=F_{ij}\times F_{逆i} \tag{5.14}$$

文档 $\boldsymbol{d}_j$ 可以用权值向量来表示：

$$\boldsymbol{d}_j=[w_{1j},w_{2j},\cdots,w_{tj}] \tag{5.15}$$

在图像领域中，通过 BoW 模型可以获得与之相似的表示方式。每一幅图像 $\boldsymbol{p}_i$ 都可以通过大量的视觉单词描述，并表示为如式(5.15)所示的向量。在 BoW 模型中的 SIFT 特征集合 F_i 与文档中的关键字集合 K_i 等价，只不过特征更加复杂而已。

类似地,用 w_{ij}表示视觉单词 F_i 与图像 p_j 的相关程度。视觉单词的出现频率看作是文档中关键字的出现频率。则定义 w_{ij}如式(5.16)所示:

$$w_{ij} = m_{ij} \times \lg \frac{N}{n_i} \tag{5.16}$$

式中:m_{ij}表示视觉单词 F_i 在图像 p_j 中的出现频率,n_i 表示 F_i 在图像集合中的出现次数。经过,TF - IDF 形式加权量化后的图像集合 $P = \{p_j\}, j = 1,2,\cdots,l$,可以表示为如下的矩阵。

$$W = \begin{bmatrix} w_{1,1} & w_{2,1} & \cdots & w_{t,1} \\ w_{1,2} & w_{2,2} & \cdots & w_{t,2} \\ \vdots & \vdots & \vdots & \vdots \\ w_{1,l} & w_{2,l} & \cdots & w_{t,l} \end{bmatrix} \tag{5.17}$$

IDF_i 实际上是一种信息熵表示形式,因此可以与词汇树中的视觉单词相结合。在训练阶段完成信息熵的求解,这就减少了查询时计算权值带来的计算量。最后,计算待识别图像的局部特征向量在某个词汇树中出现的频率 m,通过 TF - IDF加权技术计算出视觉单词与该局部特征的相关程度,则待识别图像也可由一组视觉单词的权值向量表示。

5.2.3 自然路标识别

路标识别的目的是实现手绘地图中路标的语义符号和环境地图中的自然路标映射 $L\leftrightarrow l$。要使机器人能够利用手绘地图中的关键物体作为自然路标,就必须对相关物体建立基于 SBoW 方法的识别模型。为了实现对常见室内物体的识别,本节在 Caltech_256 数据库基础上建立了一套室内物体数据库 HomeObjects。部分图像如图 5.28 所示,每幅图像的大小约为 320 × 240 像素。

目前 HomeObjects 数据库中共有 14 类物体(椅子、雨伞、运动鞋、水壶、电风扇、微波炉、兰草、龙竹、芦荟、笔记本电脑、垃圾篓、台灯、背包、吉他),每类共有约 140 ~ 200 幅图像。为了满足自然路标种类的多样性,可以借鉴 MIT 的 LabelMe 数据库进行扩充。LabelMe 数据库共有近 200 万张不同种类物体的图片,其中包含了几乎所有类别的物体图像。这将极大地拓展自然路标的选择范围。利用 SBoW 方法对常用物体进行离线训练,对 HomeObjects 数据库中的每一类物体建立一个"一对多"的支持向量机,每个支持向量机仅判断当前图像中是否包含目标物体。实现多类物体识别后,可以为接下来基于自然路标的视觉导航提供充分的定位信息。

图5.28　HomeObjects数据库部分图像

由实验分析可知,基于SBoW模型的物体识别算法能够实现较高的路标识别率。但是,不可避免会出现误识别的路标,这些错误的识别将干扰机器人的自定位,从而导致错误的导航决策。尽管可以利用连续几帧图像进行综合判断,但是仍然无法避免个别情况下出现误判断。另外,基于SBoW模型的自然路标识别算法,虽然能够判断出视野中是否存在某个自然路标,但是SBoW模型中的特征并没有反映出自然路标在图像中的具体位置。因此,本节提出了结合模糊颜色直方图的SBoW路标识别方法,如图5.29所示。在手绘地图中提供路标的颜色信息是为了辅助验证SBoW识别的可靠度。由于少数物体的先验颜色信息不容易描述或者很难获取,因而颜色验证是可选模块。

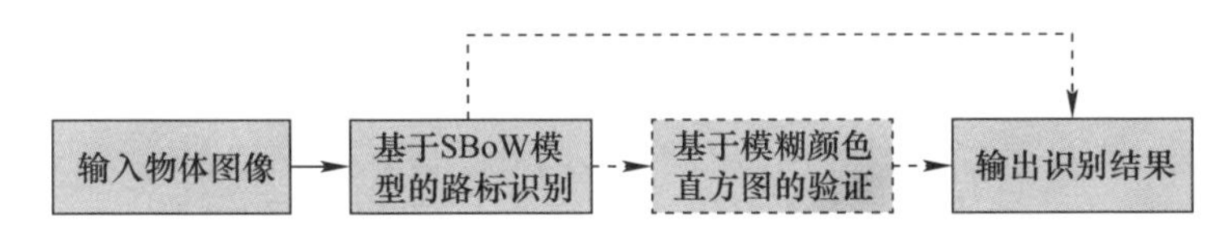

图5.29　结合模糊颜色直方图的路标识别

大部分路标具有一些鲜明的颜色特征,因此如果用户提供了先验的颜色信息,便可以更加有效地过滤掉少数路标的错误识别。如果用户无法提供先验的颜色信息,则将依赖于SBoW模型的输出结果作为路标识别的依据,只有当过去连续s(s一般取为4)帧图像都判别为同一物体类型,才确认识别结果有效。本节对每一类物体L_i离线训练"一对多"支持向量机,因此判别结果$V_i = \pm 1$只表示当前图像中是否包含指定类别L_i,如果在连续多帧图像中都识别不到物体L_i,则依据里程计和手绘地图做惯性导航。

正如生活中人类描述物体特征的过程，颜色是一种最直观且实用的物体特征，也是人眼最容易鉴别的信息。另外，颜色信息具有平移、旋转、缩放不变等良好的特性，因此广泛应用在物体检测、语义搜索等领域。针对大多数室内用品，一般颜色较为简单，因此采用模糊颜色直方图能够有效地验证 SBoW 模型的识别是否正确。手绘地图描述自然路标时，可以很方便地指定部分自然路标的粗略颜色，从而为提高路标识别的可靠度提供更多先验信息。由于物体的种类繁多，因此颜色也丰富多彩。人眼对颜色的判断并不精确，而是一种模糊的描述。因此，本节提出采用模糊颜色直方图的形式描述自然路标的颜色属性。

模糊颜色直方图是在模糊颜色区间进行量化的直方图。相比于传统的颜色直方图，某种颜色 c 并不是简单地量化在某个区间上，而是通过模糊隶属函数，同时量化在多个区间上。模糊区间 F_i 表示如式(5.18)所示：

$$F_i=(\mu_i,r_i) \tag{5.18}$$

式中：μ_i 表示模糊区间 F_i 的典型颜色值；r_i 表示为模糊区间的大小。传统的 RGB 颜色空间，虽然使用方便，但是 3 个通道相互关联，与人的视觉感知不太一致。而 HSV 颜色空间，则将颜色在“色调”(Hue)，“饱和度”(Saturation)，“亮度”(Intensity)3 个独立的通道上描述颜色。HSV 颜色空间更接近人的视觉感知，因此本节选择以 HSV 颜色空间的模糊直方图进行颜色描述。

在 HSV 颜色空间中，只有色调 H 和饱和度 S 具有颜色信息。为了便于计算和显示，将 H 量化为 0～180 的范围。色调值不容易受光照干扰，而且是色彩区别于灰度的本质信息。通常人眼对色调的感受具有不均匀性，可以将色调不均匀地划分为红、橙、黄、绿、青、蓝、紫，共 7 种模糊区间，如表 5.1 所示。采用 7 种模糊色调，可以满足大多数场合的色调描述，而且具有简单、高效的优点。不均匀的模糊量化，更符合人眼对色彩的感受，因此更方便手绘地图描述自然路标的色彩。

表 5.1　色调模糊区间

	红 red	橙 orange	黄 yellow	绿 green	青 cyan	蓝 blue	紫 purple	深 deep	浅 shallow
μ	178	17	29	56	85	116	152	0.425	0.825
r	13	6	6	21	8	23	13	0.225	0.175

饱和度 S 反映了颜色的深浅，也即某种色彩被白色稀释的程度。通常饱和度 S 被量化为[0,1]，S 越大表示色彩越纯。人眼对饱和度变化很迟钝，因此，将饱和度划分为深、浅两个模糊区间，如表 5.1 后两列所示。

对 HSV 三个分量中的 H 和 S 定义如下式所示的高斯型模糊隶属函数：

$$f_i(c)=\mathrm{e}^{-\frac{(c-\mu_i)^2}{2r_i^2}} \tag{5.19}$$

式中：$f_i(c)$ 表示颜色分量 c 隶属于区间 F_i 的度量值；μ_i 表示模糊区间 F_i 的典型颜色值；r_i 表示为模糊区间的大小。色调和饱和度的模糊隶属函数曲线图如图5.30所示。

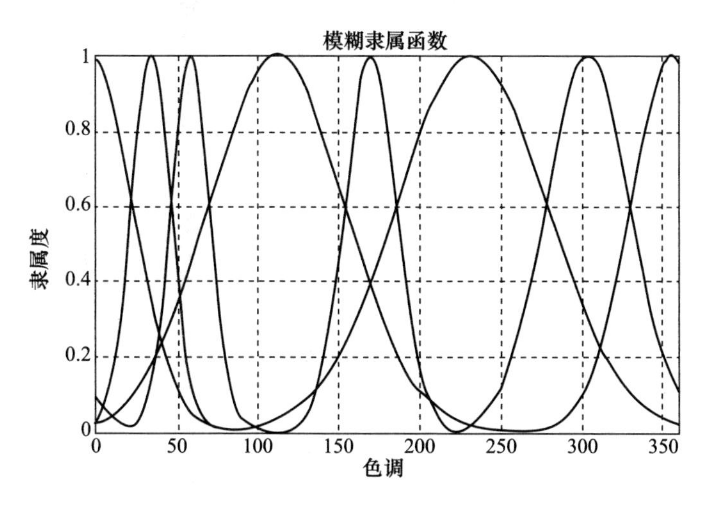

图5.30　色调的模糊隶属函数

亮度 V 仅仅包含灰度信息，反映了光照强度。通常亮度 V 被量化为[0,1]，V 越大表示光照越亮。根据经验，亮度通常对颜色信息的描述不太重要。因此将 V 硬性划分为2个区间，暗[0,0.5)，亮[0.5,1]。

通过模糊划分，HSV 颜色空间被划分为 $7\times2\times2=28$ 个模糊色彩区间。再将通常的灰度划分为4个模糊区间，典型值如：黑色(0.125)、浅灰(0.375)、深灰(0.625)、白色(0.875)。对4种灰度定义如下的三角型模糊隶属函数：

$$f_{\text{black}}(v)=\begin{cases}1, & v\leqslant 0.125\\ 1-4\times(v-0.125), & \text{其它}\end{cases} \tag{5.20}$$

$$f_{\text{lightGray}}(v)=1-4\times|v-0.375| \tag{5.21}$$

$$f_{\text{darkGray}}(v)=1-4\times|v-0.625| \tag{5.22}$$

$$f_{\text{white}}(v)=\begin{cases}1, & v\geqslant 0.875\\ 1-4\times(0.875-v), & \text{其它}\end{cases} \tag{5.23}$$

在绘制手绘地图时，通过软件界面可以很方便地选择自然路标的主颜色(红、橙、…、紫，或者黑、浅灰、深灰、白色)，饱和度(深、浅)，亮度(亮、暗)。考虑到物体通常由两种以上的颜色组成,因此必要时需要估计物体的每种颜色所占的比例。通常用3种以下的主颜色足以描述一个自然路标的颜色信息。

基于模糊颜色直方图的颜色验证过程,实际上是对采集到的路标图像和用户输入的先验颜色进行匹配的过程。由于一幅图像中可能包含了多个不同大小的物体,为了降低背景对主体目标的干扰,将每幅图像 I_i 划分为 20×20 大小的网格 G_{ij},然后对每个网格内的小图像块 G_{ij} 统计模糊颜色直方图 H_{ij}。根据用户输入的路标颜色建立一个模板图 I',然后计算模板图的模糊颜色直方图 H'。通过 Bhattacharyya 距离,计算归一化的网格直方图与归一化的模板图直方图的匹配度,公式如下:

$$d_{\text{Bhattacharyya}}(H_1, H_2) = \sqrt{1 - \sum_i \frac{\sqrt{H_1(i)H_2(i)}}{\sum_j H_1(j) \sum_j H_2(j)}} \tag{5.24}$$

式中:H_1, H_2 表示待匹配的两个模糊直方图;i 和 j 表示直方图的第 i 和 j 个分量。通过模糊颜色直方图匹配后,越接近0表示越匹配。

对图5.31(a)所示的红色水壶,定义其模糊色调为红色,饱和度深、亮度暗,红色比重约为90%,可以得到如图5.31(b)所示的颜色模板。然后,将5.31(a)中网格直方图与(b)的直方图进行匹配,匹配结果如图(c)所示。为了方便查看,越亮的区域表示越匹配。

将颜色直方图的匹配结果与匹配度阈值比较,然后通过最大类间方差算法将匹配结果中与模板颜色最接近的部分框住,如图5.31(d)所示。通过模糊颜色的辅助验证,可以很方便地将环境中与自然路标颜色差异明显的部分滤除,从而在一定程度上保证了自然路标识别的可靠性。本节采用 SBoW 算法识别自然路标,再经过颜色验证。手绘地图中需要绘制路标的位置,输入物体类别和颜色属性。在手绘地图中添加部分显著路标的颜色,并没有提升手绘地图的复杂度,反而降低了路标误识别的概率。

5.2.4 交互式视觉导航

5.2.4.1 基于自然路标识别的无障碍导航方法

1)自然路标筛选

机器人实际环境中导航,必须解决地图匹配问题。所谓地图匹配,即手绘地图与导航环境的映射,$M_{\text{sketch}} \leftrightarrow M_{\text{real}}$。由5.1.2节分析可知,$M_{\text{sketch}} \leftrightarrow M_{\text{real}}$ 的映射实际包含了 $\{L \leftrightarrow l, R \leftrightarrow r, P \leftrightarrow p\}$ 3种映射。假定机器人在环境中的初始位置 R_0 对应着手绘地图中机器人的初始位置 r_0,即 $R_0 \leftrightarrow r_0$。手绘路径 $p = \{n_i, i = 0, 1, \cdots, k\}$ 与机器人实际路径的映射 $p \leftrightarrow P$,转变为关键引导点 n_i 与实际路径中某

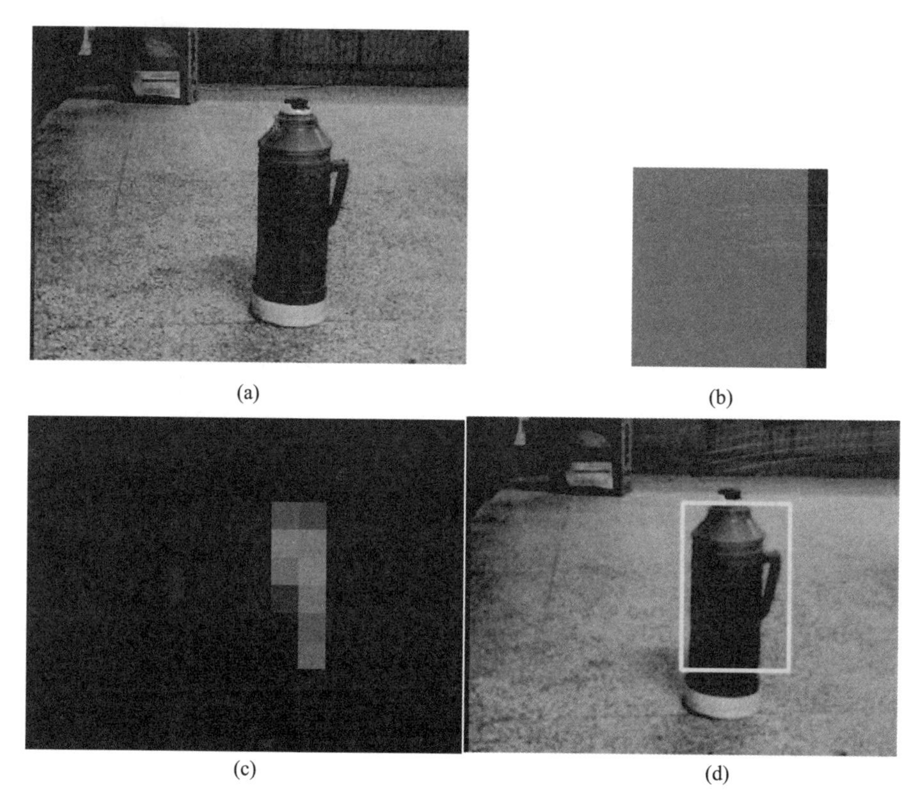

(a)　(b)　(c)　(d)

图5.31　基于模糊颜色直方图的

(a)自然路标；(b)模板颜色；(c)模糊颜色直方图匹配；(d)位置检测。

个地点 N_i 的映射 $n_i \leftrightarrow N_i$。关键引导点是虚构的，但关键引导点周围一般都存在着自然路标，因此 $n_i \leftrightarrow N_i$ 的映射关系可以通过 $L \leftrightarrow l$ 映射来间接实现。每个 $n_i \leftrightarrow N_i$ 映射实现后，便完成 $P \leftrightarrow p$ 映射。可见，自然路标的映射 $L \leftrightarrow l$ 是地图匹配的核心问题。

$L \leftrightarrow l$ 映射实质上就是自然路标的识别和定位。因此需要准确并快速地识别关键引导点周围的自然路标。关键引导点附近可能有多个候选自然路标。然而每个时刻仅需要准确识别一个自然路标就足以帮助移动机器人自定位。尤其是在物体识别算法的准确度较高时，从候选的自然路标中筛选一个最容易被机器人搜索到的目标，不但减轻了机器人视觉观察的负担，而且提高了机器人的导航速度。因此，本节设计了一种自然路标筛选算法，目的在于从众多自然路标中筛选一个最适合的自然路标。

如图5.32所示，两个黑色节点表示此时的关键引导点 n_{i-1} 和下一个关键引导点 n_i。假设经过之前的路径映射 $P \leftrightarrow p$，机器人 Robot 在手绘地图中已经处在

n_{i-1}并且朝向$\overrightarrow{n_{i-1}n_i}$的方向，灰色节点 $N_{0.5}$ 表示向量$\overrightarrow{n_{i-1}n_i}$的中点，$d'(n_{i-1},n_i)$表示两个结点之间的像素距离。$O_j(j=1,2,\cdots,m)$是手绘地图上 n_i 可视范围内的 m 个候选自然路标，d_j 表示候选自然路标 O_j 与 n_i 的像素距离，α_j 表示 O_j 与机器人运行方向$\overrightarrow{n_{i-1}n_i}$的相对夹角。经过分析候选自然路标 O_j 与结点 n_i 的距离和角度，可得 O_j 被选为 n_i 附近自然目标 l_i 的权重函数见式(5.28)：

$$f_1(d)=\begin{cases}-\left(\dfrac{d-1500}{1800}\right)^2+1, & (d<1500)\\[2ex] -\left(\dfrac{d-1500}{1400}\right)^2+1, & \text{其它}\end{cases} \tag{5.25}$$

$$f_2(\alpha)=\begin{cases}1, & \left(\alpha\leqslant\dfrac{\pi}{9}\right)\\[2ex] \cos\left(\alpha-\dfrac{\pi}{9}\right), & \text{其它}\end{cases} \tag{5.26}$$

$$F(O_j)=f_1(d_j)\cdot f_2(\alpha_j) \tag{5.27}$$

$$l_i=\underset{j=1,2,\cdots,m}{\operatorname{argmax}}(F(O_j)) \tag{5.28}$$

式中：$f_1(d)$表示距离约束函数；$f_2(\alpha)$表示角度约束函数。由式(5.28)可以计算出 n_i 附近最容易被发现的自然路标 l_i，根据经验，若 $F(l_i)<0.2$，则认为 n_i 附近的候选自然路标离 n_i 太远或者角度太偏，机器人可以依据手绘地图和里程计进行惯性导航。则若存在多个目标都能使 F_i 取得最大值，则选择这些目标中 α_i 最小的作为当前的自然路标 l_i。

锁定 n_i 附近的自然路标 l_i 后，机器人参考手绘地图中$\overrightarrow{n_{i-1}n_i}$路径，依靠里程计先快速行驶至 $N_{0.5}$，然后开始减速。根据手绘地图信息，可以获得自然路标 l_i 代表的物体类别 $class_i$，边前进边利用 SBoW 算法进行自然路标 l_i 的识别。如果 SBoW 算法连续多次判决当前视野中的目标物体 $object_i$ 类别与 $class_i$ 一致并且模糊颜色验证正确，则表明 $object_i$ 是实际环境中的自然路标 L_i。通过改进的 SBow 算法识别自然路标 L_i 的过程也即 L_i 与 l_i 完成了映射。$L_i\leftrightarrow l_i$ 映射仅仅表明了机器人检测到了手绘地图中的 l_i，接下来需要进行视觉粗定位，以完成 $n_i\leftrightarrow N_i$ 的映射。

2）视觉导航粗定位

机器人在导航过程中，解决定位是关键步骤之一。定位的目的是获得机器人在环境中的相对位置和方向。在手绘地图中，已经给出了各个自然路标的像素位置，机器人的初始像素位置以及起点至终点的大致直线距离。机器人认知

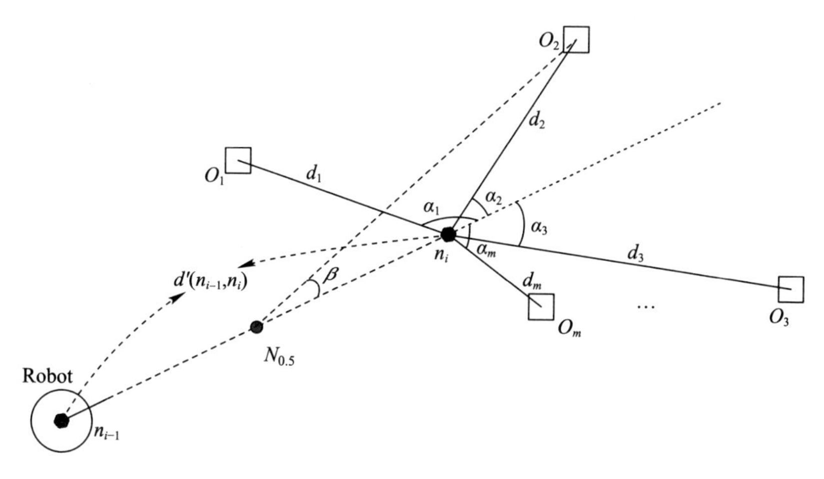

图5.32　自然路标的筛选

环境,需将手绘地图信息和视觉感知信息两者匹配,从而确定自身的位置和姿态。

SBoW物体识别模型为了实现对复杂环境下的多类物体识别,采用图像中抽象的高层语义信息,也即视觉单词描述图像中的内容。通过将SBoW模型应用到自然路标识别中,可以帮助机器从环境中鉴别出自然路标,并结合里程计信息与手绘地图定位机器人位置和方向。但是,SBoW模型不能够给出图像中物体区域的准确位置,因此不能够精确定位物体。本节采用了多种传感器融合的定位方法,需要结合里程计、超声波、单目视觉传感器,3种传感器的数据相互融合,加上手绘地图的先验信息,可以快速地实现粗定位功能。

利用里程计进行惯性导航的一个优点是方便实用,缺点是累积误差较大。因此需要通过视觉传感器识别自然路标进行矫正。采用里程计的必要条件是要确定导航实际尺寸,而手绘地图中正好提供了粗略的尺寸。比例尺是导航地图中必不可少的元素,它反映了地图与真实环境的尺寸映射关系。手绘地图的随意性和不精确性决定了每一段路程$\overrightarrow{n_{i-1}n_i}$有一个独立的比例尺$m_i$。相邻的比例尺之间具有相关性,机器人可以根据$\overrightarrow{n_{i-1}n_i}$间的实际行走路程$\overrightarrow{r_{i-1}r_i}$估计下一段路程$\overrightarrow{n_in_{i+1}}$的比例尺$m_{i+1}$。

结合里程计信息与手绘地图的视觉导航定位过程如下:

首先由式(5.29)计算路程$\overrightarrow{n_0n_1}$的初始比例尺m_1,然后进行第一段导航。按照手绘地图指示从n_0开始沿$\overrightarrow{n_0n_1}$方向到达n_1,接下来再转向$\overrightarrow{n_1n_2}$,依次类推直到最终到达n_k。假设某一时刻机器人在位置R_{i-1},然后大致沿$\overrightarrow{n_{i-1}n_i}$方向朝环境中$R_i$点前进。当机器人到达$R_i$附近并通过SBoW算法准确地识别到自

然路标 L_i。视觉粗定位的目的：机器人需要根据比例尺以及里程计数据计算机器人在手绘地图中 l_i 附近的坐标 r_i，绘制机器人在手绘地图中的行驶路径$\overrightarrow{r_{i-1}r_i}$。

$$m_1 = \frac{d(n_0, n_k)}{d'(n_0, n_k)} \tag{5.29}$$

如图 5.33 所示，定位实际上是坐标变换的过程。机器人某时刻在环境中的位置为 R，由式(5.30)计算此刻机器人与 L_i 之间的粗略米制距离 $d(R, L_i)$，t 为像素距离阈值，一般取 0.6。d 表示实际环境中两点之间的米制距离，d'表示手绘地图中两点之间的像素距离。$s(R, L_i)$ 表示通过声纳获取到的机器人与自然路标 L_i 之间的实际距离。当机器人到达自然路标附近时 $R_i = R$。根据里程计数据由式(5.31)计算机器人的实际运行路径$\overrightarrow{R_{i-1}R_i}$。$L_i$ 相对机器人的方向角即当前摄像机的水平旋转角度 θ。通过式(5.32)得到机器人当前实际位置为 R。

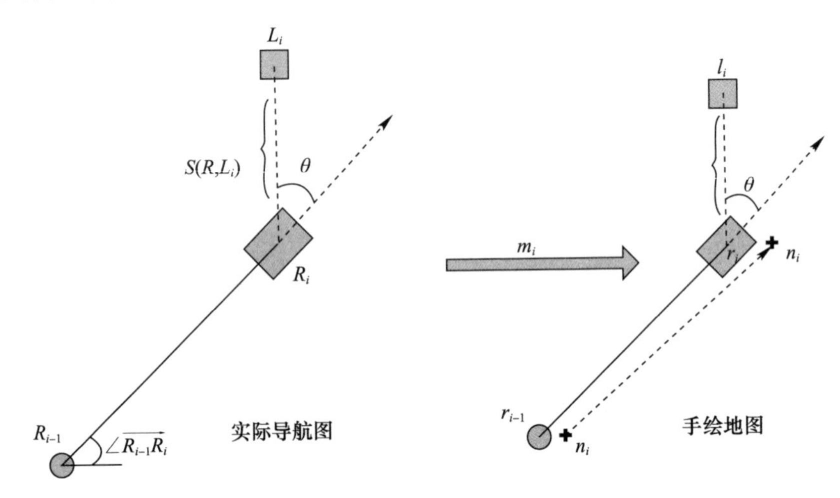

图 5.33 视觉导航粗定位示意图

根据式(5.34)可以得到机器人在手绘地图中前进的向量$\overrightarrow{r_{i-1}r_i}$，与式(5.31)对应的，有$\overrightarrow{or_i} = \overrightarrow{or_{i-1}} + \overrightarrow{r_{i-1}r_i}$，从而得到手绘地图中机器人在结点 n_i 附近的位置 r_i。其中 r_{i-1}表示机器人到达 n_{i-1}结点后经过自定位获得的像素位置。r_i 即机器人达到 n_i 附近后通过自定位计算得到的实际位置。

以式(5.35)更新地图的比例尺 m_{i+1}。然后利用比例尺 m_{i+1} 计算下一段路程$\overrightarrow{n_{i-1}n_i}$的长度。如图 5.34 所示，机器人参考手绘路径不断更新实际路程$\overrightarrow{r_{i-1}r_i}$，$i = 1, 2, \cdots, k$ 直到到达最终结点 n_k 附近，完成整个导航任务。

$$d(R,L_i)=\begin{cases} d'(r,l_i)\times m_i, & \dfrac{d'(r,n_{i-1})}{d'(r_{i-1},n_i)}<t \\ s(R,L_i), & \text{其它} \end{cases} \tag{5.30}$$

$$\overrightarrow{OR}=\overrightarrow{OR_{i-1}}+\overrightarrow{R_{i-1}R} \tag{5.31}$$

$$|\overrightarrow{RL_i}|=d(R,L_i),\angle\overrightarrow{RL_i}=\angle\overrightarrow{R_{i-1}R}+\theta \tag{5.32}$$

$$\overrightarrow{r_il_i}=\frac{\overrightarrow{RL_i}}{m_i} \tag{5.33}$$

$$\overrightarrow{r_{i-1}r_i}=\overrightarrow{r_{i-1}l_i}-\overrightarrow{r_il_i} \tag{5.34}$$

$$m_{i+1}=\begin{cases} \dfrac{d'(r_{i-1},n_i)}{d(r_{i-1},r_i)}\cdot m_i, & \left(0.33<\dfrac{d'(r_{i-1},n_i)}{d(r_{i-1},r_i)}<3\right) \\ m_i, & \text{其它} \end{cases} \tag{5.35}$$

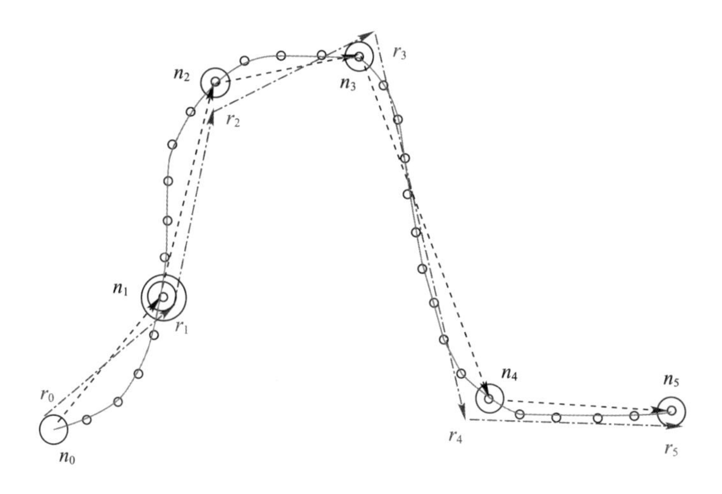

图 5.34　视觉粗定位示意图

5.2.4.2　避障方法

避障是机器投入实际使用必不可缺的功能。避障导航的目的是为了有效地避开环境中的静态或动态障碍物,并能在避障的同时检测自然路标,避障之后,机器人会返回到避障前的状态继续运行。本节设计了一种试探式的避障导航方法,避障流程图如图 5.35 所示。

5.2.4.3　导航算法集成

将避障导航模块结合无障碍导航模块组成一个完整的视觉导航算法。导航

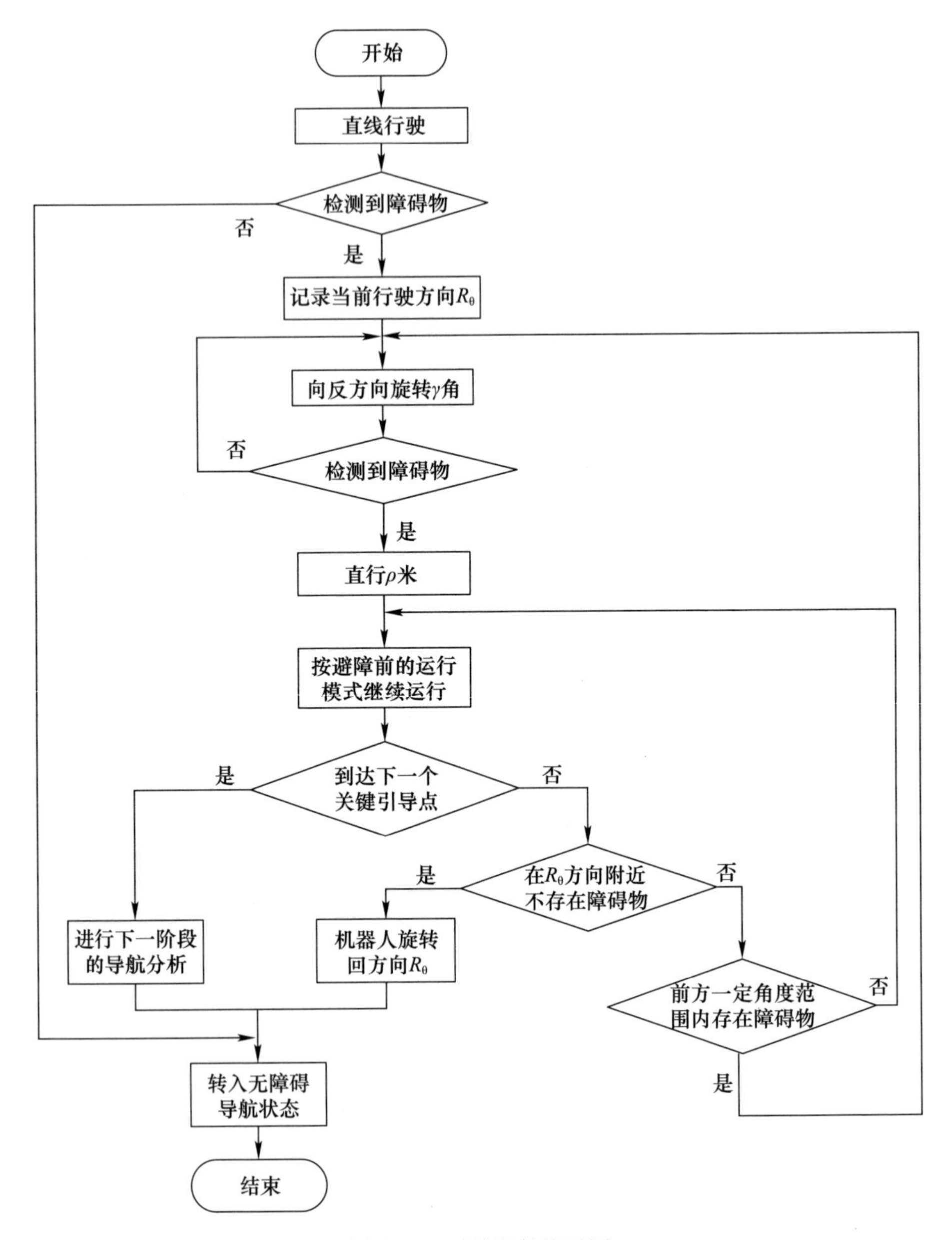

图 5.35　避障导航流程图

算法流程图如图 5.36 所示。机器人从手绘地图中获取自然路标的类别、位置，根据 SBoW 模型对视觉传感器捕获的图像做路标检测。如果用户提供了路标颜色，则依据模糊颜色直方图匹配结果进行路标验证。否则，认为 SBoW 模型的识

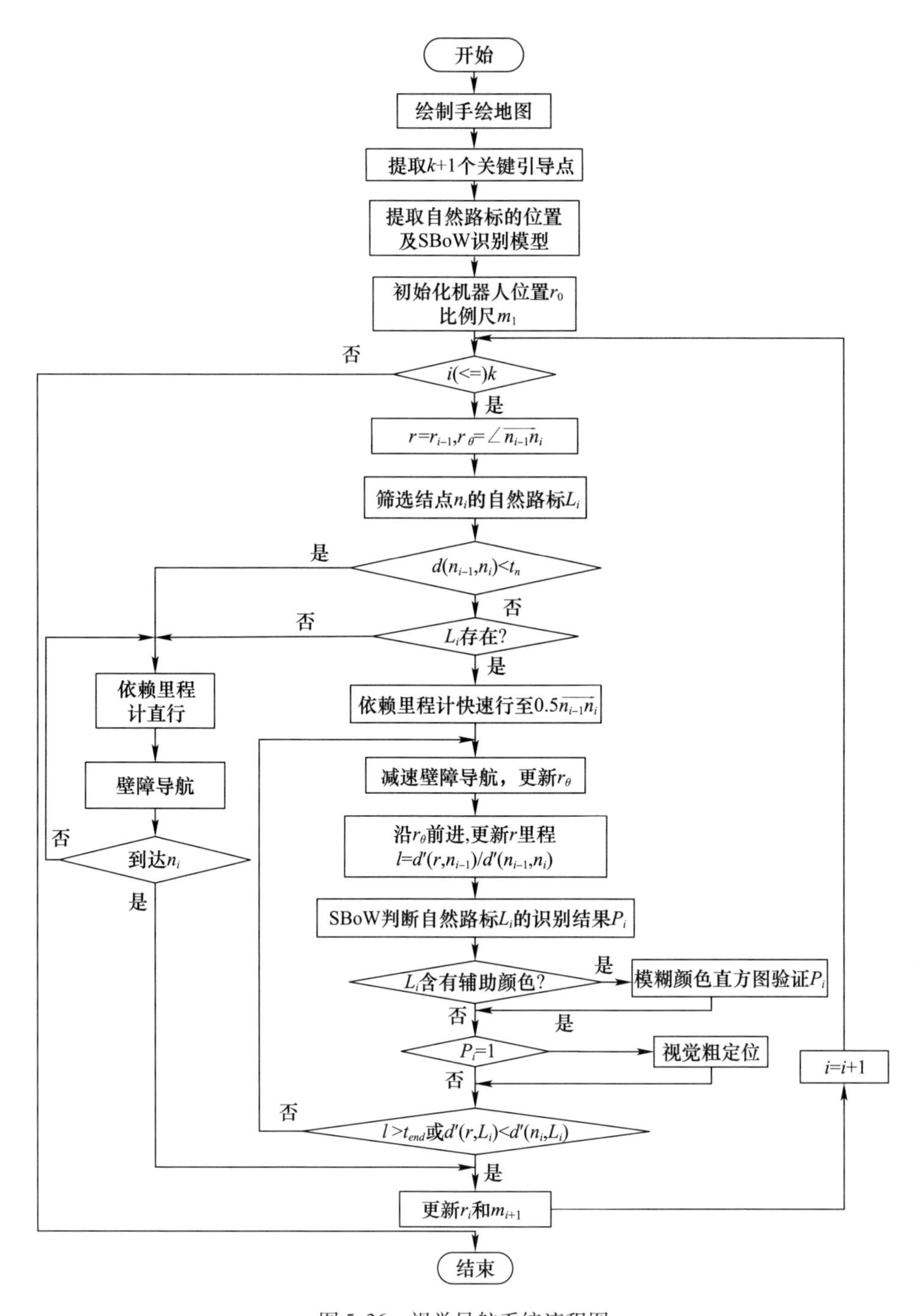

图 5.36　视觉导航系统流程图

别结果是可信的。接下来根据路标识别的结果做出决策。如果确认识别到某个自然路标则进行视觉粗定位,并判断机器人是否到达对应的关键引导点位置。否则继续前进同时摇动摄像机搜索自然路标,直至机器人超出当前阶段的终点太远。流程图中 t_n 表示相距很近的两个“关键引导点”距离阈值,一般取为 1 米。t_{end} 一般取 1.2,表示机器人沿手绘路径 $\overrightarrow{n_{i-1}n_i}$ 最多行驶 1.2 倍的里程,如果超出该里程依然没有正确检测到自然路标则停止搜索,并结束当前阶段的导航。切换至下一阶段的局部导航,试图识别下一阶段的自然路标,从而更新定位结果。完成每一阶段的局部导航,直至机器人到达终点。

5.2.5 小结

本节利用 BoW 分类识别性能,设计了一种改进的 SBoW 算法,进行室内自然路标的识别并将其成功应用到移动机器人导航中。在经典 BoW 模型的基础上,本节从 3 个方面进行改进:①在经典 BoW 模型的基础上融合了特征点之间的空间关系,避免经典 BoW 忽略特征点之间的空间分布特征的缺陷;②提出了一种背景过滤的方法,试图降低背景对主体目标的干扰;③采用更加高效的层次 K 均值聚类和加权量化方式构造视觉单词,获得更具区分度的 BoW 直方图。最后,本节设计了基于 SBoW 算法的自然路标导航定位方法。该方法通过自然路标过滤、视觉粗定位能够高效快捷地实现机器人自主导航功能。

5.3 基于自然语言的视觉导航

相比于其它控制机器人的方式,用自然语言进行控制既简单又高效,这是因为控制者可以解放双手和眼睛做其它事情,而且也不需要特殊的训练。随着机器人智能化趋势越来越明显,基于自然语言理解的人机交互技术成为热点。本节着眼于使用自然语言指导机器人进行导航,提出了解决描述路径的自然语言(下文中简称为路径自然语言)语义理解问题的方法,并结合已有的导航算法做了部分演示实验[112]。

5.3.1 导航意向图的生成

一般认为一个基于自然语言的导航系统,包含以下三个要素:

(1) 语言理解能力。能理解语言,正确提炼出语言中的重要信息。

(2) 环境感知能力。高度智能、正确、稳定地感知周围的环境。

(3) 能通过对比语言和周围的环境进行推理,完成自己的导航任务。

作为这个设想的具体实现,本节重点介绍第一点,即路径自然语言的处理。

路径自然语言将其处理为指导机器人导航的地图,就像人在获得路径自然语言之后在人脑海中形成的大概的路线,本节中称之为导航意象图。具体的处理流程如图 5.37 所示。

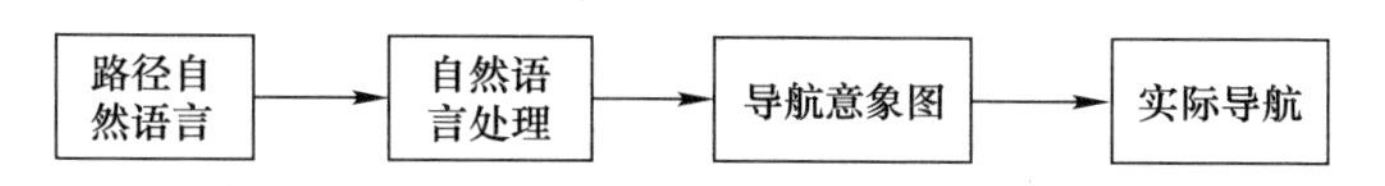

图 5.37　基于路径自然语言处理的机器人导航流程图

5.3.1.1　路径的推导原则和结构化定义

路径是可分割的,而且路径分割对于路径描述的灵活性有着非常重要的影响。本节的思路是首先提取路径单元,再组成一个完整的路径。这里有两个重要的推导规则:一是“连续性”。如果起点丢失了,可以假设上个终点就是下一个路径单元的起点,反之亦然;二是“向前过程”。在多数情况下向前过程是隐含的,运动的方向总是被假定为向前。

设路径自然语言 S 所对应的路径为 P,则 $P=f(S)$。由于歧义和语言本身模糊性的存在,P 与 S 是多对一的关系,但本节不涉及所有可能路径的推理,只解决字面意义上的路径自然语言理解问题,所以在本节中 P 与 S 是一对一的关系。P 的结构可以定义为

(1) P 可分为若干路径单元,$p_i, i=1,2,\cdots,n$ 即 $P=\cup p_i$。

(2) $p_i=\{\boldsymbol{r}_i, f_i\}$,其中路径向量 $\boldsymbol{r}_i$ 表示路径的方向和距离(如果该单元包含距离信息),$f_i=\{l_i, d_i\}$ 表示路径的其它导航辅助信息,其中 l_i 表示路径单元内包含的所有 landmark 信息,其中位于路径单元开始位置的 landmark 为前向 landmark,处于终点位置处的 landmark 为后向 landmark。d_i 表示该路径单元是否包含距离信息,如果包含距离信息,则机器人可以此为参照导航,反之则完全依靠传感器导航。每一个路径单元只能表示一个运动方向。

导航意象图应该是包含路径和其它参考信息,但是目前导航意象图中只包含路径的信息。因此在本节中导航意象图即上文中的 P。

5.3.1.2　语义信息的提取

语义信息提取的目标是将已经得到的各个组块中的有效信息组成一系列的路径单元。

1) 语义组块的槽体定义

基于槽体的信息抽取技术已经取得了广泛的应用,本节同样也采用槽体填充技术来处理语义组块的信息提取问题,即在提取出语料中的各个语义组块之后,通过槽填充的方法提取出各个组块中的关键信息。现阶段,主要关注 landmark 的名称、距离、角度等信息。

语义组块 NL,VL,PL 主要是用于提取 landmark 相关的信息,例如,名称、大小、颜色等。这些组块统称为 landmark 相关组块。但是现阶段只提取 landmark 的名称。因此 landmark 相关组块的槽体定义如表 5.2 所列。

表 5.2 Landmark 相关组块模板槽

槽名	注释
序号	表示该组块在句子中的序号
核心名词实体	起主要作用的名词实体,数量可以大于一个
辅助名词实体	起辅助作用的名词实体,数量可以大于一个

在填充 landmark 相关组块时,先获得该组块内部的名词实体,然后采用名词短语处理方法确定组块内部的核心名词实体和辅助名词实体,然后逐个填入槽中。

DTM 模块中,主要提取距离、方向、转弯角度等信息。模板定义如表 5.3 所列。

表 5.3 DTM 相关组块模板槽

槽名	注释
序号	表示该组块在句子中的序号
方向	包含的关于方向的词,例如:左,南等
动作	有些动作本身包含动作,例如:转弯,掉头等
数量	距离,或者转弯的角度
单位标示	表示量词属性的单位,例如:千米,度(角度)
副词	表示动作的幅度或者属性

在填充 DTM 的模板时,主要是依靠词性来确定哪个词填到哪个槽中:

(1) 词性为 f(方位词),s(处所词)的词就填充到“方向”槽中。

(2) 词性为 v(动词),vi(内动词),vn(名动词),vf(趋向动词)则填充到“动作”槽中。

(3) 词性为 m(数词)则填充到“数量”槽中。

(4) 词性为 q(量词),mq(数量词),qv(动量词)则填充到“单位标示”槽中。

(5) 词性为 d(副词)则填充到“副词”槽中。

其中“数量”和“单位标示”需要按照次序一对一的填入槽中。例如短语“走 10 米右转 45°”,填槽时就需要先填入“10”,“米”,然后再分别填进“45”,“度”。

IDTM 模块,主要提取 landmark 名称、距离、方向、转弯角度等信息,如表 5.4 所列。

表 5.4　IDTM 相关组块模板槽

槽名	注释
序号	表示该组块在句子中的序号
前向 landmark	IDTM 中位置靠前的名词短语经过表 5.2 填充完成的槽
后向 landmark	IDTM 中位置靠后的名词短语经过表 5.2 填充完成的槽
方向	包含的关于方向的词,例如:左,南等
动作	有些动作本身包含动作,例如:转弯,掉头等
数量	距离,或者转弯的角度
单位标示	表示量词属性的单位,例如:千米,度(角度)
副词	表示动作的幅度或者属性
介词	IDTM 中可能会出现多个介词

IDTM 的填槽和 DTM 类似,主要是依靠词性来确定词填到哪个槽中:

(1) 对 IDTM 中出现在靠前位置的名词短语采用表 5.2 中的槽,进行填充,其结果即为表 5.4 中的“前向 landmark”。“后向 landmark”的处理方法相同。

(2) 表 5.4 中和表 5.3 中相同名称的槽填充方法是相同的。

(3) 词性为 p(介词)的词填充到“介词”槽中。

2) 路径单元的提取

通常来说如果表示路径的自然语言中没有表示具体的方向,一般就是指方向为“前”,例如“过了红绿灯左拐,走 30 米就到了”。这里“走 30 米”没有具体说是“左拐”之后向哪边走,但是正常的理解是“左拐,向前走 30 米”。因此,在本节处理过程中,没有标明方向的运动,都默认为是“前”。对于没有标注具体距离的运动,本节都默认是运动了单位距离,即为 1。

本节中用二维向量表示路径向量,即路径向量 $\boldsymbol{r}_i=(x_i,y_i),(i=1,2,\cdots,n)$,$n$ 表示组块的数量。在处理过程中定义默认的路径向量为 $r\_d=(0,1)$。

根据路径单元的定义,定义当前需提取的路径单元为 $p_i,i\geqslant 1$,其对应的路径向量为 r_i,前向 landmark 为 l_f_i,后向 landmark 为 l_b_i,距离标记为 d_i。为了便于处理,定义一个用来保存前一个路径单元的路径向量的单位向量 r_f_i。设输入的组块为 $c_j,j=1,2,\cdots,n$。在提取路径单元时,顺序读入各个组块对应的槽体提取结果。提取过程见图 5.38,具体步骤如下:

(1) 输入一个组块。

(2) 判断当前组块是不是 landmark 相关的组块,如果不是则转到步骤(7)。如果是则转到步骤 3。

(3) 将当前 landmark 组块中的 landmark 作为 l_b_i。

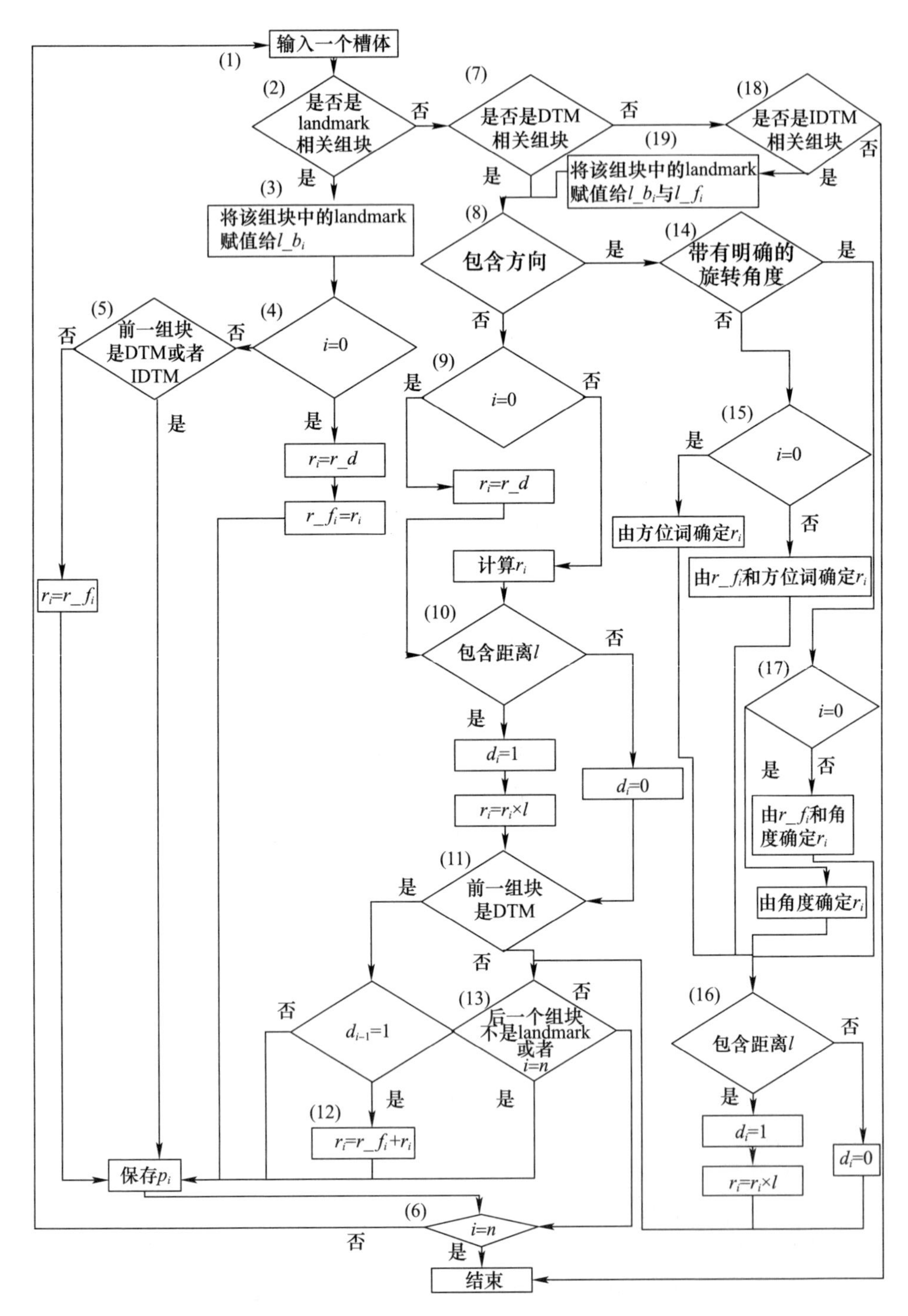

图 5.38　路径单元的提取流程图

(4) 如果当前组块是第一个组块,$r_i = r\_d$。保存 p_i,$r\_f_i = r_i$。否则,转到(5)。

(5) 判断前一个组块是不是 DTM 或者 DTMC。如果是,则保存 p_i。如果不是,则 $r_i = r\_f_i$,保存 p_i。

(6) 判断当前组块是不是最后一个组块。如果不是,则转向(1)。如果是,则结束。

(7) 如果是 DTM 组块,则转到(8),如果不是则转到(19)。

(8) 如果该组块不包含方向,则转向(9),反之则转向(14)。

(9) 如果该组块是第一个组块,则 $r_i = r\_d$。否则计算 r_i,具体方法见 5.3.1.3 节。

(10) 如果当前组块包含距离,值为 l,则 $d_i = 1$,$r_i = r_i \times l$。否则,$d_i = 0$。

(11) 如果前一个的组块是 DTM,转到(12)。反之转到(13)。

(12) 如果 $i > 1$ 且 d_{i-1} 值为 1,则 $r_i = r\_f_i + r_i$,保存 p_i,转到(6)。

(13) 如果后一个的组块不是 landmark 相关的组块或者当前的组块为最后一个组块,保存 p_i,转到(6)。否则直接转到(6)。

(14) 判断组块内部是不是带明确的旋转角度,如果没有则转到(15),如果有则转到(18)。

(15) 判断当前组块是否是第一个组块,如果是则通过判断方位词确定方向。如果不是,则通过 r_f_i 和组块中的方位词来确定当前路径单元的方向向量。具体处理过程见 5.3.1.3 节。

(16) 如果当前组块包含距离,值为 l,则 $d_i = 1$,$r_i = r_i \times l$。否则,$d_i = 0$。转到(13)。

(17) 如果是第一个组块,则利用旋转角度计算 r_i。反之,利用 r_f_i 和旋转角度计算当前的方向向量 $\boldsymbol{r}_i$。转到(16)。

(18) 如果是 IDTM 组块,则转到(19),否则结束。

(19) 将 DTMC 中的前向后向 landmark 赋值给当前路径单元。转到(8)。

5.3.1.3　方位问题的处理

路径自然语言中的方位一般分为三种:①相对方位,例如:前,后,左,右等,这类方位涉及到方位的推导。②绝对方位,例如:东,西,南,北等,这类方向文中不做处理,机器人导航时将靠硬件识别,这里不加讨论。③间接方位,一般用物体指代,例如:“从书房走到卧室”这里书房和卧室的位置关系没有明确指出来,但是人一般都能理解其方位是由书房指向卧室。这类方位的识别需要再导航时确定方向。

对于相对方位,参考笛卡儿坐标系,当机器人没有运动时,定义与 Y 轴正方向相同的方向为“前”,X 轴正方向相同的方向为“右”。则可以用单位向量量化表示各个方向如表5.5所列。

表5.5 相对方位向量化的初始定义

方向	右	左	后	前
单位向量	$\boldsymbol{e}_1=(1,0)$	$\boldsymbol{e}_2=(-1,0)$	$\boldsymbol{e}_3=(0,-1)$	$\boldsymbol{e}_4=(0,1)$
方向	右后	右前	左后	左前
单位向量	$\boldsymbol{e}_5=\left(\frac{\sqrt{2}}{2},-\frac{\sqrt{2}}{2}\right)$	$\boldsymbol{e}_6=\left(\frac{\sqrt{2}}{2},\frac{\sqrt{2}}{2}\right)$	$\boldsymbol{e}_7=\left(-\frac{\sqrt{2}}{2},-\frac{\sqrt{2}}{2}\right)$	$\boldsymbol{e}_8=\left(-\frac{\sqrt{2}}{2},\frac{\sqrt{2}}{2}\right)$

当机器人开始运动时,以顺时针方向为正,逆时针方向为负定义转过的角度可以得到表5.6。

表5.6 相对方位的角度变化

方向	右	左	后	前
单位向量	$\boldsymbol{\alpha}_1=\frac{\pi}{2}$	$\boldsymbol{\alpha}_2=-\frac{\pi}{2}$	$\boldsymbol{\alpha}_3=\pi$	$\boldsymbol{\alpha}_4=0$
方向	右后	右前	左后	左前
单位向量	$\boldsymbol{\alpha}_5=\frac{3\pi}{4}$	$\boldsymbol{\alpha}_6=\frac{\pi}{4}$	$\boldsymbol{\alpha}_7=-\frac{3\pi}{4}$	$\boldsymbol{\alpha}_8=-\frac{\pi}{4}$

则机器人朝向推导规则如下:

(1)当机器人还未启动时,机器人朝向为r_0,根据路径自然语言的描述,r_0值可以从表5.6中得到。

(2)当机器人启动之后,若第i个路径单元的相对方位变化为$\alpha_j,j=1,2,\cdots,8$则r_{i+1}的值可以由向量旋转公式(5.36)推导得到。

$$\begin{cases}r_{i+1}=(x_{i+1},y_{i+1})\\x_{i+1}=x_i\cdot\cos\alpha_j-y_i\cdot\sin\alpha_j\\y_{i+1}=y_i\cdot\cos\alpha_j+x_i\cdot\sin\alpha_j\end{cases}\tag{5.36}$$

在实际的处理过程中,方位词的同义词较多。为了简化处理,本节定义了方位词的同义词词典,在处理过程中将所有同义的词进行归类,然后转化成对应的标准同义词。

5.3.1.4 路径单元的组合方法

设$\boldsymbol{R}$为路径P所对应的由向量表示的路线。则$\boldsymbol{R}=\cup r_i$,表示由r_i首尾相接形成的路线。例如:一条路径由三个路径单元组成,$\boldsymbol{r}_1=(1,0)$,$\boldsymbol{r}_2=(0,1)$,$\boldsymbol{r}_3=(1,0)$,则对应的$\boldsymbol{R}$如图5.39所示。

而前向landmark和后向landmark则作为向量的顶点处理,在实际处理时landmark的信息另行存储。

5.3.1.5 导航路径的生成实验

本节选取语料库中的一句路径自然语言作为示例,展示如图5.38所示的整

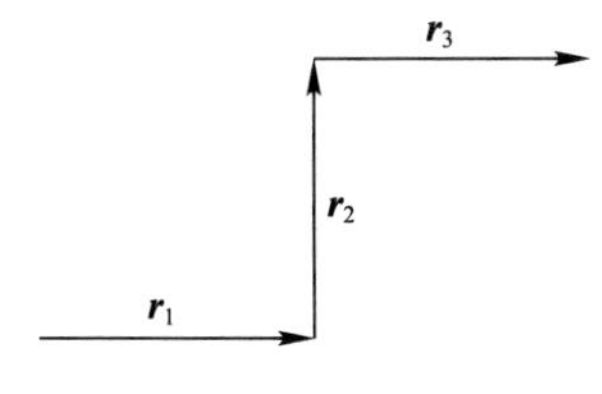

图5.39　$\boldsymbol{R}$ 表示的路线

个处理流程。所用的生语料如例句一所示。

例句一:"先直走,碰到椅子后右拐,沿着L型柜向前走到吉他处左拐,再在饮水机前左拐并直走至盆景处。"

名词实体提取的结果为

先/d 直/d 走/v 碰到/v [椅子/n]NL 后/f 右/f 拐/v 沿着/p [L/x 型/k 柜/ng]NL 向前/vi 走/v 到/v [吉他/n]NL 处/n 左/f 拐/v 再/d 在/p [饮水/n 机/ng]NL 前/f 左/f 拐/v 并/cc 直/d 走/v 至/p [盆景/n 处/n]NL

名词短语处理结果为

先/d 直/d 走/v 碰到/v [椅子/n]NL 后/f 右/f 拐/v 沿着/p [L/x 型/k 柜/ng]NL 向前/vi 走/v 到/v [吉他/n 处/n]NL 左/f 拐/v 再/d 在/p [饮水/n 机/ng]NL 前/f 左/f 拐/v 并/cc 直/d 走/v 至/p [盆景/n 处/n]NL

语义提取的处理结果为

"[先/d]VL [直/d 走/v]DTM [碰到/v 名词/n]VL 后/f [右/f 拐/v]DTM [沿着/p 名词/n 向前/vi]DTMC [走/v 到/v 名词/n]VL [左/f 拐/v]DTM 再/d [在/p 名词/n]PL 前/f [左/f 拐/v 并/cc 直/d 走/v]DTM [至/p 名词/n]VL"

从以上语义提取的结果可知,总共提取出10个语义组块,其中,第一个组块"[先/d]VL"为误识别,其余都正确。按照语义提取的方法,可以得到语句中的关键信息如下:"直走","椅子","右","拐","L型柜子","前","吉他","左","饮水机","左拐","直走","盆景"。

按照每个路径单元只能有一个方向的原则,将上述关键信息组织成相应的路径单元:

(1)"前","椅子";

(2)"右","L型柜子";

(3)"前","吉他";

(4)"左","饮水机";

(5)"左","盆景处"。

默认机器人面向前方,则按照5.2中的方法可以计算出路径的路线。机器人导航意象图如图 5.40 所示。

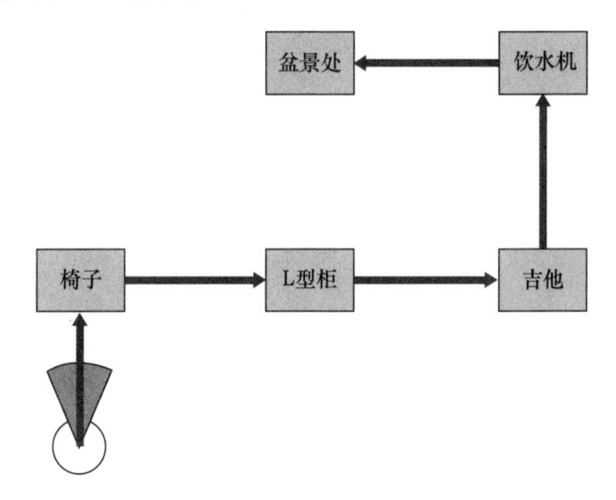

图 5.40　例句一对应的导航意象图

图 5.40 中方框表示 landmark 在机器人前进路径中的位置。

例句二:"先往前走 2m,向右转前进 2m,再次向右转,前进 3m,再向左转前进 3m,向左转向前进 5m 停下"。形成的导航意象图如图 5.41 所示。

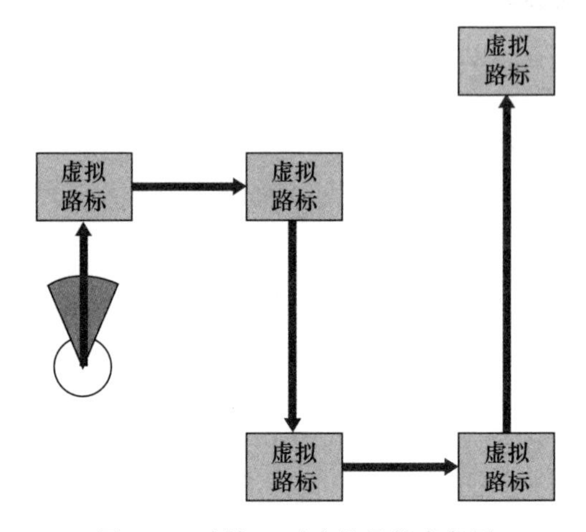

图 5.41　例句二对应的导航意象图

图 5.41 中"虚拟路标"表示在路径当中对应的位置没有 landmark,但是为了统一处理,这里仍然出现 landmark 的图标。

例句三:"向前走到椅子处右拐前进,经过 L 型柜子后朝斜前方椅子前进,然后左转一定角度,从机器人与电视柜之间的路走向终点"。

例句二和例句三的处理过程与例句一相似。例句三则反映了名词短语处理的结果，其中“机器人”和“电视柜”都是用来修饰“路”的名词，在图 5.42 中反映了相关的位置关系。

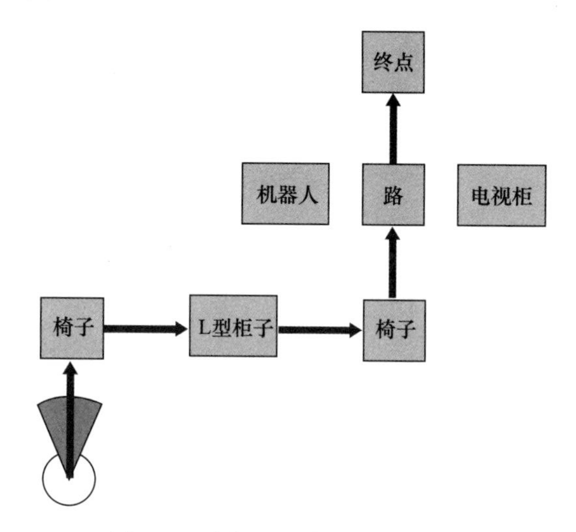

图 5.42　例句三对应的导航意象图

5.3.2　基于受限自然语言路径生成的导航实验

受限路径自然语言的处理方法和上文的处理方法遵循同样的思路，即先进行语言处理获得相关的信息，建立导航意象图，然后机器人按照获得的导航意象图运行。不过受限自然语言处理的句法结构是固定的，因此不需要用复杂的方法提取各个语义组块，而直接用和语义槽类似的模板去逐个判断当前的词是属于哪个组块，然后可以直接用对应的模板提取出各种语义信息。而且因为受限自然语言的结构是固定的，不需要复杂的路径单元提取过程，直接可以按照模板匹配的次序建立路径单元。在实验中，默认机器人的初始方向是向北的，而且方向推导中也包含了绝对方位的处理。同样的将路径单元首尾相连就可以得到整个路径。

日常用语中表示方位的词有“东”“左”等是符合直角关系的词，同时也有“东南”等符合 45°角关系的词，为了区别，分别做了两次实验，即实验一和实验二。

实验一：

在此次实验环境中，路标之间都是按照方位词的理想情况出现，例如：“椅子在箱子的左边”，则椅子就是在箱子的正左边，没有偏移。

如图 5.43 中 A 为机器人，B 为行李箱，C 为椅子，D 为吉他，E 为伞。为了使机器人运动到伞附近,给出了受限 NLRP:“从当前位置出发,向前走大概 3m,就可以发现行李箱,行李箱是黑色的,向右走大约 5m,可以走到椅子,再向右走大概 3.5m,可以看到吉他,向东一直走大约 3m,直到看到伞”。

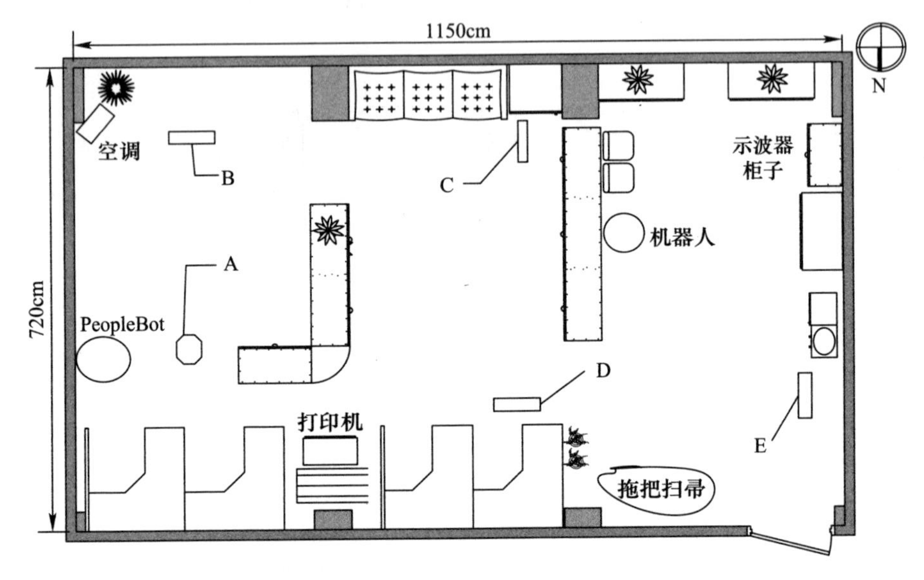

图 5.43 实际环境中路标位置

机器人实际运行路线如图 5.44 所示。

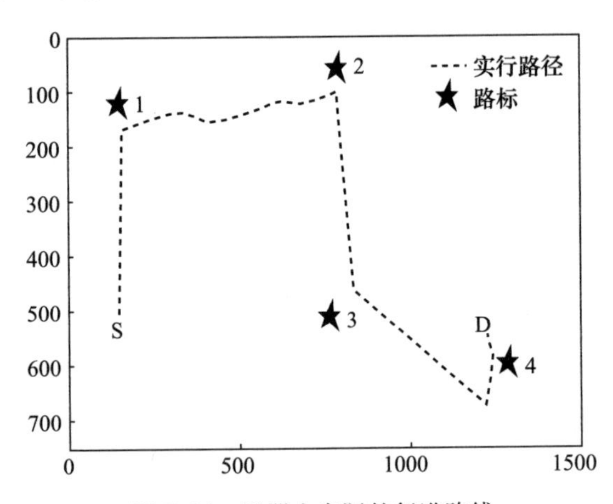

图 5.44 机器人实际的行进路线

实验二:

如图 5.45 所示,B 为行李箱,C 为椅子,D 为吉他。给出受限 NLRP 描述:“从当前位置出发,向前走 3m,就可以看到行李箱,然后向右转走 3m,就可以发现椅子,右前方走大概 2.3m 就可以找到吉他”。其中“再向右前方走大概 2.3m”表示机器人路径中存在45°角关系。

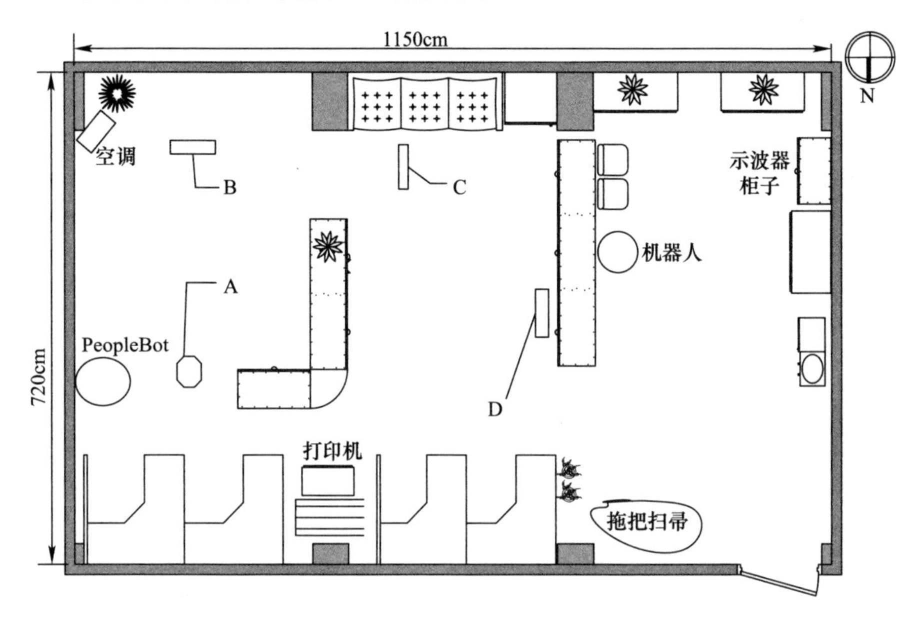

图5.45　实际环境中路标位置

机器人的实际运行路线,如图5.46所示。

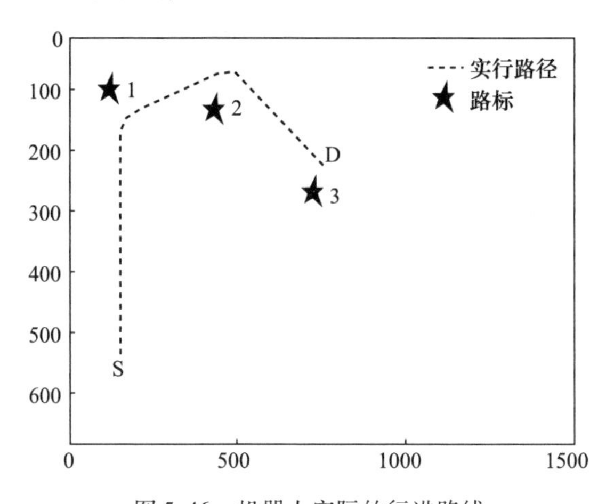

图5.46　机器人实际的行进路线

实验分析:在实验一和实验二中路标都是严格按照理想的位置进行放置。上面两个实验中,机器人都导航成功。从上述实验可知如果路标都是处于方位词词义所对应的理想位置,机器人能够走到目标位置。

实验三:

在实际室内环境中,路标一般都是取转弯处等关键位置的显著物体,如果有些不处在理想的位置,该导航算法还能有效吗?

在图 5.47 中,B 为行李箱,C 为吉他,D 为椅子。吉他的位置离 NLRP 中表示的理想位置大概有 1.2m 左右。

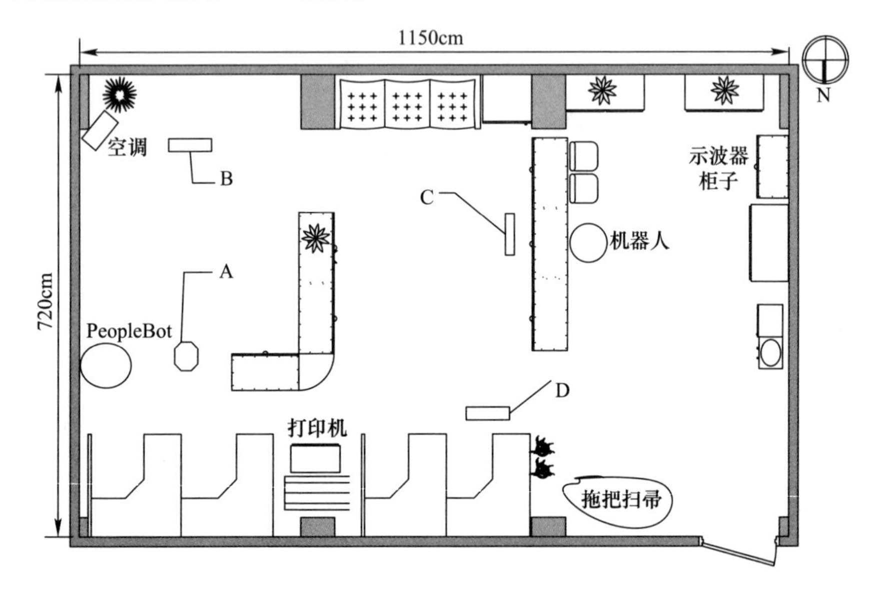

图 5.47　实际环境中路标位置

针对上述场景给出受限 NLRP 描述:“从当前位置出发,向前走 3m,就可以看到行李箱,然后向右转走 5m,可以发现吉他,再向右面走大概 3.5m 就可以找到椅子。”路标的解析结果和机器人实际运行路线如图 5.48。

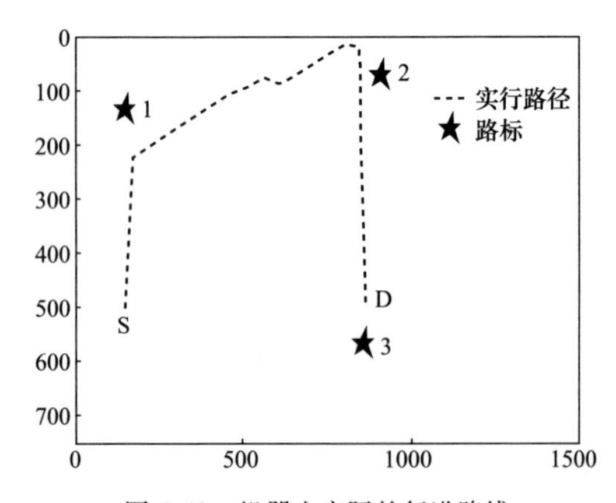

图 5.48　机器人实际的行进路线

实验分析:在本节所用的导航方法中机器人在靠近路标时会使用摄像机在一定角度内进行左右扫描寻找路标,即使路标不在理想位置,只要其处于机器人摄像头扫描的视野范围内,就能够识别出来,并完成定位和导航。因此机器人对实际环境的模糊性具有很强的处理能力。

实验四:

在 NLRP 中有时会出现关键位置没有提及路标的情形,该导航算法还能有效吗?

根据图 5.43,本次试验中 B 为行李箱,C 为吉他,E 为椅子。给出受限 NLRP:“从当前位置出发,向前走大概 3m,就可以看到达行李箱,行李箱是黑色的,向右走大约 5m,可以走到吉他,再向右走大概 3.5m,再向东一直走大约 3.5m,直到看到椅子”。在此表述中,在“吉他”和“椅子”中间的转弯处没有提及参考物,即 D 处的参考物没有提及。

图 5.49 给出了机器人用上述 NLRP 进行导航的运行结果。

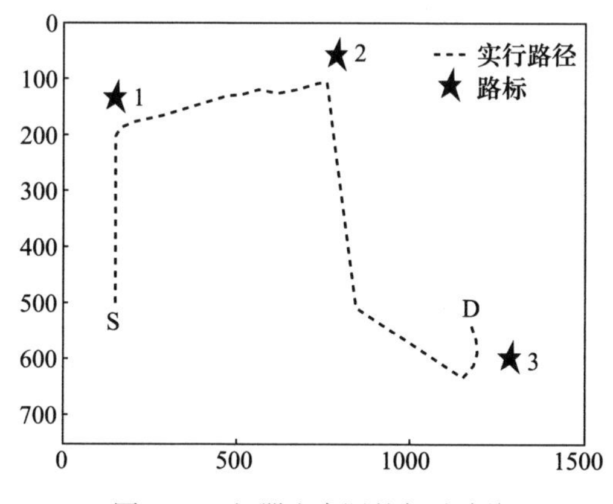

图 5.49 机器人实际的行进路线

实验分析:在本实验给出的 NLRP 中,对应图 5.47 中 D 处没有给出路标的名称,故在此处设置了虚拟路标,在本节所用的导航方法中机器人采用里程计信息进行导航,在走到虚拟路标附近时,不会对特定方向进行扫描,而是旋转定位,然后直接按照以前的比例尺进行下一个阶段的运行。通过实验可知,在 NLRP 中某些关键位置没有提到路标时,机器人仍能成功导航。

实验五:

如果在机器人运行的过程中出现动态的障碍,机器人能够完成导航吗?

在和实验一相同的试验条件下,人为地给机器人增加动态障碍,运行情况如图 5.50 所示。

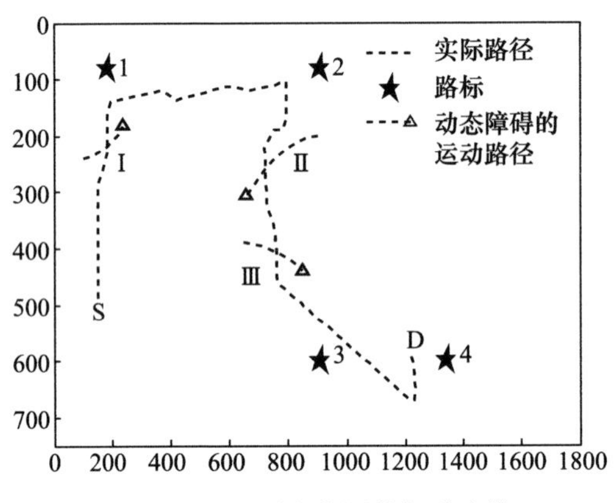

图 5.50　机器人实际的行进路线

实验分析:图 5.50 中带箭头的曲线代表动态障碍的运动趋势,可以看到动态障碍物的出现改变了机器人的运行路径。本节中避障算法考虑到了动态障碍,所以机器人在越过障碍物之后,还是能够找到下一个路标,并完成了整个导航任务。

实验六:

如果在 NLRP 中提及的路标出现缺失,该导航算法还能有效吗?

图 5.51 中 A 为机器人,B 为行李箱,C 为吉他,D 为伞。

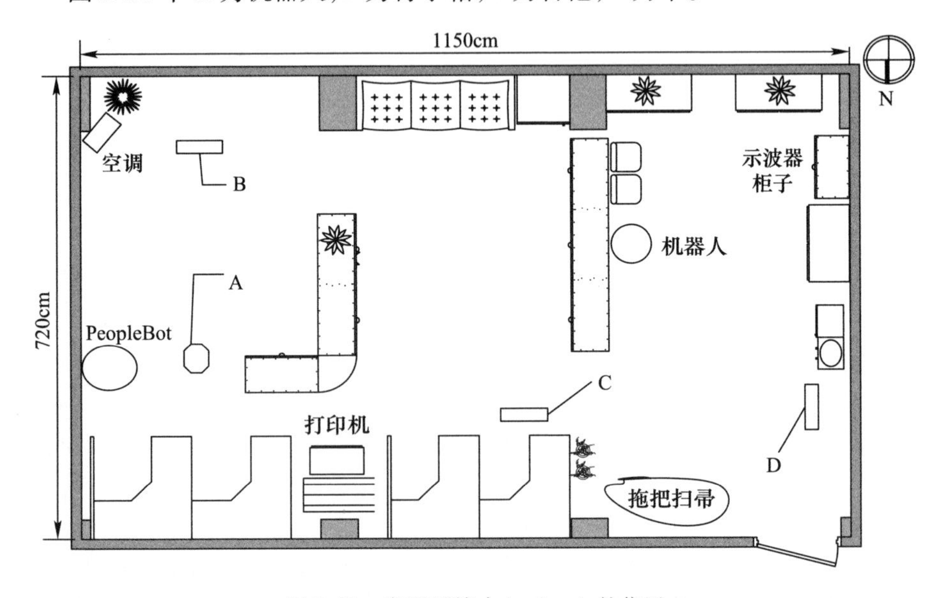

图 5.51　实际环境中 landmark 的位置

给出受限 NLRP:“从当前位置出发,向前走大概 3 米,就可以看到行李箱,行李箱是黑色的,向右走大约 5 米,可以走到椅子,再向右走大概 3.5 米,可以看到吉他,然后向东一直走大约 3 米,直到看到伞为止”这里提及了“椅子”,但是在实际环境中“椅子”已经被移动了,出现缺失。

实验分析:在实际环境中椅子已经移走,图 5.52 给出了机器人没有检测到“椅子”时的运行情况,在机器人到达 NLRP 中“椅子”的位置附近时,虽然没有检测到“椅子”,但是机器人通过里程计信息进行定位,然后向下一个路标行进。通过本次试验可知,当路标出现缺失时,机器人仍然能够完成导航。

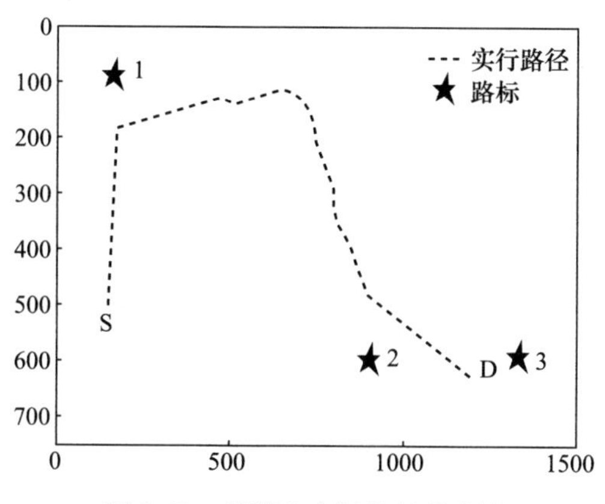

图 5.52　机器人实际的行进路线

由上述各个实验可知,通过受限自然语言理解,机器人在路标出现移动、缺失,有动态障碍物等情况下都能够很好地完成导航任务。但是受限自然语言本身结构固定,缺乏灵活性,难于在日常生活中普及应用,因此现在更多的学者在研究基于自然语言的实验方法。

5.3.3　基于完全自然语言路径的导航试验

在以上基于受限自然语言的导航实验室中,每个有效的方位转换都需要有距离信息,以便机器人能够获得各个路径单元的比例,从而按照比例运行。下面的实验中采用的导航语句是:“向前走,看到伞之后右拐走 2 米,可以找到电风扇,右转一直往前走,就能看到伞,就到了。”

上句中有效的方位转换信息没有都给出距离,机器人导航时主要依靠识别路标来进行导航,导航环境如图 5.53 所示。

图 5.53 中 A 为机器人,B 为雨伞,C 为电风扇,D 为雨伞。导航结果如图 5.54所示。

上句的路径自然语言处理过程和 5.3.1.5 节实验一类似。整个导航过程

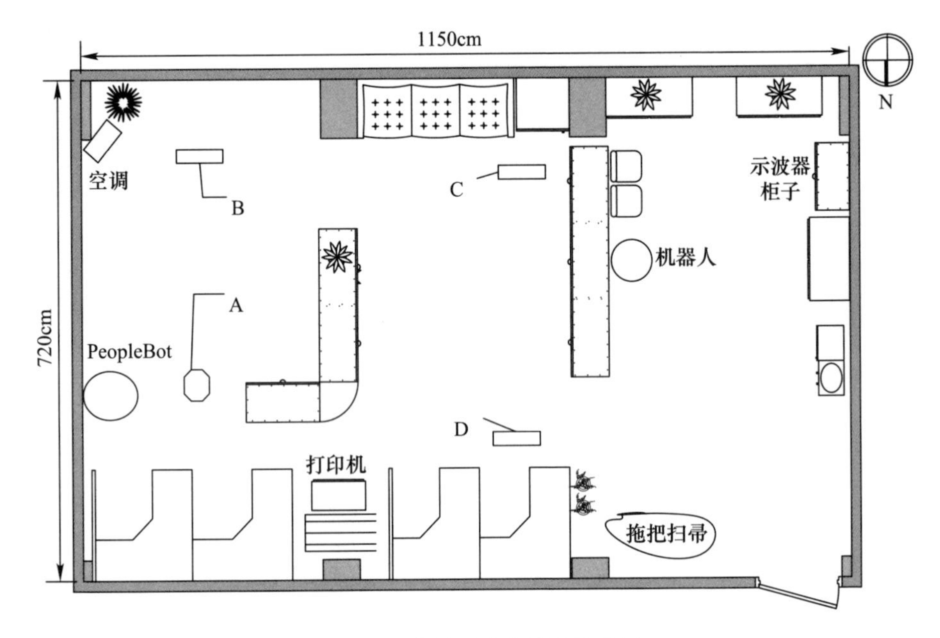

图 5.53　实际环境中路标的位置

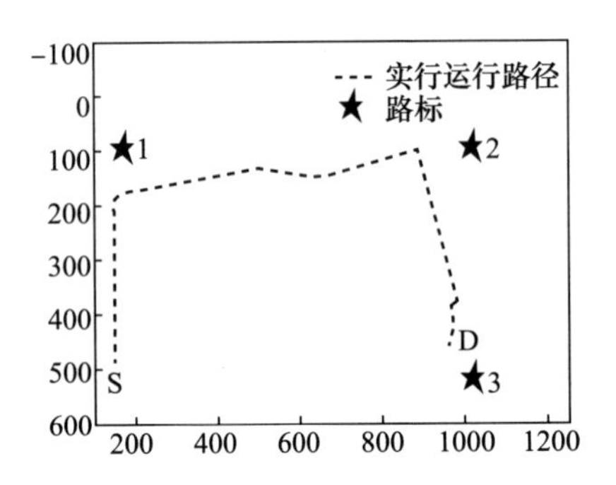

图 5.54　基于非受限的机器人导航结果

中,机器人由于主要依靠识别路标进行导航,稳定性有所下降。

由此实验表明,如果机器人的感知能力较强,可以依靠路径自然语言的处理结果进行导航。但是现阶段机器人的视觉识别能力有限,实验中用识别率较高的一些物体来做路标,机器人能完成实验。但是对更一般的物体,特别是特征较少的物体,机器人如果不能识别出来,就很难完成导航。

以上的实验是在现有的导航方法上的进行的演示性实验,总体来说受限语句能比较好地进行导航。不过客观的讲,由于本节采用的导航算法的限制,完全基于路径自然语言理解的导航实验还没有真正涉及。

5.3.4 小节

为了实现通过自然语言指导机器人导航的目的,本节提出了一种新的利用路径自然语言直接绘出机器人运行路径的方法。为了提高机器人对路径自然语言的理解程度,本节采用了基于组块的分析方法。首先深入研究了收集到的路径自然语言的语料,总结出语义和句法有对应关系。在此基础上,构造了层叠条件随机场,采用组块分析方法,先进行名词短语组块的提取,再提取语义组块。为了解决名词短语的解析问题,引入了名词实体关系推理方法。在提取出的语义组块的基础上,逐个建立路径单元,组成完整的路径信息。最后给出自然语言处理各个环节的实验结果,并结合具体语句展示了从文字到机器人导航意象图的映射过程。

参考文献

[1] Gates B. A robot in every home[J]. Scientific American,2007,296(1):58 -65.

[2] Shinohara K. (2016) Perceptual and Cognitive Processes in Human Behavior. In:Kasaki M. ,Ishiguro H. , Asada M. ,Osaka M. ,Fujikado T. (eds) Cognitive Neuroscience Robotics B. Springer,Tokyo.

[3] 宋爱国. 机器人触觉传感器发展概述[J]. 测控技术,2020,39(05):2 -8.

[4] Thrun S. Learning occupancy grid maps with forward sensor models[J]. AutonomousRobots,2003,15(2): 111 -127.

[5] Birk A,Carpin S. Merging occupancy grid maps from multiple robots[J]. Proceedings of the IEEE,2006,94 (7):1384 -1397.

[6] Beetz M,Stulp F,Radig B,et al. The assistive kitchen—a demonstration scenario for cognitive technical systems[C]. The 17th International Symposium on Robot and Human Interactive Communication. Munich,Germany,2008. 1 -8.

[7] Hahnel D,Schulz D,Burgard W. Map building with mobile robots in populated environments[C]. 2002 IEEE/ RSJ International Conference on Intelligent Robots and Systems. Lausanne,Switzerland,2002. 496 -501.

[8] Wolf D F,Sukhatme G S. Mobile robot simultaneous localization and mapping in dynamic environments [J]. Autonomous Robots,2005,19(1):53 -65.

[9] Correa J,Soto A. Active visual perception for mobile robot localization[J]. Journal of Intelligent & Robotic Systems,2010,58(3):339 -354.

[10] Rusu R B,Meeussen W,Chitta S,et al. Laser - based perception for door and handle identification [C]. 2009 14th International Conference on Advanced Robotics (ICAR 2009). Munich,Germany,2009. 1 -8.

[11] Henry P,Krainin M,Herbst E,et al. RGB - D mapping:Using Kinect - style depth cameras for dense 3D modeling of indoor environments[J]. The International Journal of Robotics Research,2012,31(5):647 -663.

[12] Ikeda S,Miura J. 3D indoor environment modeling by a mobile robot with omnidirectional stereo and laser range finder[C]. 2006 IEEE/RSJ International Conference on Intelligent Robots and Systems. Beijing,China,2006. 3435 -3440.

[13] Ellekilde L P,Huang S,Valls Miró J,et al. Dense 3D map construction for indoor search and rescue [J]. Journal of Field Robotics,2007,24(1 -2):71 -89.

[14] Bai M,Zhuang Y,Wang W. Stereovision based obstacle detection approach for mobile robot navigation [C]. 2010 International Conference on Intelligent Control and Information Processing (ICICIP 2010). Dalian, China,2010. 328 -333.

[15] Roy D. Grounding words in perception and action:computational insights[J]. Trends in cognitive sciences, 2005,9(8):389 -396.

[16] Stückler J,Steffens R,Holz D,et al. Efficient 3D object perception and grasp planning for mobile manipulation in domestic environments[J]. Robotics and Autonomous Systems,2012. (in press).

[17] Hadda I,Knani J. Robust local mapping using stereo vision[C]. 2012 16th IEEE Mediterranean Electrotechnical Conference (MELECON 2012). Yasmine Hammamet,Tunisia,2012. 866 – 869.

[18] Cadena C,Ramos F,Neira J. Efficient large scale SLAM including data association using the combined filter [C]. 2009 4th European Conference on Mobile Robotics (ECMR 2009). Mlini/Dubrovnik, Croatia, 2009. 217 – 222.

[19] Surmann H,Nüchter A,Hertzberg J. An autonomous mobile robot with a 3D laser range finder for 3D exploration and digitalization of indoor environments[J]. Robotics and Autonomous Systems,2003,45(3):181 – 198.

[20] Merveilleux P,Labbani – Igbida O,Mouaddib E M. Robust free space segmentation using active contours and monocular omnidirectional vision[C]. 2011 18th IEEE International Conference on Image Processing (ICIP 2011). Brussels,Belgium,2011. 2877 – 2880.

[21] Chitta S,Jones E G,Ciocarlie M,et al. Mobile manipulation in unstructured environments:perception,planning,and execution[J]. Robotics & Automation Magazine,2012,19(2):58 – 71.

[22] Souza A A S,Goncalves L M G. 2. 5 – Dimensional grid mapping from stereo vision for robotic navigation [C]. 2012 Robotics Symposium and Latin American Robotics Symposium (SBR – LARS 2012). Fortaleza, Brazilian,2012. 39 – 44.

[23] Jin T S,Lee K S,Lee J M. Space and time sensor fusion using an active camera for mobile robot navigation [J]. Artificial Life and Robotics,2004,8(1):95 – 100.

[24] X. Li,X. Li,S. S. Ge,M. O. Khyam and C. Luo. Automatic Welding Seam Tracking and Identification [J]. IEEE Transactions on Industrial Electronics,2017,64(9):7261 – 7271.

[25] Holmes S,Murray D. Monocular SLAM with conditionally independent split mapping[J]. IEEE Transactions on Pattern Analysis and Machine Intelligence,2013,35(6):1451 – 1463.

[26] Diaz A,Caicedo E,Paz L,et al. A real time 6DOF visual slam system using a monocular camera[C]. 2012 Robotics Symposium and Latin American Robotics Symposium (SBR – LARS 2012). Fortaleza,Brazilian, 2012. 45 – 50.

[27] Zhu D X. Efficient approach for binocular vision – SLAM[C]. 2010 International Conference on Image Processing and Pattern Recognition in Industrial Engineering. Xi'an,China,2010. 1 – 8.

[28] Lin R,Wang Z,Sun R,et al. Vision – based mobile robot localization and mapping using the PLOT features [C]. 2012 International Conference on Mechatronics and Automation (ICMA 2012). Chengdu, China, 2012. 1921 – 1927.

[29] Juliá M,Gil A,Reinoso O. A comparison of path planning strategies for autonomous exploration and mapping of unknown environments[J]. Autonomous Robots,2012,33:427 – 444.

[30] 熊蓉. 室内未知环境线段特征地图构建[D]. 杭州:浙江大学,2009.

[31] Huang G Q,Rad A B,Wong Y K. Online SLAM in dynamic environments[C]. 2005 12th International Conference on Advanced Robotics (ICAR 2005). Seattle,WA,USA,2005. 262 – 267.

[32] Liying C,Dingyu X,Yang C,et al. The research of environment perception based on the cooperation of multi – robot[C]. 2012 24th Chinese Control and Decision Conference (CCDC 2012). Taiyuan,China,

2012. 1914 – 1919.

[33] 刘利枚,蔡自兴. 多机器人地图融合方法研究[J]. 小型微型计算机系统,2012,33(9):1934 – 1937.

[34] Zou Y,Chen W,Wu X,et al. Indoor localization and 3D scene reconstruction for mobile robots using the Microsoft Kinect sensor[C]. 2012 10th IEEE International Conference on Industrial Informatics (INDIN 2012). Beijing,China,2012. 1182 – 1187.

[35] Rublee E,Rabaud V,Konolige K,et al. ORB:an efficient alternative to SIFT or SURF[C]. 2011 IEEE International Conference on Computer Vision (ICCV 2011). Barcelona,Spain,2011. 2564 – 2571.

[36] Thrun S. Robotic mapping:A survey[J]. Exploring artificial intelligence in the new millennium,2003:1 – 35.

[37] Pellenz J,Neuhaus F,Dillenberger D,et al. Mixed 2D/3D perception for autonomous robots in unstructured environments[J]. RoboCup 2010:Robot Soccer World Cup XIV,2011,6556:303 – 313.

[38] Bachrach A,He R,Roy N. Autonomous flight in unknown indoor environments[J]. International Journal of Micro Air Vehicles,2009,1(4):217 – 228.

[39] Yamazaki K,Tomono M,Tsubouchi T,et al. 3 – d object modeling by a camera equipped on a mobile robot [C]. 2004 IEEE International Conference on Robotics and Automation (ICRA 2004). New Orleans,LA,USA,2004. 1399 – 1405.

[40] Krainin M,Henry P,Ren X,et al. Manipulator and object tracking for in – hand 3d object modeling[J]. The International Journal of Robotics Research,2011,30(11):1311 – 1327.

[41] Alenyà Ribas G,Moreno – Noguer F,Ramisa Ayats A,et al. Active perception of deformable objects using 3D cameras[C]. Workshop Español de Robótica. "Robot 2011:robótica experimental:28 – 29 noviembre 2011". Sevilla,2011. 434 – 440.

[42] Choi J,Choi M,Nam S Y,et al. Autonomous topological modeling of a home environment and topological localization using a sonar grid map[J]. Autonomous Robots,2011,30(4):351 – 368.

[43] Prescott T J. Spatial representation for navigation in animats[J]. Adaptive Behavior,1996,4(2):85 – 123.

[44] Kuipers B,Tecuci D G,Stankiewicz B J. The skeleton in the cognitive map a computational and empirical exploration[J]. Environment and Behavior,2003,35(1):81 – 106.

[45] Remolina E,Kuipers B. Towards a general theory of topological maps[J]. Artificial Intelligence,2004,152 (1):47 – 104.

[46] Meyer J A,Filliat D. Map – based navigation in mobile robots:II. a review of map – learning and path – planning strategies[J]. Cognitive Systems Research,2003,4(4):283 – 317.

[47] Ranganathan A,Menegatti E,Dellaert F. Bayesian inference in the space of topological maps[J]. IEEE Transactions on Robotics,2006,22(1):92 – 107.

[48] Ranganathan A,Dellaert F. Online probabilistic topological mapping[J]. The International Journal of Robotics Research,2011,30(6):755 – 771.

[49] Werner F,Sitte J,Maire F. Topological map induction using neighbourhood information of places [J]. Autonomous Robots,2012:1 – 14.

[50] Angeli A,Doncieux S,Meyer J A,et al. Incremental vision – based topological SLAM[C]. 2008 IEEE/RSJ International Conference on Intelligent Robots and Systems (IROS 2008). Nice,France,2008. 1031 – 1036.

[51] Liu M,Scaramuzza D,Pradalier C,et al. Scene recognition with omnidirectional vision for topological map u-

sing lightweight adaptive descriptors[C]. 2009 IEEE/RSJ International Conference on Intelligent Robots and Systems (IROS 2009). St. Louis, MO, USA, 2009. 116 – 121.

[52] Mozos O M, Burgard W. Supervised learning of topological maps using semantic information extracted from range data[C]. 2006 IEEE/RSJ International Conference on Intelligent Robots and Systems (IROS 2006). Beijing, China, 2006. 2772 – 2777.

[53] Martinez Mozos O, Triebel R, Jensfelt P, et al. Supervised semantic labeling of places using information extracted from sensor data[J]. Robotics and Autonomous Systems, 2007, 55(5): 391 – 402.

[54] Aleotti J, Caselli S. A 3D shape segmentation approach for robot grasping by parts[J]. Robotics and Autonomous Systems, 2012, 60(3): 358 – 366.

[55] Rosman B, Ramamoorthy S. Learning spatial relationships between objects[J]. The International Journal of Robotics Research, 2011, 30(11): 1328 – 1342.

[56] D'Este C, Sammut C. Learning and generalising semantic knowledge from object scenes[J]. Robotics and Autonomous Systems, 2008, 56(11): 891 – 900.

[57] Swadzba A, Wachsmuth S, Vorwerg C, et al. A computational model for the alignment of hierarchical scene representations in human – robot interaction[C]. Proceedings of the 21st International Joint Conference On Artifical Intelligence (IJCAI 2009). Pasadena, California, USA, 2009. 1857 – 1863.

[58] Goron L C, Tamas L, Lazea G. Classification within indoor environments using 3D perception[C]. 2012 IEEE International Conference on Automation, Quality and Testing, Robotics (AQTR 2012). Cluj – Napoca, Romania, 2012. 400 – 405.

[59] Nüchter A, Hertzberg J. Towards semantic maps for mobile robots[J]. Robotics and Autonomous Systems, 2008, 56(11): 915 – 926.

[60] Jeong S, Lim J, Suh H I, et al. Vision – Based semantic – map building and localization[C]. 8th International Conference on Knowledge – Based Intelligent Information and Engineering Systems. Wellington, New Zealand, 2006. 559 – 568.

[61] Tenorth M, Kunze L, Jain D, et al. Knowrob – map – knowledge – linked semantic object maps[C]. 2010 10th IEEE/RAS International Conference on Humanoid Robots (Humanoids 2010). Nashville, TN, USA, 2010. 430 – 435.

[62] Rusu R B. Semantic 3D Object Maps for everyday manipulation in human living environments[J]. KI – Künstliche Intelligenz, 2010, 24(4): 345 – 348.

[63] Mozos O M, Marton Z C, Beetz M. Furniture models learned from the www[J]. Robotics & Automation Magazine, 2011, 18(2): 22 – 32.

[64] Civera J, Gálvez – López D, Riazuelo L, et al. Towards semantic SLAM using a monocular camera[C]. 2011 IEEE/RSJ International Conference on Intelligent Robots and Systems (IROS 2011). San Francisco, CA, USA, 2011. 1277 – 1284.

[65] Li G, Zhu C, Du J, et al. Robot semantic mapping through wearable sensor – based human activity recognition[C]. 2012 IEEE International Conference on Robotics and Automation (ICRA 2012). St Paul, MN, USA, 2012. 5228 – 5233.

[66] Kim Y M, Mitra N J, Yan D M, et al. Acquiring 3D indoor environments with variability and repetition [J].

ACM Transactions on Graphics,2012,31(6):138:1 - 11.

[67] 潘泓,朱亚平,夏思宇,等. 基于上下文信息和核熵成分分析的目标分类算法[J]. 电子学报,2016,44(003):580 - 586.

[68] 李新德,刘苗苗,徐叶帆,等. 一种基于2D和3D SIFT特征级融合的一般物体识别算法[J]. 电子学报,2015,43(11):2277 - 2283.

[69] 朱博,高翔,赵燕喃. 机器人室内语义建图中的场所感知方法综述[J]. 自动化学报,2017,43(04):493 - 508.

[70] Gupta A,Satkin S,Efros A A,et al. From 3d scene geometry to human workspace[C]. 2011 IEEE Conference on Computer Vision and Pattern Recognition (CVPR 2011). Colorado Springs,CO,USA,2011. 1961 - 1968.

[71] Wang T,Chen Q. Object semantic map representation for indoor mobile robots[C]. 2011 International Conference on System Science and Engineering (ICSSE 2011). Macao,China,2011. 309 - 313.

[72] Nitsche M,de Cristoforis P,Kulich M,et al. Hybrid mapping for autonomous mobile robot exploration [C]. 2011 IEEE 6th International Conference on Intelligent Data Acquisition and Advanced Computing Systems (IDAACS 2011). Prague,Czech Republic,2011. 299 - 304.

[73] Tomatis N,Nourbakhsh I,Siegwart R. Hybrid simultaneous localization and map building:a natural integration of topological and metric[J]. Robotics and Autonomous systems,2003,44(1):3 - 14.

[74] Bazeille S,Filliat D. Incremental topo - metric slam using vision and robot odometry[C]. 2011 IEEE International Conference on Robotics and Automation (ICRA 2011). Shanghai,China,2011. 4067 - 4073.

[75] Mozos O M,Jensfelt P,Zender H,et al. From labels to semantics:An integrated system for conceptual spatial representations of indoor environments for mobile robots[C]. ICRA - 07 Workshop on Semantic Information in Robotics. Rome,Italy,2007.

[76] Pronobis A,Jensfelt P. Understanding the real world:Combining objects,appearance,geometry and topology for semantic mapping[R/OL]. 2011:F3 - F22.

[77] 谭民,王硕. 机器人技术研究进展[J]. 自动化学报,2013,39(07):963 - 972.

[78] 秦方博,徐德. 机器人操作技能模型综述[J]. 自动化学报,2019,45(08):1401 - 1418.

[79] Luo C ,Yang S X ,Li X ,et al. Neural - Dynamics - Driven Complete Area Coverage Navigation Through Cooperation of Multiple Mobile Robots[J]. IEEE Transactions on Industrial Electronics,2016:750 - 760.

[80] Rusu R. B. (2013) 3D Map Representations. In:Semantic 3D Object Maps for Everyday Robot Manipulation. Springer Tracts in Advanced Robotics,vol 85. Springer,Berlin,Heidelberg

[81] 高日,张雷,郭亮. 基于Kinect的机器人交互系统设计与研究[J]. 现代电子技术,2019,42(06):175 - 178 + 182.

[82] 徐桂芝,赵阳,郭苗苗,等. 基于深度分离卷积的情绪识别机器人即时交互研究[J]. 仪器仪表学报,2019,40(10):161 - 168.

[83] Pulasinghe,K. ; Watanabe,K. ; Izumi,K. ; Kiguchi,K. Modular fuzzy - neuro controller driven by spoken language commands. IEEE Trans. Syst. Man Cybern. B 2004,34,293 - 302.

[84] Jayasekara,A. G. B. P. ; Watanabe,K. ; Kiguchi,K. ; Izumi,K. Interpretation of fuzzy voice commands for robots based on vocal cues guided by user' s willingness. In Proceedings of the 2010 IEEE/RSJ International Conference on Intelligent Robots and Systems,Taipei,Taiwan,18 - 22 October 2010; pp. 778 - 783

[85] Enhancing Interpretation of Ambiguous Voice Instructions based on the Environment and the User's Intention for Improved Human – Friendly Robot Navigation.

[86] Dong Y ,Li X ,Dezert J ,et al. DSmT – Based Fusion Strategy for Human Activity Recognition in Body Sensor Networks[J]. IEEE Transactions on Industrial Informatics,2020,16(11):7138 – 7149.

[87] Wen,Tsung Hsien & Gasic,Milica & Mrksic,Nikola & Su,Pei – Hao & Vandyke,David & Young,Steve. (2015). Semantically Conditioned LSTM – based Natural Language Generation for Spoken Dialogue Systems. 10. 18653/v1/D15 – 1199.

[88] Xinde Li,Jean Dezert,Florentin Smarandache,Xinhan Huang. Evidence supporting measure of similarity for reducing the complexity in information fusion[J]. Information Sciences,2011,181(10):1818 – 1835.

[89] 郭强,何友,李新德. 一种快速 DSmT – DS 近似推理融合方法[J]. 电子与信息学报,2015,37(09):2040 – 2046.

[90] 胡嘉骥,李新德,王丰羽. 基于夹角余弦的证据组合方法[J]. 模式识别与人工智能,2015,28(09):857 – 864.

[91] 李新德,董清泉,王丰羽,等. 一种基于马尔科夫链的冲突证据组合方法[J]. 自动化学报,2015,41(05):914 – 927.

[92] 李新德,王丰羽. 一种基于 ISODATA 聚类和改进相似度的证据推理方法[J]. 自动化学报,2015,41(03):575 – 590.

[93] Li X ,Wang F . A Clustering - Based Evidence Reasoning Method[J]. International Journal of Intelligent Systems,2016,31(7):698 – 721.

[94] Cognitive Systems for Cognitive Assistants – CoSy[EB/OL]. http://www. cognitivesystems. org. 2009.

[95] COGNIRON The Cognitive Robot Companion[EB/OL]. http://www. cogniron. org.

[96] CogX – Cognitive Systems that Self – Understand and Self – Extend[EB/OL]. http://cogx. eu/.

[97] Henderson J M,Hollingworth A. High – level scene perception. Annual review of psychology,1999,50(1):243 – 271.

[98] 李学龙,史建华,董永生,等. 场景图像分类技术综述. 中国科学:信息科学,2015,45(7):827 – 848.

[99] Pronobis A, Sjoo K, Aydemir A, Bishop A N, Jensfelt P. A framework for robust cognitive spatial mapping. In:Proceedings of the 14th International Conference on Advanced Robotics. Munich,Germany:IEEE, 2009. 1 – 8

[100] A P L ,A X L ,A H P ,et al. Text – based indoor place recognition with deep neural network [J]. Neurocomputing,2020,390:239 – 247.

[101] Li Pei,Li Xinde ,Li Xianghui ,et al. Place perception from the fusion of different image representation [J]. Pattern Recognition,2021,110(1):107680.

[102] A. Frome,D. Huber,R. Kolluri,T. Blow,J. Malik,Recognizing objects in range data using regional point descriptors,Lecture Notes in Computer Science 3023 (2004) 224 – 237.

[103] N. Karampatziakis,Fest (2017). URL http://lowrank. net/nikos/fest/.

[104] Swadzba A ,Wachsmuth S . A detailed analysis of a new 3D spatial feature vector for indoor scene classification[J]. Robotics & Autonomous Systems,2014,62(5):646 – 662.

[105] Romero – González,Cristina,Martínez – Gómez,Jesus,García – Varea,Ismael,et al. 3D spatial pyramid:

descriptors generation from point clouds for indoor scene classification[J]. Machine Vision & Applications,2016,27(2):263 –273.

[106] Martínez – Gómez, Jesús, Morell V , Cazorla M , et al. Semantic Localization in the PCL library [J]. Robotics & Autonomous Systems,2016,75:641 –648.

[107] Bo Zhu, Xiang Gao, Guozheng Xu, et al. Indoor place classification by building cardinal – direction prototyping bricks on point clouds[J]. Robotics and Autonomous Systems,2020,123,1 –21.

[108] Liu W, Anguelov D, Erhan D, et al. Single shot multibox detector, in: European Conference on Computer Vision,2016, pp. 21 –37.

[109] R. Q. Charles, H. Su, K. Mo, L. J. Guibas, Pointnet: Deep learning on point sets for 3d classi_cation and segmentation (2016) 77 –85.

[110] 李新德,张秀龙. 一种面向室内智能机器人导航的路径自然语言处理方法[J]. 自动化学报,2014,40(02):289 –305.